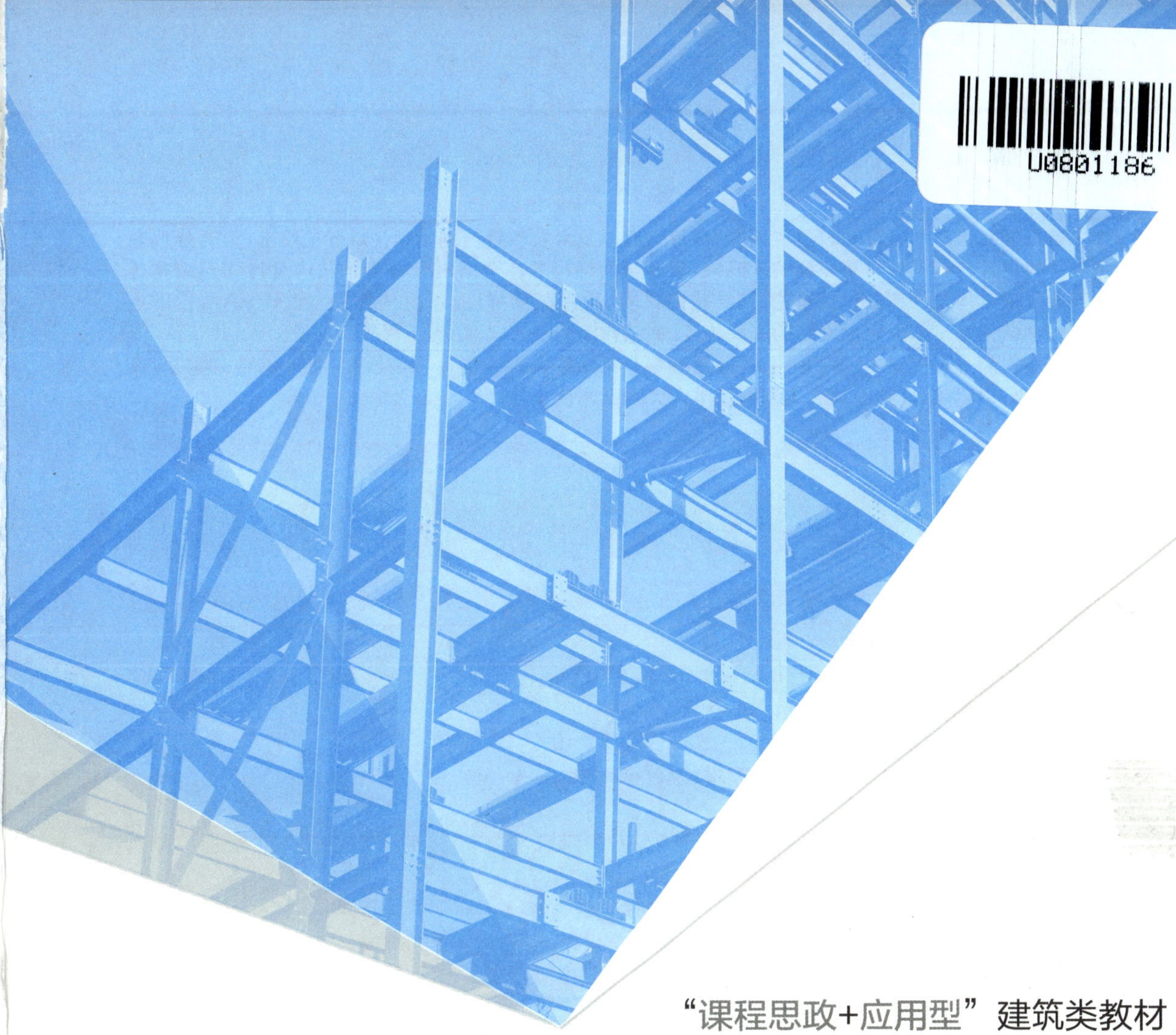

"课程思政+应用型"建筑类教材

钢结构技术

Steel Structure Technology

主　编◎刘　静

副主编◎盛明强　龚志超

同济大学出版社
TONGJI UNIVERSITY PRESS
·上海·

内容提要

本书是根据我国高等教育和教学改革的发展趋势，以及素质教育与创新精神培养的要求，为充分反映近年来钢结构设计与施工教学第一线的新成果、新经验而编写的。全书内容分为钢结构设计和钢结构施工两个部分。钢结构设计部分包括绪论、钢结构的材料、构件截面强度设计、构件稳定设计、钢结构的连接，共5章；钢结构施工部分包括钢结构安装施工、钢结构涂装施工、钢结构工程施工质量验收，共3章。

本书可作为高等院校土木工程专业、智能建造专业钢结构设计原理课程的教材，也可供独立学院、高等职业教育、成人高等教育师生及有关工程技术人员参考阅读。

图书在版编目(CIP)数据

钢结构技术 / 刘静主编. -- 上海 ：同济大学出版社，2025. 6. -- ISBN 978-7-5765-1666-1

Ⅰ. TU391

中国国家版本馆 CIP 数据核字第 2025NQ7529 号

钢结构技术

主编 刘 静 **副主编** 盛明强 龚志超

责任编辑 陈佳蔚 **责任校对** 徐逢乔 **封面设计** 渲彩轩

出版发行 同济大学出版社 www.tongjipress.com.cn
（地址：上海市四平路1239号 邮编：200092 电话：021-65985622）
经　销 全国各地新华书店
制　作 南京月叶图文制作有限公司
印　刷 启东市人民印刷有限公司
开　本 787 mm×1092 mm 1/16
印　张 15.5
字　数 330 000
版　次 2025年6月第1版
印　次 2025年6月第1次印刷
书　号 ISBN 978-7-5765-1666-1

定　价 58.00元

编委会

主　　编　刘　静（南昌工学院）

副 主 编　盛明强（南昌大学）

　　　　　　龚志超（南昌工学院）

参　　编　李年鹏（南昌工学院）

　　　　　　黄成杰（南昌工学院）

　　　　　　彭良忠（南昌工学院）

　　　　　　周丽红（南昌工学院）

　　　　　　甘　萍（南昌工学院）

编写统筹　江西赣江图书发行有限公司

前 言

本书是根据我国高等教育和教学改革的发展趋势，以及素质教育与创新精神培养的要求，为充分反映近年来钢结构设计与施工教学第一线的新成果、新经验而编写的。

现已出版的同类教材大多侧重于理论研究，对于应用型普通高等院校的教学不适用；而面向高等职业院校的教材，在内容的逻辑性和系统性方面较为欠缺；同时，国家近年来对与钢结构相关的一系列标准进行了更新，但是大部分教材没有进行相应调整，与行业一线脱轨。因此，我们编写了这本面向应用型普通高等院校的教材。

本书与国内外已出版的同类教材比较具有以下特点。

1. 参考了最新版的国家标准《钢结构设计标准》(GB 50017—2017)、《钢结构通用规范》(GB 55006—2021)、《钢结构工程施工质量验收标准》(GB 50205—2020)、《工程结构通用规范》(GB 55001—2021)等。

2. 每章的开篇处设置了“本章要求”和“本章重点”，每章的最后设置了“思政小课堂”。“思政小课堂”对与本章内容相关的思政元素进行归纳总结，已融入的思政元素，包括以人为本、工程伦理、文化自信、学以致用、团结合作等。

3. 通过实际案例引出知识点。例如，在介绍“应力集中”的概念时，用如何撕开塑料包装引出；用苏通大桥的结构引出“高强度钢丝”的应用；通过矩形截面梁、工字形截面梁和桁架结构的对比，引出“轴心受力构件”；通过对比轴心受拉柱和轴心受压柱，对比轴心受压长柱和轴心受压短柱，引出“失稳”的概念。

4. 对公式和知识点进行了详细推导论证，如极限状态设计法、受弯构件塑性阶段中和轴的位置和承载力计算公式、受弯构件承载能力极限状态及适用范围、轴压构件承载力的计算、轴压构件稳定承载力的影响因素、截面类别的划分等。

5. 加入钢结构施工的内容，包括钢结构安装施工、钢结构涂装施工和钢结构施工质量验收，更适合应用型普通高等院校的学生。

6. 对已出版教材的部分内容进行适当补充。第3章构件截面强度设计和“材料力学”的课程内容联系非常紧密，因此补充了截面几何性质以及弹性阶段正应力的计算等内容。

参与本书编写的有：刘静(第3章)，盛明强(第4章)，龚志超(第1、2、6章)，李年鹏(第7、8章)，黄成杰(第5章)，彭良忠(各章习题)，周丽红(思政小课堂)，甘萍(电子资源)。

限于编者的水平，本书如存在缺点和不妥之处，希望广大教师和读者在使用本书后给我们提出宝贵的意见，以便今后改进。

编　者

2025年5月

目 录

第 1 章

绪　　论

本章要求

能够记住结构力学性能的衡量指标及影响因素；记住钢结构的特点；识别钢结构的应用范围；学会钢结构设计的原理与方法；简述设计理论的发展历史；记忆极限状态的定义；能够应用实用的设计表达式。

本章重点

钢结构的特点；钢结构设计原理与方法。本章思维导图请扫右侧二维码。

思维导图 1

1.1 钢结构的特点及应用

1.1.1 钢结构的特点

结构为建筑物的空间受力骨架体系。结构、构件的力学性能衡量指标主要有两个：承载力和(塑性)变形性能。承载力越高，结构越不容易破坏；变形性能越好，结构越容易发生塑性破坏，但不容易发生脆性破坏。

钢结构是土木工程领域的一种核心结构形式，主要由钢板、热轧型材、冷弯薄壁型材和钢管等元素构成。近年来，钢结构在各类工程建设中得到了广泛的应用和快速发展，包括住宅、地下设施、桥梁、塔桅、海洋平台、港口建筑、矿山工程、水利设施，以及筒仓和管道系统等。钢结构具有以下六项突出特点。

1. 高强度与轻量化的优势

尽管钢材的密度相对较高，但其屈服强度远高于混凝土和木材，因此在相同的载荷条件下，钢结构的构件截面尺寸更小，整体质量也更轻。一般来说，在相同的跨度和荷载下，钢屋架的质量仅为钢筋混凝土屋架的 1/4～1/3。采用薄壁型钢屋架或空间结构时，质量还会进一步减轻。由于其较小的自重，钢结构通常具有较好的抗震能力。然而，由于钢构件细长的特性，在受压情况下，容易发生失稳现象。

强度高 → 构件截面尺寸小 → { 自重小 → 抗震性能好；构件刚度小（EI 小，长细比 λ 大）→ 容易失稳 }

由于钢构件轻质的特性，其在运输和安装方面具有显著优势，因此非常适合用于大跨度和高层建筑。此外，钢构件也适用于需要承受移动荷载的结构或临时性的建筑。

2. 钢材的塑性与韧性优越

建筑用钢材具有良好的塑性，故此类建筑在超载情况下通常不会发生突发性破坏，而是表现为形变加大和应力重新分配，其应力变化相对平缓。韧性是强度与变形能力的综合反映，表征为能量耗散能力。由于钢材韧性强，适合在动力荷载作用下使用，其出色的延展性和能量耗散特性，使得钢结构在抗震性能上具有显著优势。

3. 材质均匀性优良，符合力学假设

在材料力学与结构力学的分析中，通常假设材料为连续、均匀且各向同性。与其他材料相比，钢材与这些假设的符合度更高，并且在特定应力范围内呈现线弹性行为。此外，钢材在冶炼与轧制过程中，其质量可被严格控制，材料的波动性较小。因此，钢结构的实际受力状况与工程力学计算结果之间的一致性较好，所采用的经验公式相对较少，从而降低了计算的不确定性，提升了计算结果的可靠性，确保了结构的安全性，适合特殊、重要建筑的设计。

4. 钢结构生产与安装的工业化水平高，施工周期短

虽然制造钢结构需要先进的机械设备和严格的工艺，但相较于其他建筑结构，其工业化程度最高。钢构件通常在专门的金属结构厂制造，具有加工简便、精度高的特点。由于钢构件较轻且连接方式简单，安装过程便捷，施工过程可以机械化，故施工周期短。此外，钢结构采用螺栓连接，便于加固、改建和拆除，从而降低成本并提高效率。

5. 钢材的耐腐蚀性较差

在潮湿及腐蚀性环境中，钢材易生锈，因此需要进行防锈处理，如除锈、涂防锈涂料或使用耐候钢，尤其对薄壁构件来说，这一需求更加显著。这种特性导致钢结构的后期维护费用较高，因此在设计时应避免结构受潮和雨淋，并尽量消除难以检查和维护的死角。

6. 钢材耐热但耐火性不足

钢材具有一定的耐热性，但耐火性较差。随着温度的升高，其强度会降低。在 250℃以下时，钢材的性能变化较小，基本保持力学特性不变；当温度达到 300℃时，钢材的强度逐渐下降，450℃～650℃时，其强度可能低于常温下的 1/3。因此，钢结构适用于温度不超过 250℃的环境。在对防火有特殊要求的建筑中，钢结构需要使用耐火材料（通常采用防火涂料）进行保护。若防火设计不当或防火层受损，可能会导致严重的后果，如瞬间的连续性坍塌，类似“9・11”事件的悲剧。

1.1.2 钢结构的应用

自中华人民共和国成立至20世纪90年代中期,钢结构的应用主要处于“节约钢材”的阶段,通常仅在混凝土无法替代的领域使用。进入21世纪后,钢结构的产量显著上升,应用范围不断扩大。在房屋建筑中,出现了钢结构厂房、高层钢结构建筑、大跨度网架及网壳结构、悬索结构等形式;在公路和铁路领域,广泛使用各类钢桥,包括板梁桥、桁架桥、拱桥、悬索桥和斜拉桥等。此外,桅杆和塔架结构广泛应用于输电线塔、电视广播发射塔等。同时,还有应用于海上采油平台的钢结构和卫星发射用的钢塔架等。根据我国的实践经验,工业和民用建筑中钢结构的应用范围包括以下六个方面。

1. 大跨度钢结构

随着结构跨度的增加,自重在总荷载中所占比例也随之增大。由于钢结构具有高强度与低自重的特点,故非常适合用于大跨度建筑。大跨度钢结构主要应用于飞机库、汽车库、火车站、大型会议中心、体育馆、展览馆和影剧院等。其结构体系包括框架结构、网架结构、网壳结构、悬索结构、充气结构、张拉结构、膜结构、混合结构及预应力钢结构等。

我国最早的钢结构建筑是广州中山纪念堂(1928—1931年),其屋顶采用了钢结构设计;北京人民大会堂则使用了钢屋架;首都体育馆、上海体育馆及上海文化广场均为大跨度钢网架结构;西安秦始皇陵兵马俑陈列馆则采用了70 m跨度的三铰拱钢结构;北京工人体育馆和浙江杭州体育馆则分别采用了圆形和马鞍形的悬索结构。

近年来,大跨度结构得到了迅速发展,首都机场和上海浦东机场均设有大跨度网架机库,各地的体育馆几乎都采用了多种形式的大跨度钢结构。2008年北京奥运会体育场馆“鸟巢”,采用了围绕碗状看台旋转的门式钢桁架构成的预应力双向张弦桁架结构(图1-1);天津奥林匹克中心体育场的屋顶则是悬挑钢管桁架结构的空间体系(图1-2);上海光源工程主体建筑屋盖由8片异形双向弯曲的“花瓣”构成,整体造型独特,宛如“鹦鹉螺”(图1-3)。

图1-1 国家体育场

图 1-2　天津奥林匹克中心体育场

图 1-3　上海光源工程主体建筑

2. 多层与高层建筑的钢结构

高层建筑的自重通常较大，若使用其他材料，其竖向构件截面尺寸较大，导致空间浪费和材料的过度消耗。而钢结构因其高强度特性，在高层建筑的建设中能够实现更好的经济效益。

过去，我国钢材相对短缺，主要采用钢筋混凝土结构。然而，近年来钢结构在高层建筑中的应用逐渐增多。旅馆、饭店、公寓和办公楼等多层及高层建筑中，钢结构的使用愈加普遍，如北京京伦饭店、上海锦江宾馆以及深圳地王大厦等知名高层建筑均采用钢结构。上海环球金融中心高达 492 m，是我国目前最高的民用建筑(图 1-4)。

图 1-4　上海环球金融中心

不仅高层和超高层建筑使用钢结构，12—16 层的小高层建筑、6—8 层的多层建筑也开始逐渐应用钢结构或薄壁钢管混凝土结构，钢结构住宅建筑已成为未来发展的趋势。

3. 高耸钢结构

高耸结构指的是高度较高且横断面相对较小的结构，其设计主要依据水平荷载(尤其是风荷载)。这类结构包括电视塔、微波塔、通信塔、高压输电塔、石油化工塔、大气监测塔、火箭发射塔、观光塔、钻井塔、排气塔、水塔和烟囱等，大部分高耸结构均采用钢材。

高耸钢结构的受力特点为高度较高、横截面小，且主要承受横向风荷载。黑龙江电视塔高 336 m，是目前我国最高的多功能钢结构电视塔(图 1-5)。同类型 200～300 m 高的钢塔在国内还有很多。

我国在 20 世纪六七十年代建成的大型钢塔，包括广州电视塔(200 m)、上海电视塔

(210 m)、南京跨越长江输电线路塔(194 m),以及北京环境气象桅杆(325 m)。

1990 年落成的汕头电视塔(212 m)和大庆电视塔(260 m)等也均为钢结构。高耸结构中,通信塔和输电塔的数量庞大,随着信息技术与电力的发展,约 50 m 高的钢塔将遍布全国各地。

图 1-5 黑龙江电视塔

4. 容器与其他构筑物

由钢板焊接而成的结构具有良好的密封性和耐高压能力,广泛应用于油库、油罐、煤气库、高炉、热风炉、料斗、烟囱、水塔以及各种需要密闭的管道等容器。此外,高炉的炉壳和船体等也应采用钢结构。图 1-6 展示的是储气罐。

5. 重型厂房结构

在工业厂房中,通常设有吊车梁,启动和制动时会产生加速度和外力做功。钢材的韧性使其能够通过塑性变形来消耗外力做功产生的能量。

一般的工业建筑钢结构包括单层、双层和多层厂房,特别是为重型车间设计的承重框架。其构件通常由檩条、天窗架、屋架、托架、柱子、吊车梁(桁架)及各种支撑和墙架组成。典型例子包括冶金厂房中的平炉和转炉车间、混铁炉车间及初轧车间,重型机械厂的铸钢车间、水压机车间和锻压车间等。国内一些知名的冶金联合企业,如鞍钢、武钢、包钢及上海宝钢,许多车间均采用了各种规模的钢结构厂房。上海重型机器厂和上海江南造船厂的高大钢结构厂房也值得一提。图 1-7 展示的是工业厂房。

图 1-6 储气罐

图 1-7 工业厂房

6. 轻型钢结构

轻型钢结构适用于规模较小的建筑,主要由轻型 H 型钢(可为焊接或轧制、变截面或等截面)构成门式钢架,以C型或Z型冷弯薄壁型钢作为檩条和墙梁,压型钢板或轻质夹芯板则用作屋面和墙面围护结构。该结构体系使用高强螺栓、普通螺栓及自攻螺丝等连接件与密封材料进行组装。轻型钢结构的优势在于自重轻、造价低、生产制造的工厂化程度高、现场安装工作量少以及建设速度快,同时,其外观美观、空间利用率高,因此在市场上具有很强的竞争力。近年来,轻型钢结构已广泛应用于仓库、办公室、工业厂房及体育设施,并逐步扩展到住宅楼和别墅。图1-8展示的是轻型钢结构住宅。

图1-8　轻型钢结构住宅

1.2　钢结构的设计方法

1.2.1　设计理论的发展

我国设计理论的发展分为以下三个阶段。

1. 容许应力设计法

研究对象:截面、材料。

设计公式为

$$\sigma \leqslant [\sigma] = \frac{f}{n} \tag{1-1}$$

式中　σ——实际应力;

f——材料强度;

$[\sigma]$——许用应力;

n——安全因数(>1,经验值)。

这种方法存在两个问题:①只在弹性阶段适用(只考虑了力,没有考虑变形)。如图1-9中a,b两点对应的应力相同,但其破坏程度显然不同。②没有考虑构件形状对承载力的影响(构件的承载力不只和截面尺寸相关,还与构件长细比相关)。

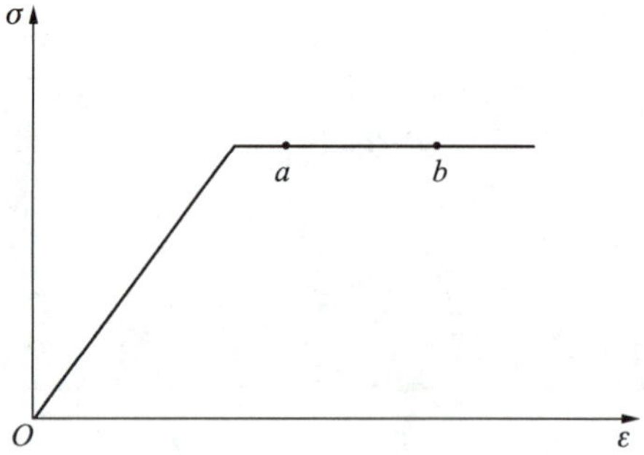

图1-9　钢材的应力-应变关系曲线

n为经验值,考虑材料强度和荷载的离散性,旨在提高可靠度。

2. 破坏阶段设计法

研究对象：构件。

设计公式为

$$S \leqslant \frac{R}{n} \tag{1-2}$$

式中 S ——作用效应；

R ——抗力。

3. 极限状态设计法

在上述两种设计法中，考虑安全因数是因为试验值和实际值有差别，这种差别可以用"概率论与数理统计"的内容进行描述。材料强度不是固定值，而是离散的，是一个随机变量。但是可以用指标描述，最简单的指标就是均值。用均值不能衡量这种离散性，但可以进行定性判断：如果一种材料的强度均值比另一种材料的强度均值高，就可以认为这种材料的强度比另一种材料的强度高。离散性可以用另一个指标方差来描述。均值越高，材料强度越高；方差越小，材料强度的离散性越小。因此，可以通过均值和方差来描述材料的强度。荷载也是随机的，但设计时只能取一个固定值。材料强度是随机的，所以抗力是随机的；荷载是随机的，因此作用效应是随机的。

合理的设计：考虑荷载（作用效应）和材料强度（抗力）的随机性，定义一个时间轴（如50年），50年内荷载的分布规律可以统计出来（根据过去的规律）。在给定的时间内，只要保证作用效应超过抗力的概率足够小（这不只是一个技术方面的问题，还与人的心理有关系，与国家的经济水平也有关系，结构设计是在可靠性和经济性之间找到一个平衡点），就比较合理。这就是基于概率的极限状态设计法。作用效应超过抗力的状态称为极限状态。

(1) 可靠性、可靠度

作用是引起结构产生内力或变形的各种外界因素。

作用 {
直接作用：荷载（恒荷载、活荷载、风荷载、雪荷载等）
间接作用：地震、温度变化、支座移动
}

作用效应：作用施加在结构上，使结构产生内力和变形。

抗力：结构或构件承受作用效应的能力，如构件的承载力和刚度。

建筑结构须满足以下功能要求：

① 安全性：在正常的施工和使用条件下，结构应能够承受各种可能的荷载和形变。同时，在偶发事件发生时，结构须维持整体稳定，防止倒塌。

② 适用性：在正常使用期间，结构应具备良好的工作性能，确保不出现过大的形变和振动，以免影响其功能。

③ 耐久性：在合理维护的前提下，结构应具备足够长的使用寿命。

可靠性是安全性、适用性和耐久性的统称。而可靠度则指结构在规定时间和条件下，完成预期功能的概率。

规定的时间：即设计使用年限，设计时首先要规定一个时间，如未来30年内、未来50年内。时间跨度越长，荷载最大值越大，如100年一遇的洪水一定比50年一遇的洪水大。不同的时间跨度对应不同的荷载统计规律。所以要先确定时间跨度，然后再确定该时间跨度内荷载的统计规律。设计使用年限，一般为50年，即在50年内，结构或构件不需要进行大修即可达到其预定目的，是结构在规定的条件下所应达到的使用年限。不同结构对应的设计使用年限见表1-1。

表1-1　设计使用年限分类

类别	设计使用年限/年	示例
1	5	临时性结构
2	25	易于替换的结构构件
3	50	普通房屋和构筑物
4	100	纪念性建筑和特别重要的建筑物

规定的条件：预测未来的使用条件（以过去预测未来），根据预测条件（荷载）进行设计。如果施加预计不到的作用，则不能保证结构能够完成预定功能。

预定功能：在结构的使用功能不变的情况下，才能保证结构可靠。如果设计了一个教室，就只能作为教室使用，如把教室改成实验室，则不能保证结构可靠（荷载不同）。

（2）极限状态

当整个结构或其部分超出某一特定状态时，将无法满足设计规定的功能要求，这包括内力和变形达到允许的最大值。

- 极限状态
  - 承载能力极限状态
    - 强度破坏
    - 丧失稳定
    - 结构变为机动体系
    - 倾覆
    - 疲劳破坏
    - 出现过度塑性变形
  - 正常使用极限状态
    - 变形（位移、挠度）
    - 振动
    - 局部破坏

承载能力极限状态：结构或构件达到其最大承载能力或出现不适于继续承载的变形，对应安全性。

正常使用极限状态：结构或构件的性能达到正常使用或耐久性某项指标的限值。

强度破坏：构件的某一截面或连接件因承受的应力超过材料的强度，导致破坏的情况。例如，轴心受拉的杆件被拉断，属于强度破坏的范畴。

丧失稳定：强度高→截面尺寸小→构件刚度小(EI)→容易失稳。例如，轴心受压长柱的破坏，属于丧失稳定。

倾覆：结构作为刚体失去平衡。

疲劳破坏：钢构件承受多次重复的移动荷载，如桥梁、吊车梁，在反复循环荷载作用下，有可能出现疲劳破坏。

出现过度的塑性变形：钢材塑性变形性能较好，抗拉强度高于屈服强度。可以考虑适当利用材料的塑性，但是若以抗拉强度作为承载极限，变形过大会影响受力，使可靠度降低。

结构变为机动体系：静定结构以受力最大截面进入全截面塑性为极限状态；超静定结构在某一截面出现塑性铰后，可继续承载，直至塑性铰个数逐渐增多，结构变为机动体系为止。塑性铰：钢材塑性变形性能较好，可以达到全截面塑性的受力状态。此时，若荷载继续增大，截面弯矩保持不变，但构件截面可以持续相对转动，可以像铰一样工作，所以称为塑性铰。

正常使用极限状态中的变形和振动，通常处于弹性范围内，是可逆的，因此对可靠度方面的要求可以适当降低。

(3) 基于概率的极限状态设计法

荷载大小是随着时间变化的，是随机变量。对荷载进行统计，可知其分布为正态分布。其概率密度函数如图 1-10 所示。

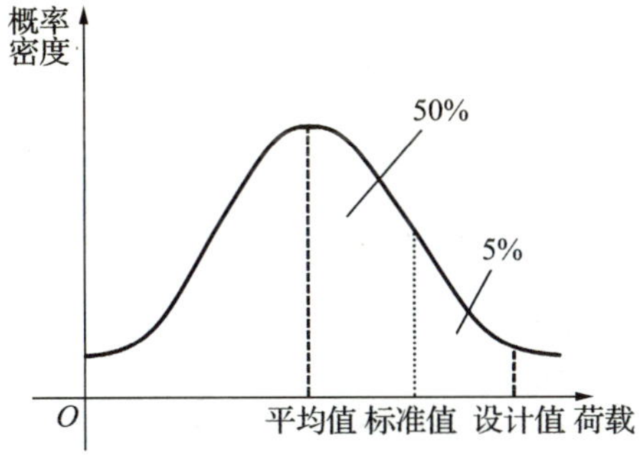

图 1-10 荷载的概率密度函数

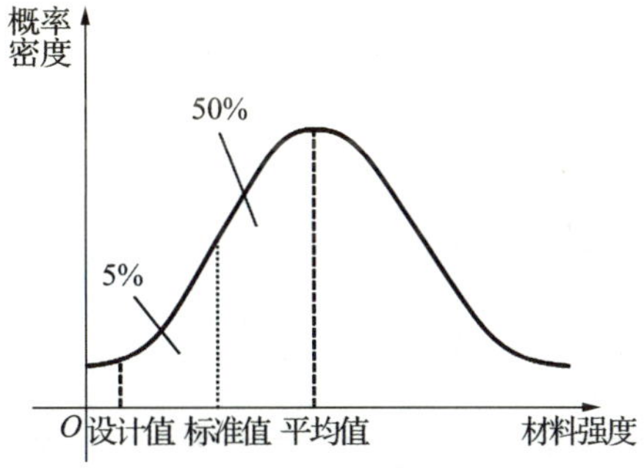

图 1-11 材料强度的概率密度函数

实际材料的材料强度大小不是定值，也是随机变量。对材料强度进行统计，可知其分布也为正态分布。其概率密度函数如图 1-11 所示。

荷载是正态分布，则作用效应 S 是正态分布；材料强度是正态分布，则承载力 R 是正态分布。R 和 S 的差值用 Z 表示，根据 Z 的范围，结构处于以下三种状态。

$$Z=R-S=\begin{cases}<0, & \text{结构处于失效状态}\\ =0, & \text{结构处于极限状态}\\ >0, & \text{结构可靠}\end{cases}$$

内力和承载力的概率密度函数，如图 1-12 所示。图中，P_f 为失效概率，P_s 为可靠概率（可靠度）。

假定 S 和 R 符合正态分布，则 Z 也符合正态分布，其概率密度函数如图 1-13 所示。

结构的失效概率为

$$P_f=\int_{-\infty}^{0} f(Z)\mathrm{d}Z=P \quad (Z<0) \tag{1-3}$$

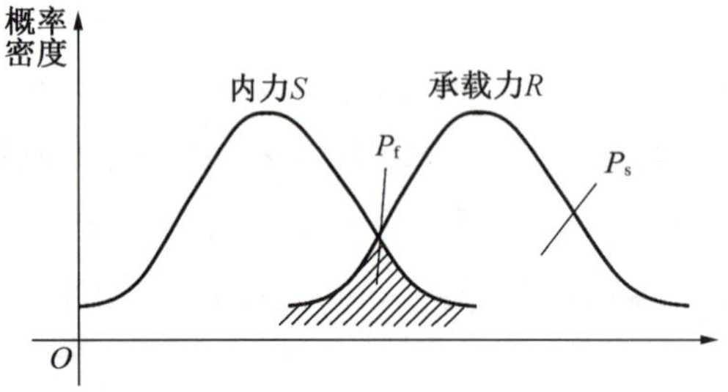

图 1-12　内力、承载力的概率密度函数

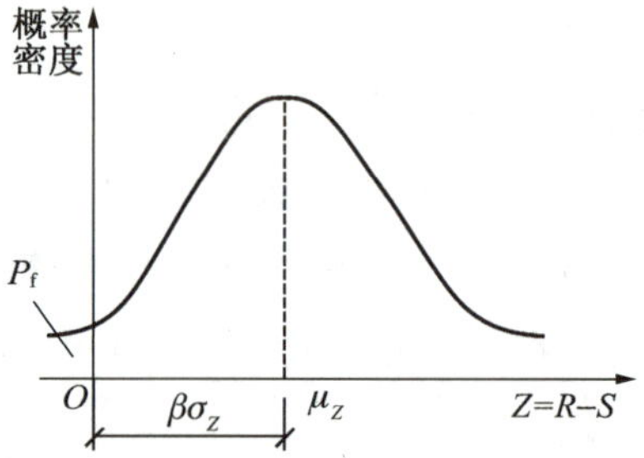

图 1-13　Z 的概率密度函数

引入可靠指标 β，即

$$\beta=\frac{\mu_Z}{\sigma_Z}=\frac{\mu_R-\mu_S}{\sqrt{\sigma_R^2+\sigma_S^2}} \tag{1-4}$$

式中　μ_Z，μ_R，μ_S——随机变量 Z，R，S 的平均值；

σ_Z，σ_R，σ_S——随机变量 Z，R，S 的标准差（或均方差）。

$$P_f=1-\Phi(\beta) \tag{1-5}$$

如图 1-13 所示，β 越大，μ_Z 越大（越靠右），P_f 越小，结构越可靠。不同结构的目标可靠指标见表 1-2。

表 1-2　目标可靠指标 β

安全等级	一级	二级	三级
延性破坏	3.7	3.2	2.7
脆性破坏	4.2	3.7	3.2

脆性破坏后果严重，所以要适当提高可靠度。越重要的建筑，可靠度越高，表 1-2 中，一级对应重要建筑，二级对应一般建筑，三级对应次要建筑。

1.2.2 实用的设计表达式

1. 承载能力极限状态设计表达式

基本组合(地震不参与内力组合)

$$\gamma_0 S_d \leqslant R_d = R\left(\frac{f_{sk}}{\gamma_s}, a_k, \cdots\right) = R(f_s, a_k, \cdots) \tag{1-6}$$

式中 γ_0——结构重要性:一级取 1.1,二级取 1.0,三级取 0.9;

S_d——荷载效应设计值,如轴力、弯矩、剪力、扭矩设计值;

R_d——结构构件的承载力设计值,如抗压(拉)承载力、抗弯承载力、抗剪承载力、抗扭承载力,由材料强度设计值和构件的几何尺寸标准值计算获得;

f_{sk}——钢材材料强度的标准值;

f_s——钢材材料强度的设计值;

γ_s——钢材材料强度分项系数,取 1.1;

a_k——几何尺寸标准值。

$$S_d = \sum_{j=1}^{m} \gamma_{G_j} S_{G_j k} + \gamma_{Q_1} \gamma_{L_1} S_{Q_1 k} + \sum_{i=2}^{n} \gamma_{Q_i} \gamma_{L_i} \psi_{c_i} S_{Q_i k} \tag{1-7}$$

式中 γ_{G_j}——第 j 个永久荷载的分项系数;

γ_{Q_i}——第 i 个可变荷载的分项系数,其中 γ_{Q_1} 为主导可变荷载 Q_1 的分项系数;

γ_{L_i}——第 i 个可变荷载考虑设计使用年限的调整系数;

$S_{G_j k}$——第 j 个永久荷载的内力的标准值;

$S_{Q_i k}$——第 i 个可变荷载的内力的标准值;

ψ_{c_i}——第 i 个可变荷载标准值 Q_i 的组合值系数;

荷载效应分项系数见表 1-3。

表 1-3 建筑结构的荷载效应分项系数

荷载效应分项系数适用情况	当荷载效应对承载力不利时	当荷载效应对承载力有利时
γ_G	1.3	≤1.0
γ_Q	1.5	0

可变荷载考虑设计使用年限的调整系数 γ_L 见表 1-4。

组合值系数 ψ_{c_i}:除风荷载取 $\psi_{c_i}=0.6$ 外,大部分可变荷载取 $\psi_{c_i}=0.7$,楼面活荷载的组合值系数见《建筑结构荷载规范》(GB 50009—2012)。

表 1-4　考虑设计使用年限的调整系数 γ_L

结构设计使用年限/年	5	50	100
γ_L	0.9	1.0	1.1

偶然组合相关内容请扫右侧二维码。

内力组合：
偶然组合

2. 正常使用极限状态

$$S_d \leqslant C \tag{1-8}$$

(1) 标准组合

$$S_d = \sum_{j=1}^{m} S_{G_j k} + S_{Q_1 k} + \sum_{i=2}^{n} \psi_{c_i} S_{Q_i k} \tag{1-9}$$

(2) 频遇组合

$$S_d = \sum_{j=1}^{m} S_{G_j k} + \psi_{f_1} S_{Q_1 k} + \sum_{i=2}^{n} \psi_{q_i} S_{Q_i k} \tag{1-10}$$

(3) 准永久组合

$$S_d = \sum_{j=1}^{m} S_{G_j k} + \sum_{i=1}^{n} \psi_{q_i} S_{Q_i k} \tag{1-11}$$

1.3 钢结构的发展

钢结构源于生铁结构的发展，我国是最早采用铁材制造承重结构的国家。典型的例子是铁链桥。在 65 年(汉明帝时期)，成功使用锻铁环环相扣，建造了世界上最早的铁链悬桥——兰津桥。现存最古老的铁链桥之一是云南省的霁虹桥，它横跨澜沧江，始建于明朝成化年间(1465—1487 年)，经历了多次修缮(图 1-14)。著名的泸定桥之一位于四川省大渡河上，建成于清康熙四十五年(1706 年)，是红军长征经过的重要桥梁之一(图 1-15)。该桥的建造时间比美洲于 1801 年修建的 23 m 跨铁索桥早近百年，比号称世界上最古老的英格兰 30 m 跨铸铁拱桥早了 74 年。

古代许多纪念性建筑也采用了钢铁结构建造。如广州光孝寺铁塔(图 1-16)，其中西铁塔建于 963 年(五代南汉时期)，东铁塔建于 967 年，以及建于 1061 年(宋代)的湖北当阳玉泉寺的 13 层铁塔等，上述建筑目前仍存于世。

我国古代虽然在钢铁结构方面有所创新，但在封建制度的影响下，生产力发展极为缓慢。在半殖民地半封建的百年间，中国曾建造了一些钢桥和高层钢结构建筑，但大多数设计均出自外国人之手。

图 1-14 霁虹桥

图 1-15 泸定桥

图 1-16 光孝寺铁塔

自 1949 年中华人民共和国成立以来，随着经济的不断发展，钢结构在重型厂房、大跨度公共建筑、铁路、桥梁及塔桅结构等领域有所进步。然而，由于钢产量的限制，钢结构主要应用于重型厂房、大跨度公共建筑、铁路桥梁及塔桅结构。多个大型钢铁联合企业，如鞍山、武汉和包头等，均在炼钢、轧钢和连铸车间采用钢结构。

在公共建筑中，平板网架得到了广泛应用。例如，1975 年建成的上海体育馆采用了三向网架，跨度达 1 100 m(图 1-17)；1962 年建成的北京工人体育馆则使用了圆形双层辐射式悬索结构，直径为 940 m(图 1-18)；1967 年建成的浙江体育馆采用了双曲抛物面正交索网的悬索结构，椭圆平面长 80 m、短 60 m；武汉长江大桥(图 1-19)和南京长江大桥(图 1-20)均为铁路和公路双用的双层钢桁架桥。

在塔桅结构方面，广州、上海等地建设了超过 200 m 高度的多边形空间钢桁架电视塔。1977 年建成的北京环境气象塔则是一座高达 325 m 的五层纤绳三角形杆身钢桅杆结构。

图 1-17　上海体育馆

图 1-18　北京工人体育馆

图 1-19　武汉长江大桥

图 1-20　南京长江大桥

自 1978 年我国实施改革开放政策以来，经济建设实现了迅速发展，钢结构行业也迎来了前所未有的扩展，应用领域显著增加。如今，钢结构已广泛用于高层和超高层建筑、多层住宅、单层轻型房屋、体育场馆、大跨度展览中心、大型飞机检修库、自动化高架仓库、城市桥梁及大跨度公路桥梁、粮仓以及海上采油平台等。

目前，已建成和在建的高层及超高层钢结构项目超过 30 座，其中包括高 421 m、地上 88 层、地下 3 层的上海金茂大厦，这一建筑的竣工标志着我国超高层钢结构的技术已跻身世界前列(图 1-21)。在大跨度建筑和单层工业厂房中，网架和网壳等结构的普遍应用也引起了全球的关注。上海体育馆的马鞍形环形大悬挑空间钢结构屋盖(图 1-22)和上海浦东国际机场航站楼的张弦梁屋盖(图 1-23)更是标志着我国的大跨度空间钢结构已进入国际先进行列。

在桥梁建设方面，钢结构的应用同样引人注目。1994 年建成的双层九江长江大桥，同时服务于铁路和公路，主跨长度为(180+216+180) m，并采用了柔性拱加劲设计(图 1-24)。1995 年建成的上海杨浦大桥为双塔双索面斜拉桥，主跨达到 6 200 m(图 1-25)。1999 年建成的江阴长江大桥采用悬索桥形式，主跨长度为 1 385 m(图 1-26)。这些桥梁的建设标志着我国已具备了建造多样化现代化桥梁的能力。

图1-21 上海金茂大厦

图1-22 上海体育馆

图1-23 上海浦东国际机场航站楼

图1-24 九江长江大桥

图1-25 上海杨浦大桥

图1-26 江阴长江大桥

21世纪以来，我国相继修订了《冷弯薄壁型钢结构技术规范》(GB 50018—2002)、《钢结构焊接规范》(GB 50661—2011)、《门式刚架轻型房屋钢结构技术规范》(GB 51022—2015)、《建筑结构可靠性设计统一标准》(GB 50068—2018)、《钢结构设计标准》

(GB 50017—2017)、《钢结构工程施工质量验收标准》(GB 50205—2020)、《钢结构通用规范》(GB 55006—2021)、《工程结构通用规范》(GB 55001—2021)等国家标准。住房和城乡建设部组织36项钢结构住宅建筑体系及关键技术研究课题，开展试点工程，并组织编制了《钢结构住宅设计规程》和《低层轻钢装配式住宅技术要点》等。1996年我国钢产量已是世界第一，年产量超过1亿t。钢材质量及钢材规格也已能满足建筑钢结构的要求。市场经济的发展与不断成熟更为钢结构的发展创造了条件。随着2008年北京奥运会、2010年上海世博会、2022年北京冬奥会等越来越多国际活动的成功举办，钢结构在我国已进入一个更加快速发展的时期，但仍存在一些新的问题亟待解决。

(1) 高性能钢材的使用。随着高强度低合金钢材的发展，除了常见的Q235和Q355钢材之外，Q390与Q420钢材在钢结构领域的应用还需要深入研究，且新的钢材品种研发应持续推进。

(2) 钢结构设计方法的进步。概率极限状态设计方法仍有很大的改进空间，当前该方法主要计算单一构件或截面的可靠性，尚未涉及整个结构体系的可靠度。此外，它在疲劳和动力荷载下的适用性也有限，结构优化设计问题仍需深入探索。

(3) 结构形式的创新。在结构形式的改革中，推广高强钢索的应用起到了重要作用，特别是索膜结构和张拉整体结构的出现。而钢-混凝土组合结构的应用也越来越普遍，尽管如此，结构形式的进一步革新仍然任重道远。

(4) 钢结构的加工与制造。目前钢结构制造过程中的机械化水平仍存在提升空间，亟需通过技术创新和生产设备的升级，进一步提升加工效率和产品精度。

思政小课堂

1. 以人为本：结构、构件的力学性能的衡量指标主要有两个，即承载力和变形性能。变形性能好，结构容易发生塑性破坏，不容易发生脆性破坏。塑性(延性)破坏，破坏前结构发生较大变形，有明显预兆，人员有逃离时间；脆性破坏，破坏前变形较小，没有明显预兆，为突然破坏。因此，为了保障人民的生命安全，设计时应保证结构的破坏形式为塑性破坏。

2. 工程伦理：结构为建筑物的空间受力骨架，即结构的主要作用是受力。可靠性和经济性是矛盾的，结构设计的目的是把握可靠性和经济性之间的平衡。即合理的结构设计为在可靠度一定的前提下尽量降低成本，或成本一定的前提下尽量提高可靠度。

3. 文化自信：《建筑结构可靠性设计统一标准》(GB 50068—2018)在之前的规范的基础上，提高了荷载效应分项系数，即提高了结构的可靠度，说明国家的设计理论和经济水平在不断发展。

本章习题

1. 简述建筑、结构、构件的定义。

2. 简述强度、刚度、稳定性的定义。

3. 简述结构力学性能的衡量指标。

4. 框架结构和砌体结构的传力路径有何区别？这两种结构类型，哪一种受力性能更好，为什么？

5. 简述钢结构的特点及应用。

6. 简述作用、作用效应、抗力、可靠性、可靠度、极限状态的定义。

7. 简述平均值、标准值、设计值的定义。

8. 在结构设计中，哪些情况用设计值，哪些情况用标准值？

第 2 章

钢结构的材料

本章要求

能够记住钢材的主要力学性能及相应的鉴定实验；识别影响钢材性能的主要因素；识别延性破坏和脆性破坏；记住疲劳破坏的概念，能够进行疲劳验算，能够根据低周反复加载试验结果对结构抗震性能进行评估；能够识别钢材的牌号，了解不同钢材的适用范围，识别钢结构图纸中型钢的形状尺寸。

本章重点

钢材的主要力学性能；钢材力学性能的影响因素。本章思维导图请扫右侧二维码。

思维导图 2

材料是构成结构和构件的基本元素，材料的力学性能直接决定了结构的力学性能。因此在学习结构设计之前，有必要对材料的力学性能进行研究。本章主要阐述材料的力学性能指标及其影响因素。

2.1 钢材的主要力学性能及鉴定

材料的力学性能可通过实验得到，本节主要介绍以下几种力学性能实验。

钢材的力学性能
- 单向拉伸时的力学性能
- 冷弯性能
- 冲击韧性
- 可焊性
- 钢材力学性能的鉴定

2.1.1 单向拉伸时的力学性能

材料的力学性能的衡量指标主要有两个：强度和塑性变形性能（延性）。钢材在常温、静载条件下一次拉伸所表现的性能比较具有代表性，拉伸试验也比较容易进行，并且便于规定标准的试验方法和多项性能指标。所以钢材的主要强度指标和变形性能指标都是根据标准试件一次拉伸试验确定的。

对低碳钢或低合金钢进行单向拉伸试验（图 2-1），可得到力（F）-变形（Δ）关系曲线[图 2-2(a)]。

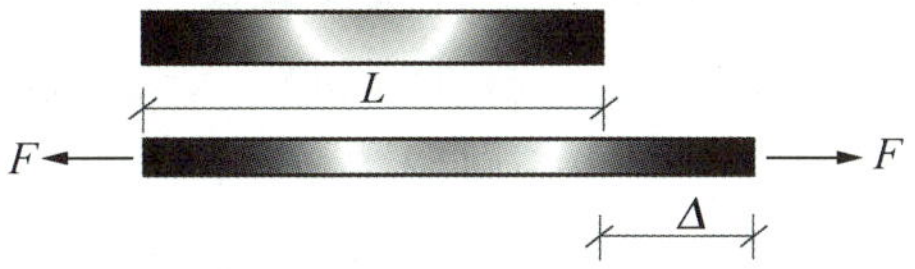

图 2-1　钢材单向拉伸试验示意

F-Δ 关系曲线与构件尺寸有关。为了消除尺寸的影响，将拉力 F 除以横截面面积 A，将伸长量 Δ 除以构件原长 L，可得到应力（σ）-应变（ε）关系曲线[图 2-2(b)]。σ-ε 关系曲线与 F-Δ 关系曲线形状相同，只是同比例缩小了，只与材料的力学性能有关。

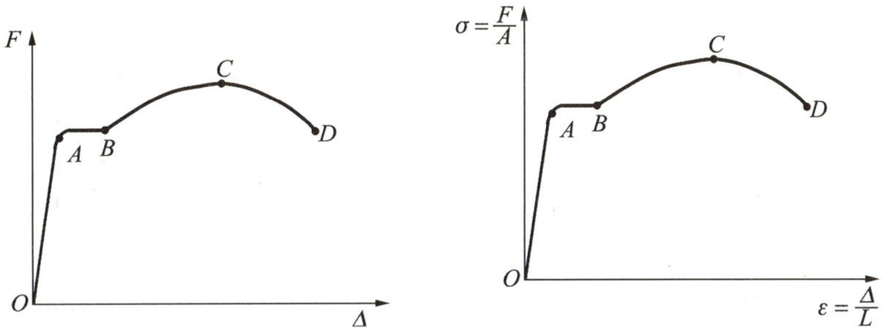

(a) 力-变形关系曲线　　(b) 应力-应变关系曲线

图 2-2　钢材单向拉伸的力-变形关系曲线

σ-ε 关系曲线分 4 个阶段：OA 为弹性阶段，AB 为屈服阶段，BC 为强化阶段，CD 为颈缩阶段。

同时，从 σ-ε 关系曲线中，可得到钢材强度和塑性变形性能等力学性能指标。

1. 强度指标

σ-ε 关系曲线可显示以下力学性能指标（图 2-3）。

(1) 比例极限 σ_p

应力和应变成正比的极限。从原点 O 至比例极限，为线弹性阶段，该阶段为应力（σ）-应变（ε）图中的直线段，斜率为常数 E，适用胡克定律。

(2) 弹性极限 σ_e

在弹性极限之前，只发生弹性变形，即卸载后变形可以完全消失。在应力超过比例极限后，应力与应变不再成正比，斜率逐渐减小（弹性模量 E 减小，刚度减小），应力-应变间成曲线关系，但仍然为弹性变形。σ_e 比 σ_p 稍高，从原点 O 至弹性极

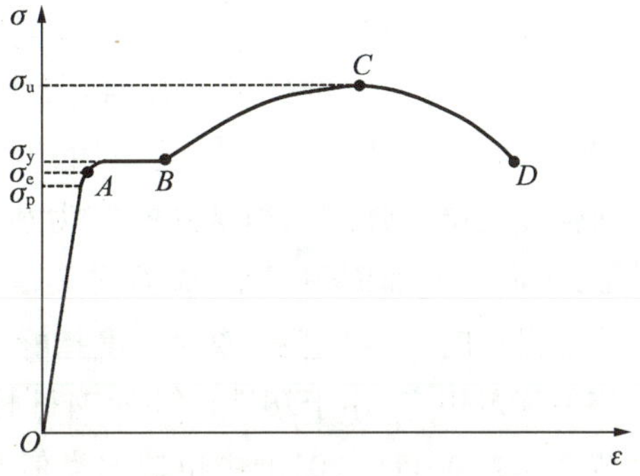

图 2-3　钢材的强度指标

限为弹性阶段。

(3) 屈服强度 σ_y

荷载继续增大，应力达到屈服强度(下屈服点)后，应力保持不变而应变持续增长，进入屈服阶段。试验得到的 σ-ε 关系曲线在该阶段为波动的曲线，最高点和最低点分别称为上屈服强度和下屈服强度，由于下屈服强度比较稳定，工程中将下屈服的点作为屈服强度。弹性设计时，通常把屈服强度 σ_y 作为强度指标(σ_y 之前，材料基本处于弹性阶段；σ_y 之后，材料处于屈服阶段，发生损伤)。塑性设计时，通常把钢材的 σ-ε 关系曲线简化为理想的弹塑性模型[较实际情况偏安全，图 2-4(a)]。图 2-4(a)、图 2-4(b)、图 2-4(c)分别为理想的弹塑性模型、理想的弹性模型(只有线弹性阶段，为材料力学中的模型)、理想的塑性模型。可以看出，由于屈服平台的存在，理想的弹塑性模型与钢材的 σ-ε 关系曲线最接近。

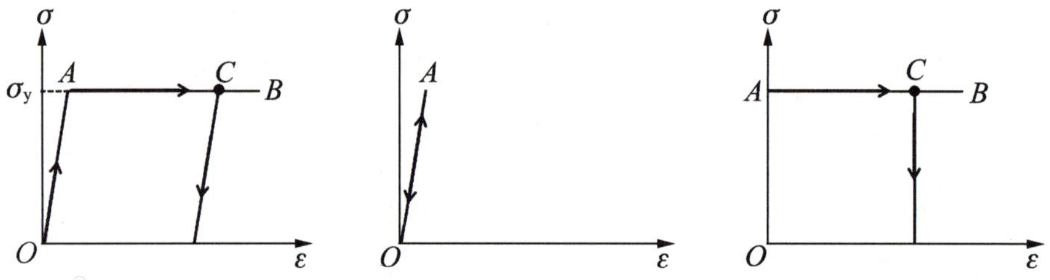

(a) 理想的弹塑性模型　　(b) 理想的弹性模型　　(c) 理想的塑性模型

图 2-4　材料本构关系模型

低碳钢和低合金钢具有明显的屈服点和屈服平台特征。与之不同的是，经过热处理的钢材通常表现出较好的塑性，且其应力-应变关系曲线呈现连续变化，缺乏明显的屈服点或屈服平台(图 2-5)。

热处理钢材如何确定其强度指标?

对于没有明显屈服点的钢材，规定永久变形为 $\varepsilon = 0.2\%$ 时的应力作为屈服强度。

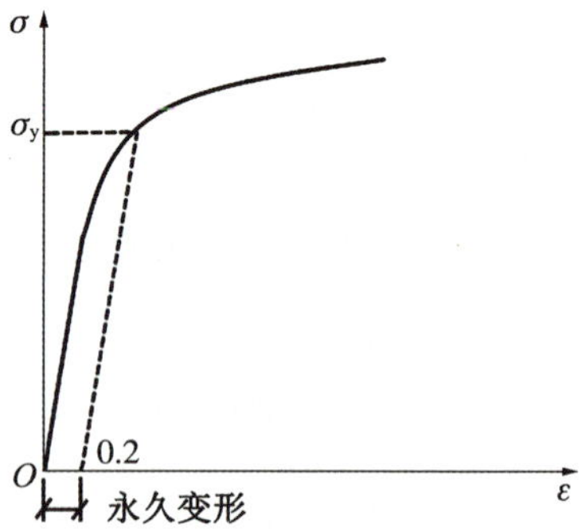

图 2-5　热处理钢材的屈服强度

(4) 抗拉强度 σ_u

在屈服平台之后，随着应变的增加，尽管应力也会有所上升，但应变的增速较为显著，导致应力与应变之间呈曲线关系直至达到最大值，这一阶段称为应变硬化(强化)阶段。此时的最大应力称为极限强度或抗拉强度。当试件的应力达到极限后，局部区域会出现横向收缩，通常称为“颈缩”现象。截面面积减小，应力增大，随后断裂，称为颈缩阶段(局部变形阶段)。

设计时，一般把 σ_y 作为强度指标，而把应变硬化阶段作为安全储备，忽略其有利作用。相关规范规定，用于塑性设计的钢材必须满足 $\sigma_u/\sigma_y \geq 1.2$ 的强屈比。《建筑抗震设计规范》(GB 50011—2010)中也提出类似要求，原因在于，当面对罕见地震时，不仅允许结构发生塑性变形，而且还需要通过这种变形来吸收和消耗地震能量。

2. 塑性变形性能指标

钢材的塑性变形能力通常通过伸长率来表示。伸长率是指试件在断裂前所经历的永久变形与原始标定长度的比值，通常以百分比形式表示（即断裂时的残余应变，图 2-6）。

取圆形试件直径 d 的 5 倍或 10 倍为标定长度，其相应的伸长率用 δ_5 或 δ_{10} 表示，伸长率代表材料断裂前具有的塑性变形能力。

屈服点、抗拉强度和伸长率是钢材的三个关键力学性能指标。在钢结构设计中，选用的钢材必须符合相应规范对这三项性能指标的要求。

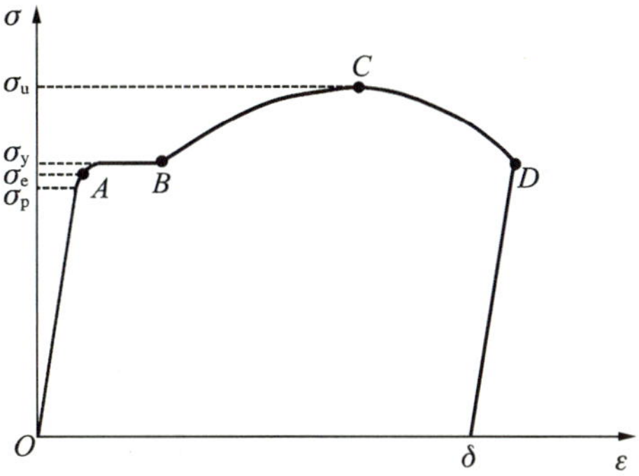

图 2-6　钢材的伸长率

3. 其他力学性能指标

钢材在进行单次压缩或剪切时的应力-应变曲线与拉伸试验时的变化趋势大致相同。压缩强度指标通常与拉伸试验中的数值一致，而剪切强度则通常低于拉伸时的强度值。$f_y = \sqrt{3} f_{yv}$。 剪切模量 G 也低于弹性模量 E。其物理性能指标见表 2-1。

表 2-1　钢材的物理性能指标

弹性模量 $E/(\mathrm{N/mm^2})$	剪切模量 $G/(\mathrm{N/mm^2})$	线膨胀系数 α（以每 1℃ 计）	质量密度 $\rho/(\mathrm{kg/m^3})$
2.06×10^5	79×10^3	12×10^{-6}	7 850

2.1.2　冷弯性能

根据试样的厚度和规定的弯曲半径，将其弯曲至 180°，如果试样表面和侧面没有出现裂纹或分层，则判定为“冷弯试验合格”（图 2-7）。

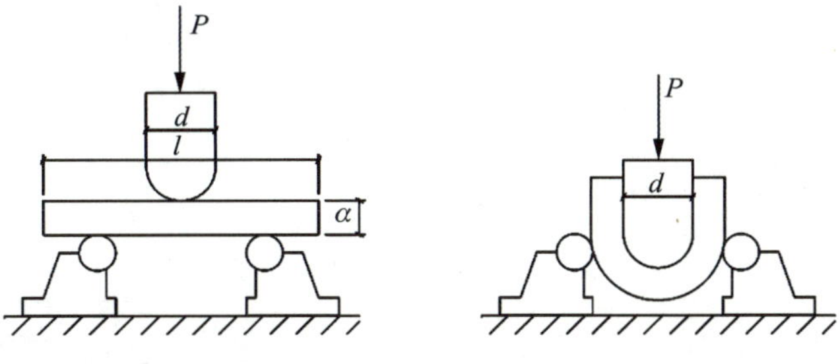

（a）试验前　（b）试验后

图 2-7　钢材冷弯试验示意

“冷弯试验合格”不仅表明材料具备良好的塑性变形能力，还反映出钢材的冶金质量达到标准。冷弯试验是一种有效的钢材质量检测方法，通常用于补充静力拉伸和冲击试验等。对于要求良好冷热加工性能的关键结构部件,冷弯试验合格是必须的质量保证。

2.1.3 冲击韧性

在结构设计中,经常需要考虑汽车、火车和起重机等动力(冲击)荷载。这类荷载会影响结构的稳定性和安全性。

钢材的冲击性能通常通过韧性来衡量,韧性指的是钢材在断裂时能吸收的机械能量。吸收能量较多表示钢材具有较好的韧性。在拉伸静荷载作用下,钢材断裂时所吸收的能量可以通过应力-应变关系曲线下的面积来计算,面积越大,表示钢材的塑性越好,从而韧性值也越高。

在实际应用中,为了更好地评估钢材的抗脆断能力,通常使用冲击韧性而非静态的塑性性能。因为脆性断裂常发生在具有缺口的地方,且此处受力状态为三向拉伸,因此钢材的缺口冲击韧性是一个重要的指标。缺口冲击韧性通常通过夏比试验来测量,采用带有V形缺口的试样,以模拟实际结构中可能出现的缺陷。夏比试验的结果,用 A_{kv} 或 C_v 表示,表示试件在断裂时所需吸收的能量,单位为焦耳(J)。

标准尺寸冲击试样长度为55 mm,横截面为10 mm×10 mm方形截面,试样长度中间有V形或U形缺口。试验时,将规定几何形状的缺口试样置于试验机两支座之间,缺口背向放在摆锤式冲击试验机上进行(图2-8)。

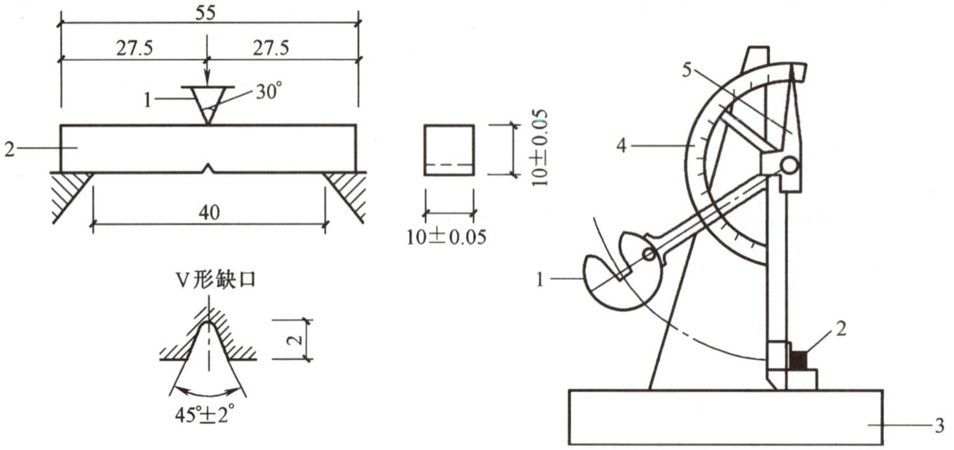

1—摆锤;2—试件;3—试验台;4—刻转盘;5—指针

图 2-8 钢材冲击试验示意

2.1.4 可焊性

钢材的可焊性是指在常规焊接条件下能够形成合格焊缝的能力,具体要求是焊缝无裂纹。钢材的可焊性受到碳含量和合金元素成分的影响。通常,碳含量在0.12%~0.20%之间的碳素钢可焊性最好。过高的碳含量会导致焊缝及其热影响区变脆,降低可焊性。以 Q235B 为例,其碳含量正好位于这一范围内,因此具有良好的可焊性。

然而,用于提高钢材强度的合金元素通常会对可焊性产生负面影响。为了评估低合金钢的可焊性,常使用碳当量公式进行计算。

$$C_E = C + \frac{Mn}{6} + \frac{1}{5}(Cr + Mo + V) + \frac{1}{15}(Ni + Cu) \tag{2-1}$$

式中,C, Mn, Cr, Mo, V, Ni, Cu 分别为碳、锰、铬、钼、钒、镍和铜的百分含量。

当碳当量不超过 0.38%时,钢材通常表现出较好的可焊性,Q355 钢即属于此类。然而,若碳当量过高,钢材的淬火倾向增强,这时需要通过预热来避免焊接过程中的淬火裂纹。预热的主要目的是减缓焊缝及热影响区的冷却速度,减少裂纹发生的风险。预热温度的具体选择不仅与碳当量有关,还与钢材的厚度和构件变形的约束程度紧密相关。因此,针对重要结构的焊接,最好通过工艺试验来确定合适的焊接温度。

除了碳当量外,钢材的可焊性还受到母材厚度、焊接方法、工艺参数和结构形式等多方面因素的影响。

2.1.5 钢材力学性能的鉴定

钢材的质量通常通过几个主要的力学指标来评估,包括屈服强度、抗拉强度、伸长率、冷弯性能以及冲击韧性。此外,钢材的化学成分和工艺性能也同样是判断其质量的重要依据。在钢结构工程中,所有进场的主要材料必须进行验收,检查是否附有质量合格证明文件、中文标识和检验报告,以确保钢材的种类、规格和性能符合国家标准及设计要求。

对于以下几类钢材,还须进行抽样复检,复检结果必须符合相关的国家标准:

(1) 进口钢材;

(2) 不同批次混合的钢材;

(3) 板厚达到或超过 40 mm,且设计要求具有 Z 向性能的钢板;

(4) 用于一级安全等级建筑的大跨度钢结构受力构件;

(5) 设计要求进行复检的钢材。

在钢材加工工艺中,有一加工环节为"轧制",即将厚板轧成薄板。钢材中存在固体杂质,在轧制过程中被压扁。当钢板在厚度方向受拉时,容易发生一种破坏形式,即层间撕裂(图 2-9)。因此,在设计时,应尽量避免厚度方向受拉;如果避免不了,应采用 Z 向性能的钢板,即抗层间撕裂的钢板。

复检时,各项试验都应按有关国家标准的规定进行。做热轧型钢的力学性能试验时,原则上应从翼缘(钢结构中,梁、柱构件经常采用工字形截面,图 2-10)上切取试样。这是因为翼缘厚度比腹板大,屈服点比腹板低(在轧制的过程中,裂纹和气孔等缺陷变少,因此经过轧制,钢材的力学性能会变

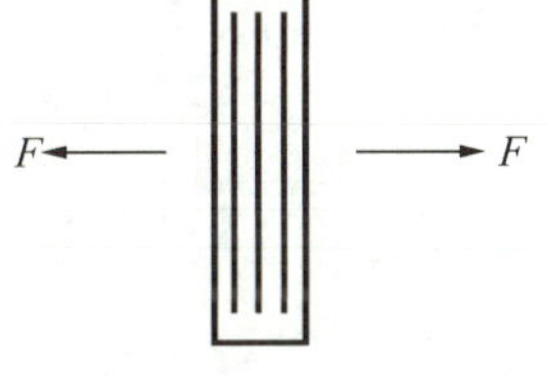

图 2-9 钢板发生层间撕裂

好，即薄板比厚板的强度高），并且翼缘是梁、柱构件受力的关键部位（将在第 3 章中详细阐述）。

钢板在轧制过程中，纵向的力学性能通常优于横向，因此根据试样的方向不同，测试结果也会有所不同。根据国家标准，钢板和钢带的拉伸与弯曲试验应选用横向试样，而冲击韧性试验则应选用纵向试样（图 2-11）。

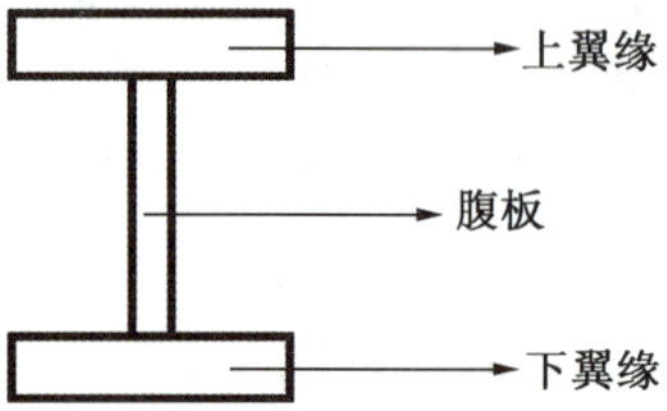

图 2-10 工字形截面

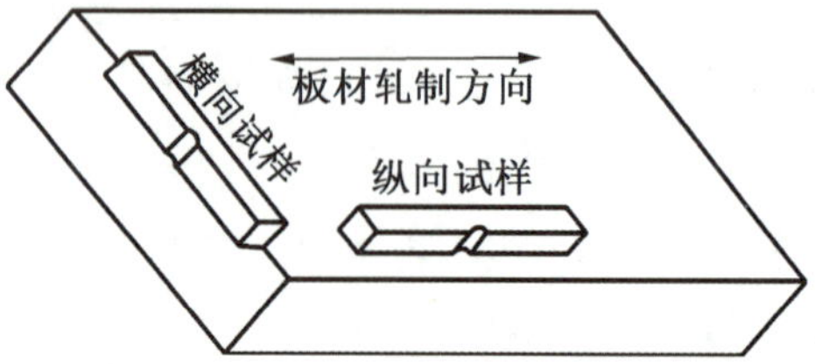

图 2-11 试件取样方法

具备相关资质的质检单位是钢材的抽样检验必备条件。

2.2 钢材力学性能的影响因素

2.2.1 化学成分的影响

1. 碳(C)

- 铁碳合金
  - 钢材（含碳量＜2%）
  - 铸铁（含碳量＞2%）

- 钢材
  - 低碳钢（含碳量＜0.25%）：建筑用钢材、焊接结构
  - 中碳钢（0.25%＜含碳量＜0.6%）：中强度钢丝
  - 高碳钢（含碳量＞0.6%）：高强度螺栓、高强度钢丝

碳是形成钢材强度的主要成分。含碳量提高，则钢材强度提高，但钢材的塑性、韧性、冷弯性能、可焊性及抗锈蚀能力下降。钢材为塑性材料，铸铁由于含碳量较高，为脆性材料。

2. 锰(Mn)

- 锰
  - 提高强度但不过多降低塑性和冲击韧性
  - 弱脱氧剂
  - 消除硫对钢的热脆影响
  - 降低可焊性

3. 硅(Si)

硅：
- 强脱氧剂
- 细化晶粒
- 适量时提高强度而不显著影响塑性、韧性、冷弯性能及可焊性
- 过量时会恶化可焊性及抗锈蚀性

4. 钒、铌、钛

钒、铌、钛：
- 细化晶粒
- 提高强度又保持良好的塑性、韧性

5. 其他

铝：
- 强脱氧剂
- 细化晶粒

铬、镍：提高强度

有害元素：
- 硫(S)：热脆、降低冲击韧性、影响疲劳性能和抗锈蚀性
- 氧(O)：热脆
- 磷(P)：冷脆、提高强度和抗锈蚀能力
- 氮(N)：冷脆

2.2.2 成材过程的影响

1. 冶炼

常见的冶炼方法包括平炉炼钢、氧气顶吹转炉炼钢、碱性侧吹转炉炼钢和电炉炼钢，其中氧气顶吹转炉炼钢因其低投资、高效率及对原料适应性强而广泛应用。

2. 浇铸

根据钢水的脱氧程度，钢材可分为镇静钢、半镇静钢和沸腾钢。镇静钢通过加入强脱氧剂(如硅)及有时添加铝或钛来减少氧气杂质并细化晶粒，避免偏析等缺陷，因此其性能优于沸腾钢。冶炼和浇铸过程中不可避免地会产生冶金缺陷，如偏析、非金属夹杂、气孔和裂纹等，这些缺陷会影响钢材的力学性能。

偏析指结晶后化学成分的不均匀分布；非金属夹杂是指硫化物等杂质的存在；气孔则是浇铸时生成的气体未能完全释放而在钢锭中形成的孔洞。

3. 轧制

钢材的轧制过程可以细化晶粒，并将气泡和裂纹焊合，从而提升力学性能。薄板的强度通常略高于厚板，这是因为它经过的轧制次数较多。然而，轧制过程中若非金属夹杂物未完全去除，可能会导致钢材分层。因此，设计时应尽量避免将拉力垂直于板面，以防层间撕裂。

4. 热处理

大多数钢材以热轧状态交货，但某些高强度钢材会在轧制后进行热处理以增强强度、

塑性和韧性。《低合金高强度结构钢》(GB/T 1591—2018)规定,钢材通常应在热轧、控轧、正火或正火加回火状态下交货。

正火是将钢材加热至850℃~900℃后自然冷却;控轧则是在轧制时控制温度,以实现正火效果;回火是将钢材加热至650℃,并保持一段时间后自然冷却。淬火加回火处理(调质处理)适用于高强度钢材,如高强度螺栓材料,能够大幅提升钢材的强度。

2.2.3 冷加工硬化

冷加工是在常温下进行的加工,包括冷拉、冷弯、冲孔和机械剪切等。此类加工会使钢材产生显著的塑性变形,通常已进入强化阶段。经过冷加工的钢材在重新受力时会提高屈服点,但塑性和韧性会降低。由于这些性能的下降,普通钢结构通常不利用冷加工带来的强度提升,且在重要结构中,剪切导致的硬化边缘常常需要被去除。

冷拉:常温下将钢筋进行单向拉伸至强化阶段,然后卸载;再加载时屈服点提高,塑性和韧性变差,称为冷加工硬化式应变硬化,如图2-12中*OAB*变为*CB*。

冷拉的目的:提高屈服强度,以节约材料。中华人民共和国成立初期,钢产量较低,需节约钢材,因此根据钢材的力学性能,对钢材进行冷拉处理。目前我国的钢产量较高,冷拉工艺已经很少采用。

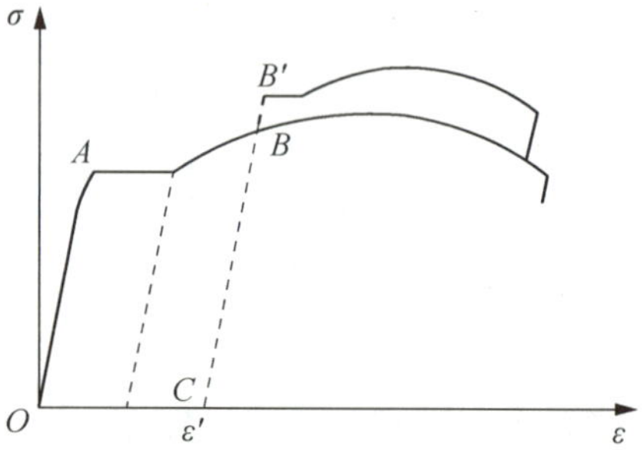

图2-12 钢材的硬化

冷弯薄壁型钢结构的冷弯型钢一般由钢板或钢带经过冷轧、压力机模压或弯板机弯曲成型。由于冷加工的影响,实际构件截面上各点的性能有了不同程度的提升,这使得冷弯薄壁型钢的强度相较于原钢板发生了变化。因此,在冷弯薄壁型钢结构设计中,可以考虑利用局部冷加工提高强度。

此外,钢材还可能发生时效硬化和应变时效。时效硬化是指钢材在经过一定时间后转脆的现象;应变时效则是在加载使钢材达到强化阶段后,再经过一段时间的时效处理,钢材的强度会进一步提升(图2-12中的*CB*变为*CB′*),但塑性和韧性则会进一步降低,即应变硬化加时效硬化(图2-12中的*OAB*变为*CB′*)。

2.2.4 温度影响

钢材对温度非常敏感,温度的升高和降低都会导致钢材性能发生变化。

1. 温度升高

随着温度的升高,钢材的强度和弹性模量逐渐降低,而其塑性和韧性则提高(图2-13)。

当温度上升时,普通钢的强度会迅速下降,到600℃时,屈服强度 f_y 大约只剩下室温时的1/3,无法继续承载荷载。同时,钢材的弹性模量随着温度的升高逐渐下降,到600℃时,仅剩室温弹性模量的40%左右。

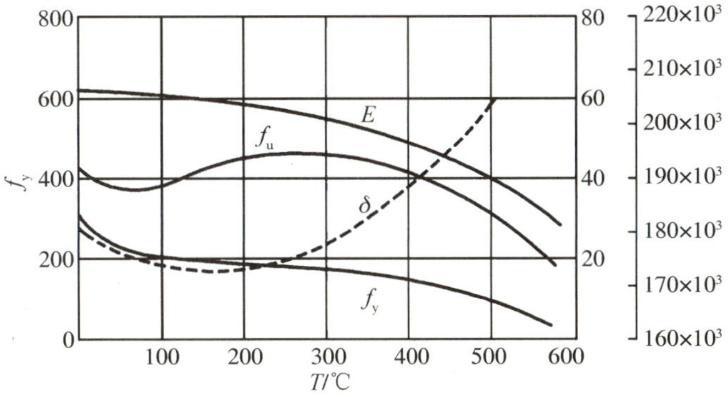

图 2-13　温度对钢材机械性能的影响

在 250℃左右的温度区间，钢材会出现兰(蓝)脆现象，而在 260℃～320℃，钢材可能会出现徐变现象。兰脆现象表现为材料在该温度区间内局部变脆，塑性降低，可能在热加工过程中产生裂纹。徐变则是指在恒定应力下，钢材会缓慢地继续变形(即应变增大)。在200℃以下，钢材性能变化较小，因此结构的辐射温度不应超过这一范围。

设计时，通常规定结构表面温度不超过 150℃，当超过这一温度时，须为结构表面提供隔热保护。近年来，耐火钢的出现显著改善了钢材在高温下的力学性能。

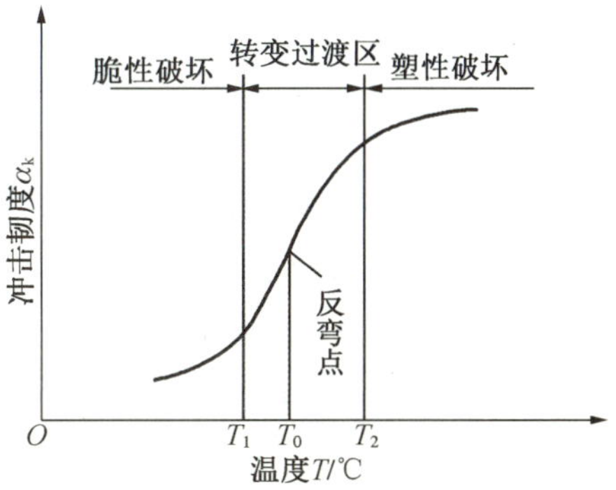

图 2-14　a_k 值随温度 T 的变化

2. 温度降低

当温度降低时，屈服强度 f_y 和极限抗拉强度 f_u 都增高，但塑性变形能力变差，因而材料转脆，对冲击韧性的影响十分突出(图 2-14)。

2.2.5　应力集中

当人们想要撕开跳跳糖和彩虹糖的包装时，通常会选择在凹角处(图 2-15)，因为此处存在应力集中，最容易被破坏。

(a) 跳跳糖　　(b) 彩虹糖

图 2-15　应力集中现象

没有缺陷的轴心受拉构件，横截面上为均匀分布的正应力[图 2-16(a)]。

钢结构如采用螺栓连接，需要在构件上打孔，有缺陷的轴心受拉构件，横截面上的正应力不再是均匀分布，缺陷附近存在高峰应力[图 2-16(b)]，这种现象称为应力集中。

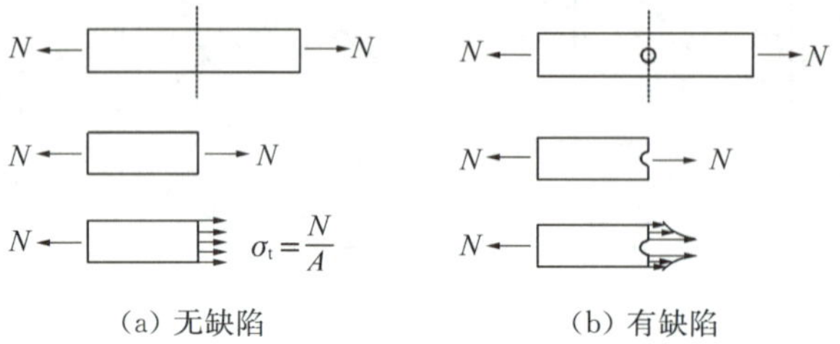

图 2-16　轴心受拉构件横截面上的应力分布

当截面完整性遭到破坏，如有裂纹、孔洞、刻槽、凹角，以及截面的厚度或宽度突然改变时，构件中的应力分布将变得很不均匀。在缺陷或截面变化处附近，应力线曲折、密集、出现高峰应力的现象称为应力集中。

孔洞或缺口边缘的最大应力 σ_{max} 与净截面平均应力 σ_0 $\left(\sigma_0=\frac{N}{A_n}, A_n\text{ 为净截面面积}\right)$ 之比称为应力集中系数，即 $K=\frac{\sigma_{max}}{\sigma_0}$。孔边应力高峰处将产生双向或三向的应力(图 2-17)。这是因为材料的某一点在 x 方向伸长的同时，在 y 方向要收缩，而 σ_x 的分布很不均匀，最大应力附近的横向收缩将受到阻碍从而引起 σ_y。当板厚时还将引起 σ_z 三向受拉，且各应力数值接近时，材料不易屈服。当三向拉应力数值相等时，材料直到断裂也不屈服。没有塑性变形的断裂是脆性断裂。

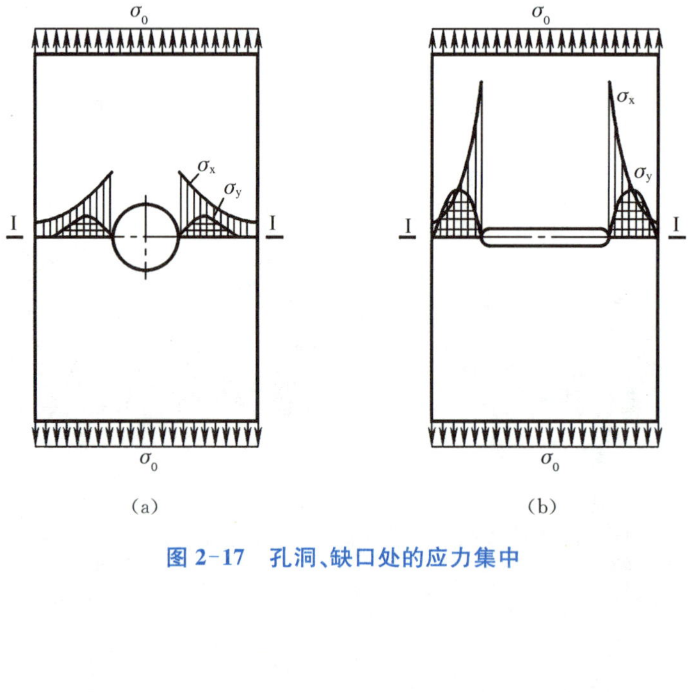

图 2-17　孔洞、缺口处的应力集中

2.2.6 循环加载

1. 疲劳断裂

疲劳断裂是在反复荷载作用下，微小裂纹逐步扩展直至导致脆性破坏的过程。在疲劳断裂发生时，材料的应力可能低于其抗拉强度，甚至低于屈服强度。疲劳断裂是一种脆性断裂，伴随的塑性变形极小，因此通常是突发的，没有明显的变形，具有较大的危险性。

疲劳断裂的过程分为三个阶段：裂纹的初期形成、裂纹的缓慢扩展，以及最后的迅速断裂。对于建筑钢结构而言，裂纹形成阶段通常不会很明显，因为焊接部分常常存在微小裂纹、孔洞、夹渣等缺陷，这些缺陷类似于微裂纹；非焊接结构如冲孔、剪边、气割等位置也可能存在微裂纹，这些微裂纹统称为类裂纹。

连续重复荷载之下应力往复变化一周称为一个循环(图 2-18)。应力循环特性常用应力比值 $\rho=\sigma_{min}/\sigma_{max}$ 表示，以拉应力为正值。当 $\rho=-1$ 时，称为完全对称循环[图 2-18(a)]；当 $\rho=1$ 时，相当于静荷载作用；当 $\rho=0$ 时，称为脉冲循环[图 2-18(b)]。

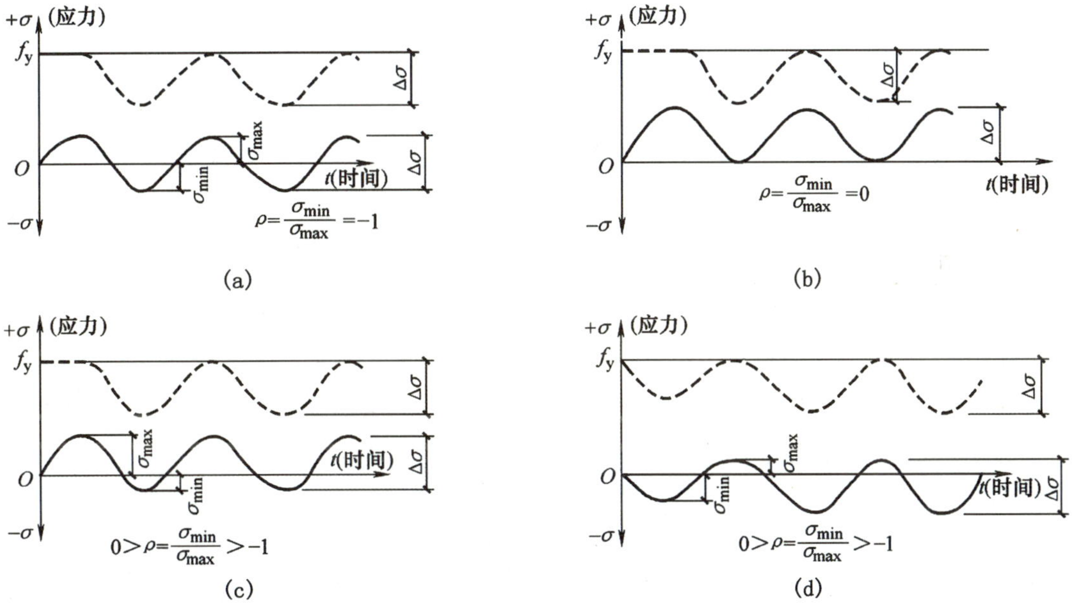

图 2-18 循环应力谱

导致疲劳破坏的应力循环包括拉拉循环和拉压循环。拉应力存在才会导致疲劳破坏，压压循环不会使裂缝扩展。

$\Delta\sigma=\sigma_{max}-\sigma_{min}$ 称为应力幅，表示应力变化的幅度。应力幅总为正值。$\Delta\sigma=(\sigma_{max}+\sigma_{min})/2$ 称为平均应力，其值可正可负，代表某种循环下平均受力的大小。任何一种循环应力都可看成是平均应力与应力幅为 $\Delta\sigma$ 的完全对称循环应力的叠加[图 2-18(d)]。

长期以来曾经以最大应力 σ_{max} 和应力循环特性 ρ 作为疲劳验算的重要依据，但随着焊接结构的广泛应用，已经转为按应力幅 $\Delta\sigma$ 进行验算。

2. $\Delta\sigma$-n 关系曲线

根据试验数据可以绘制构件或连接的应力幅（$\Delta\sigma$）与相应的致损循环次数（n）的关系曲线[图 2-19(a)]，这种曲线是疲劳验算的基础。致损循环次数也称为疲劳寿命。对应一定的疲劳寿命，在 $\Delta\sigma$-n 关系曲线上就有一个与之相应的应力幅值。

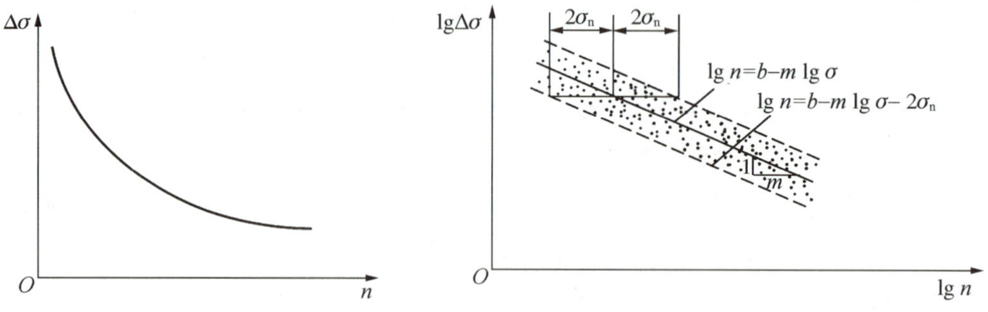

(a)　　(b)

图 2-19　$\Delta\sigma$-n 关系曲线

为了便于分析，常用双对数坐标轴的方法将曲线改为直线[图 2-19(b)]。

在双对数坐标中，疲劳方程就是直线方程：

$$\lg n = b - m\lg \Delta\sigma \tag{2-2}$$

式中　b——n 轴上的截距；

m——直线的斜率。

式(2-2)是根据试验数据由统计理论所得的回归方程。在任一 n 值之下，有 50%的试验点处于实线下方，即在荷载已知的条件下构件不破坏的保证率只有 50%，而采用下方的平行虚线[图 2-19(b)]，即方程：

$$\lg n = b - m\lg \Delta\sigma - 2\sigma_n \tag{2-3}$$

式中　$\Delta\sigma$ ——标准差，根据试验数据由统计理论公式得出，表示 $\lg n$ 的离散程度。

则可得到足够的保证率（$\lg n$ 呈正态分布时是 97.7%）。

大量试验证明，焊接结构的疲劳破坏不是名义上的最大应力重复作用的结果，而是焊缝处足够大的实际应力幅值重复作用的结果。

这里，残余应力的存在不能忽视，应力集中造成的高峰应力也对疲劳性能十分不利。我国所做的疲劳试验资料重新按应力幅整理后的疲劳曲线如图 2-20 所示。从图 2-20 中可以看出，曲线有一水平段，为疲劳极限，表明循环次数大于一定数值后应力幅不再下降。

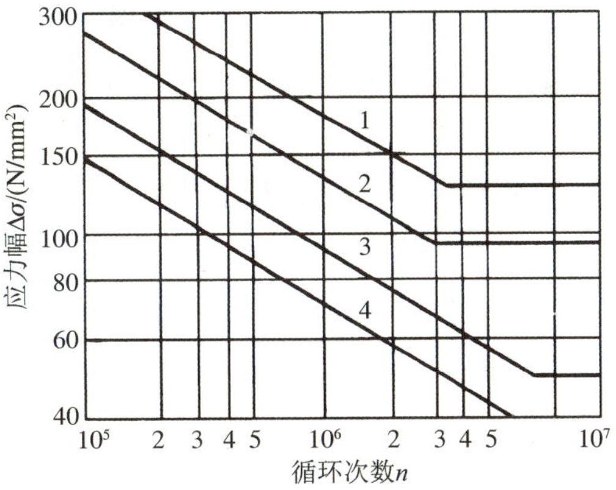

图 2-20 我国的部分疲劳曲线

3. 疲劳验算及容许应力幅

直接承受重复荷载的构件，当应力循环次数 $n \geqslant 5 \times 10^4$ 时，应进行疲劳验算。

规范规定，一般钢结构都是按照以概率为基础的极限状态原则进行验算的，但对疲劳计算则规定按容许应力法进行验算。这是由于现阶段对疲劳裂缝的形成、扩展以致断裂这一过程的极限状态的定义，以及有关影响因素的研究还不足。

永久荷载所产生的应力为不变值，没有应力幅。应力幅只由重复作用的可变荷载产生，所以疲劳验算按可变荷载标准值进行。常幅疲劳的验算公式为

$$\Delta\sigma \leqslant [\Delta\sigma] \tag{2-4}$$

式中 $\Delta\sigma$ ——对于焊接结构为应力幅，$\Delta\sigma = \sigma_{\max} - \sigma_{\min}$；对于非焊接部位为折算应力幅，$\Delta\sigma = \sigma_{\max} - 0.7\sigma_{\min}$，应力以拉为正，压为负。

$[\Delta\sigma]$ ——常幅疲劳的容许应力幅。

常幅疲劳的容许应力幅 $[\Delta\sigma]$ 应根据疲劳方程(即 $\Delta\sigma$-n 关系曲线)，并考虑合理安全度求得。

由式(2-2)可得到与一定 n 值对应的致损应力幅为

$$\Delta\sigma = \left(\frac{10^b}{n}\right)^{\frac{1}{m}} \tag{2-5}$$

式中 n——根据结构的具体条件由设计者所确定的整个使用期间内的循环次数，也就是预期的疲劳寿命，钢结构中常采用 2×10^6 次。

在相同的 n 值之下，有足够安全度的应力幅，即常幅疲劳的容许应力幅为

$$\Delta\sigma = \left(\frac{10^{b-2\sigma_n}}{n}\right)^{\frac{1}{m}} \tag{2-6}$$

就疲劳验算来说，不同类别的构件和连接有各自不同的 b，$\Delta\sigma$ 及 m 值，其数值主要取决于应力集中的程度。

对于既没有焊缝又没有应力集中的部位，钢材疲劳强度非常高。但是焊接结构中各种不同的构造细部使疲劳强度不同程度地降低。

4. 变幅疲劳

在实际结构中，绝大多数承受的是变幅循环应力，而非恒定幅值的循环应力（图 2-21）。例如，吊车梁的受力是变幅的，因为吊车并非每次都满载运行，因此每次循环的应力幅度并未达到最大值，而是处于欠载状态，这种情况属于变幅疲劳。如果用简化的常幅循环应力进行验算，结果会显得过于保守。

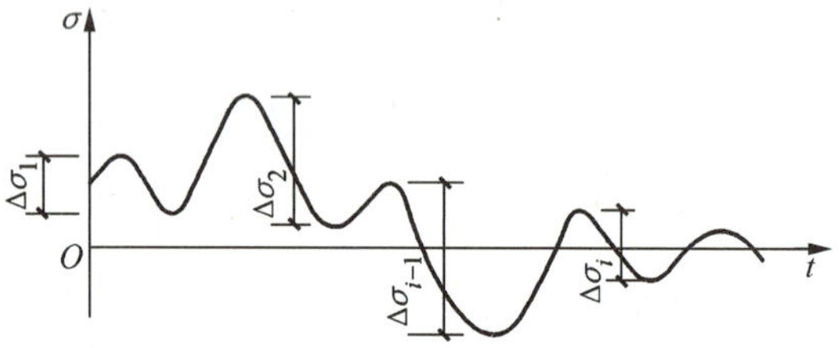

图 2-21 变幅循环应力谱

针对变幅循环应力的合理验算方法：根据各应力幅出现的概率，将变幅应力谱转化为等效的常幅应力，通过线性累积损伤理论进行分析，然后按照常幅疲劳的方式进行计算。

弹塑性应力循环相关内容请扫右侧二维码。

弹塑性应力循环

2.2.7 快速加载

快速加载使钢材的屈服点和抗拉强度提高，而钢厂在做钢材拉伸试验时往往加载比较快，致使所得 f_y，f_u 偏高。快速加载的不利效应在于影响能量吸收的能力，图 2-22 给出了 3 条不同加载速率下的断裂吸收能量-温度关系曲线。从图 2-22 可以看出，当加载速度一定时，温度越低，韧性越差；当温度一定时，加载速度越快，韧性越差。从图 2-23 也可以看出加载速度和韧性之间的关系。

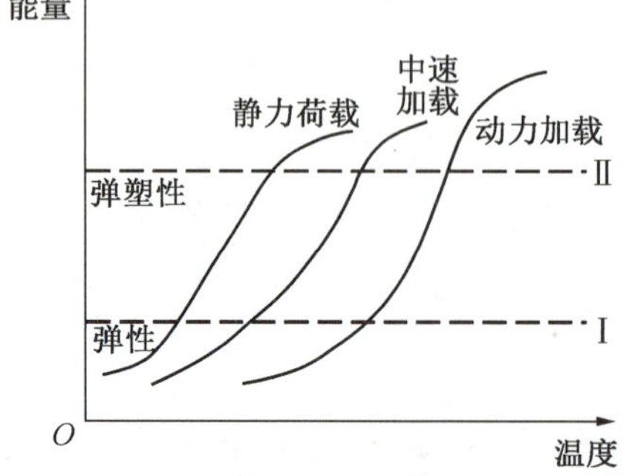

图 2-22 断裂吸收能量随温度、加载速率的变化

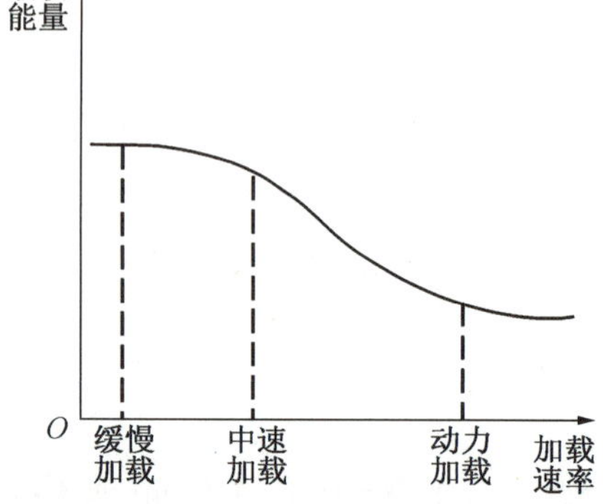

图 2-23 加载速率对断裂韧性的影响

按应变速率 $\dot{\varepsilon}=\frac{d\varepsilon}{dt}$，将加载速率分为三级：缓慢加载为 $\dot{\varepsilon}=10^{-5}\ s^{-1}$，中速加载为 $\dot{\varepsilon}=10^{-3}\ s^{-1}$，动力加载为 $\dot{\varepsilon}=10\ s^{-1}$。

图 2-22 和图 2-23 给出了加载速率对断裂韧性的影响曲线，可见中速加载时的韧性比缓慢加载时的韧性下降不多，而比动力荷载时的韧性提高很多。

以上讨论了建筑钢材力学性能的影响因素，分析这些因素的目的是识别在何种条件下钢材可能发生脆性破坏，并采取适当措施进行防范。钢材的脆性破坏通常是多种因素，如高碳含量、冷加工硬化、低温、快速加载、应力集中、循环加载以及焊接连接等共同作用的结果，尤其当这些因素同时存在时，钢材或构件可能发生脆性断裂。因此，在设计、制造和使用过程中，必须尽量避免这些因素的发生。为了防止钢结构发生脆性破坏，应做到合理设计、精准制造和正确使用。

2.3 钢材的类别及选用

2.3.1 钢材的分类

根据用途，钢材可分为结构钢、工具钢和特殊钢（如不锈钢等）。结构钢又分为建筑用钢和机械用钢。根据冶炼方法，钢材可分为转炉钢和平炉钢。根据脱氧方法，钢材可分为沸腾钢（F）、半镇静钢（b）、镇静钢（Z）和特殊镇静钢（TZ），其中，镇静钢的脱氧程度较高，而沸腾钢的脱氧效果较差。通常，钢结构会选择镇静钢，特别是在连续铸锭法生产的轧制钢材中，钢材通常为镇静钢。沸腾钢的质量较差。

根据成型方法，钢材可分为轧制钢（热轧、冷轧）、锻钢和铸钢。根据化学成分，钢材可分为非合金钢、低合金钢和合金钢。非合金钢又可根据钢材的强度要求或含碳量限制进一步细分，而低合金钢则包括低合金高强度结构钢和低合金耐候钢等。

在钢结构中，常用的结构钢主要包括碳素结构钢、低合金高强度结构钢、高强钢丝、钢索以及一些专用结构钢（如桥梁用钢、耐候钢和高层建筑用钢等）。对于用于紧固件的螺栓和焊接材料，钢材还需满足特定的工艺要求。

2.3.2 钢材的牌号

钢材的牌号简称钢号。下面分别对碳素结构钢、低合金高强度结构钢、高强度钢丝和钢索的钢号表示方法及其代表含义简述如下。

1. 碳素结构钢

碳素结构钢的牌号包括 Q195，Q215A，Q215B，Q235A，Q235B，Q235C，Q235D，Q255A，Q255B 和 Q275 等。Q235 表示该钢材的屈服强度为 235 N/mm^2（MPa）。后续的 A、B、C、D 标识不同的质量等级。钢号的排列是根据强度的高低，从 Q195 到 Q275 依次递

增，且强度通常与钢材的碳含量直接相关。因此，钢号的高低在一定程度上反映了其碳含量的多少。

Q195 和 Q215 的强度较低，而 Q255 和 Q275 的碳含量较高，已超出低碳钢的范畴。建筑结构中常用的碳素结构钢主要是 Q235 钢，因为其综合性能最为适合。Q235 钢的主要强度指标可参见《碳素结构钢》(GB/T 700—2006)中的相关内容。

在钢号的质量等级中，A 到 D 表示质量要求从低到高，主要通过冲击韧性(夏比 V 形缺口试验)和冷弯试验来区分。

A 级：冲击韧性不作为要求条件；冷弯试验只在需方有要求时才进行。

B 级：$A_{KV} \geqslant 27$ J[(20±5)℃]，C 级：$A_{KV} \geqslant 27$ J(0℃)，D 级：$A_{KV} \geqslant 27$ J(−20℃)。

B、C、D 级也要求冷弯试验合格。对 C 级和 D 级钢要提高其锰含量以改进韧性，同时降低其含碳量的上限以保证可焊性，此外，还要降低它们的硫、磷含量以保证质量。

镇静钢、半镇静钢和沸腾钢分别标记为 Z、b 和 F。此外，还有通过铝补充脱氧的特殊镇静钢，标记为 TZ。根据国家标准，Z 和 TZ 符号在钢号中通常会省略。对于 Q235 钢，其脱氧方法 A 和 B 级可采用 Z、b 或 F，而 C 级必须使用 Z，D 级则必须使用 TZ。

Q235A——抗拉(压)屈服强度标准值为 235 N/mm^2，A 级，镇静钢。

Q235A • b——抗拉(压)屈服强度标准值为 235 N/mm^2，A 级，半镇静钢。

2. 低合金高强度结构钢

低合金高强度结构钢是通过在冶炼过程中加入少量合金元素，显著提高钢的强度。由于合金元素总量不超过 5%，因此被称为低合金高强度结构钢。常见的低合金高强度结构钢有 Q295，Q355，Q390，Q420，Q460 五种，其中 Q355，Q390，Q420 是钢结构设计规范推荐使用的钢种，主要强度指标见附表 1。这些钢种同样分为 A，B，C，D，E 五个质量等级，等级的区分依据主要是冲击韧性(夏比 V 形缺口试验)的要求不同。

A 级：对冲击韧性无要求；

B 级：$A_{KV} \geqslant 34$ J(20℃)；

C 级：$A_{KV} \geqslant 34$ J(0℃)；

D 级：$A_{KV} \geqslant 34$ J(−20℃)；

E 级：$A_{KV} \geqslant 27$ J(−40℃)。

低合金高强度结构钢的 A、B 级属于镇静钢，C、D、E 级属于特殊镇静钢。

结构钢的发展趋势，是进一步提高强度而又能保持较好的塑性和韧性。

Q235，Q355：$\delta \geqslant 21\%$，Q390：$\delta \geqslant 19\%$，Q420：$\delta \geqslant 18\%$，Q460：$\delta \geqslant 17\%$。

塑性随着强度提高而下降。塑性过低则难以适用于土建结构。

钢结构规范：$\delta_5 \geqslant 15\%$，抗震规范：$\delta_5 \geqslant 20\%$。

即 Q390 及强度更高的钢材不能用于抗震结构。

获得强度高且塑性及韧性好的钢材的技术措施是细化钢材的晶粒。为此，一方面适当增加合金元素；另一方面采用控温控轧技术，或进行适当的热处理。

3. 高强度钢丝和钢索

悬索结构[如悬索桥，图 2-24(a)]和斜张拉结构[如斜拉桥，图 2-24(b)]的钢索、桅杆结构的钢丝绳等，通常都采用由高强度钢丝组成的平行钢丝束、钢绞线和钢丝绳。

图 2-24 为汕头海湾大桥(悬索桥)和苏通大桥(斜拉桥)。高强度钢丝是由优质高碳钢经过多次冷拔而成。钢丝强度的主要指标是抗拉强度。

(a) 汕头海湾大桥

(b) 苏通大桥

图 2-24　高强度钢丝和钢索的应用

中强度钢丝：800～1 270 MPa，高强度钢丝：1 470～1 960 MPa。

高强度钢丝的伸长率较小，最低为 4%，但高强度钢丝却有一个不同于一般结构钢材的特点——松弛。

混凝土在长期受力的状态下存在徐变现象，钢材在 260℃～320℃时也存在徐变现象。松弛是在保持长度不变的情况下所承拉力随时间延长而略有降低(应变不变，应力降低)；而徐变是钢材或混凝土在受长期荷载作用下，应变会随着时间逐渐增大(应力不变，应变增大)。

钢丝平行放置，即为钢丝束，如图 2-25 所示。

(a)　(b)　(c)　(d)　(e)

图 2-25　平行钢丝束的截面

多根钢丝可捻成钢绞线[图 2-26(a)]，多根钢绞线可捻成钢丝绳[图 2-26(b)]。

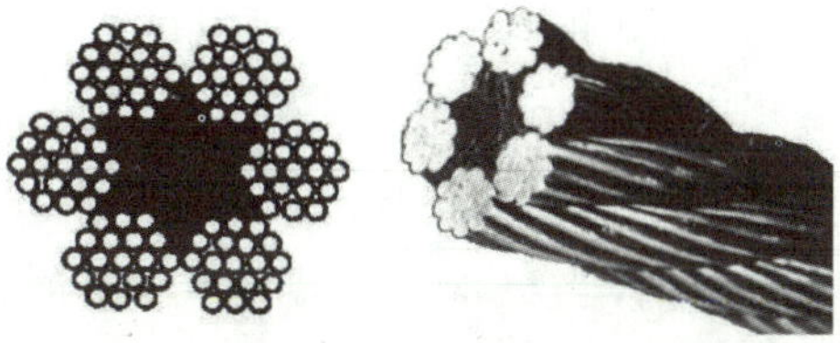

(a) 钢绞线

(b) 钢丝绳

图 2 26　钢绞线、钢丝绳

2.3.3 钢材的选用

在选用结构钢材时，应综合考虑结构的技术要求与经济性，主要依据结构或构件的重要性、荷载类型、构造形式、应力状态、连接方式、工作环境、钢材厚度和成本等因素，确保选择合适的钢材牌号和性能要求。

1. 结构或构件的重要性

建筑物的安全等级不同，选用的钢材应有所不同。对于重型工业建筑、大跨度结构、高层建筑等重要结构，须选用高质量钢材，而一般的工业或民用建筑则可选择普通钢材。

2. 荷载类型

结构可能承受静载或动载，荷载的种类和作用方式（动力荷载或偶然荷载）对钢材的选择有影响。承受动载的结构应选用韧性和强度较好的钢材，而承受静载或间接动载的结构可选用常规质量的钢材。

3. 连接方式

钢结构连接可采用焊接、铆接或螺栓连接。对于焊接结构，焊接过程中常因不均匀加热产生残余应力，可能导致焊接缺陷。为避免此类问题，焊接结构所需钢材的质量要求高于非焊接结构钢材，且需确保低碳、低硫、低磷，并具有良好的塑性和韧性。

4. 工作环境

钢材的性能受温度影响较大，尤其是在低温下，钢材的韧性会显著降低，容易发生脆性断裂。对于经常在低温环境中使用的钢结构，特别是焊接结构，应选用脆性转变温度低、力学性能优良的钢材。

5. 钢材厚度

薄钢板经多次轧制，强度较大，而厚钢板由于轧制压缩比小，强度较低，且塑性、韧性及焊接性较差。因此，较厚的钢材，尤其是用于焊接结构时，需要选用性能较优的钢材。

具体选用原则如下：

(1) 重要非焊接结构不应选用 Q235 沸腾钢，焊接结构优先选择镇静钢。

(2) 对于需要进行疲劳验算的焊接结构，应保证常温下的冲击韧性，选用 B 级钢。当温度≤0℃，则各钢材的冲击韧性标准有所不同。对于 Q235 钢和 Q355 钢，当 −20℃＜温度≤0℃时，应选用 C 级；对于 Q390 钢和 Q420 钢，当 −20℃＜温度≤0℃时，应选用 D 级。

(3) 对于需要进行疲劳验算的非焊接结构，至少应保证常温下的冲击韧性，选用 B 级钢。若温度≤0℃时，钢材的等级可以适当降低一级，例如，当 −20℃＜温度≤0℃时，Q235 钢和 Q355 钢应选用 B 级，Q390 钢和 Q420 钢应选用 C 级。

上述情况归纳于表 2-2。

表 2-2　需验算疲劳的结构对钢材等级的要求

钢号	焊接结构			非焊接结构		
	温度>0℃	−20℃<温度≤0℃	温度≤−20℃	温度>0℃	−20℃<温度≤0℃	温度≤−20℃
Q235	B	C	D	B	B	C
Q355	B	C	D	B	B	C
Q390	B	D	E	B	C	D
Q420	B	D	E	B	C	D

对处于外露环境，且对耐腐蚀有特殊要求的或在腐蚀性气态和固态介质作用下的承重结构，宜采用耐候钢。耐候钢是以铜和铬作为抗锈蚀的合金元素，在大气作用下表面生成一层致密的氧化物薄膜，保护钢材不受腐蚀。对焊接承重结构有防止层间撕裂要求时，宜采用 Z 向性能钢。

2.3.4　型钢规格

截面形式
- 型钢
  - 热轧型钢
  - 冷弯型钢
- 焊接组合钢

型钢为工厂批量加工完成，横截面形状和尺寸均固定的钢材。钢结构构件一般宜直接选用型钢，这样可方便加工，降低造价。

钢结构中的元件是型钢及钢板。型钢尺寸不合适或构件尺寸较大时用钢板焊接。型钢有热轧及冷成型两种。热轧型钢的截面形式如图 2-27 所示。

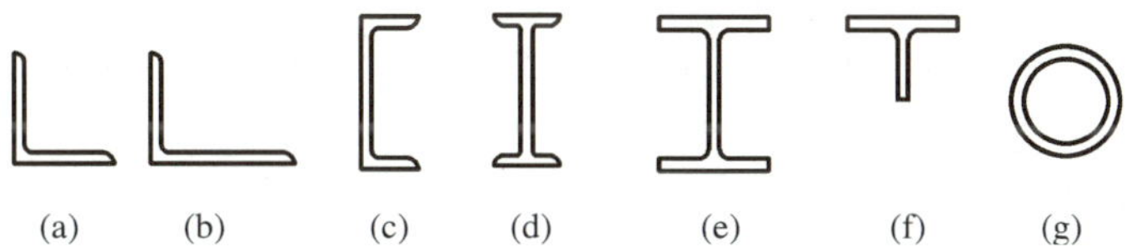

图 2-27　热轧型钢截面

1. 热轧钢板

热轧钢板分厚板及薄板两种，前者广泛用于组成焊接构件和连接钢板，后者是冷弯薄壁型钢的原料。钢板用“厚×宽×长”(单位：mm)，前面附加钢板横断面的方法表示，如−12×800×2 100。亦可用“—宽度×厚度”或“—厚度”来表示。例如，钢板“—360×12×3 600”，可表示为“—360×12”或直接用符号“—12”表示。

2. 热轧型钢

角钢有等边[图 2-27(a)]和不等边[图 2-27(b)]两种。等边角钢(等肢角钢)以边宽和厚度表示，如∟ 100×10 为肢宽 100 mm、厚 10 mm 的等边角钢。不等边角钢则以两边宽度和厚度表示,如∟ 100×80×8。

槽钢[图 2-27(c)]有两种尺寸系列,即热轧普通槽钢与热轧轻型槽钢。前者的表示法,如[30a,指槽钢外廓高度为 30 cm 且腹板厚度为最薄的一种;后者的表示法,如[25Q,表示外廓高度为 25 cm,Q 是汉语拼音"轻"的前缀。同样号数时,轻型者由于腹板薄及翼缘宽而薄,因而截面积小但回转半径大,能节约钢材,减少自重。

工字钢与槽钢相同,工字钢[图 2-27(d)]也分成两个尺寸系列,即普通型和轻型。与槽钢一样,工字钢外轮廓高度(单位: cm)即为型号,普通型工字钢当型号较大时腹板厚度分 a、b、c 三种。轻型工字钢由于壁薄故不再按厚度划分。两种工字钢表示法,如 I32c,I32Q 等。

热轧 H 型钢[图 2-27(e)]分为三类,即宽翼缘 H 型钢(HW)、中翼缘 H 型钢(HM)和窄翼缘 H 型钢(HN)。H 型钢型号的表示方法是先用符号 H(HW、HM、HN)表示型钢的类别,后面加"高度×宽度×腹板厚度×翼缘厚度"(单位: mm)。例如 HW300×300×10×15,即为截面高度和翼缘宽度均为 300 mm,腹板和翼缘厚度分别为 10 mm 和 15 mm 的宽翼缘 H 型钢。

剖分 T 型钢[图 2-27(f)]也分为三类,即宽翼缘剖分 T 型钢(TW)、中翼缘剖分 T 型钢(TM)、窄翼缘剖分 T 型钢(TN)。剖分 T 型钢由对应的 H 型钢沿腹板中部对等剖分而成。其表示方法与 H 型钢相同。

钢结构中常用热轧无缝钢管[图 2-27(g)]和焊接钢管,用"ϕ 外径×壁厚"(单位: mm)表示,如"ϕ360×6"。

3. 冷弯型钢

冷弯薄壁型钢是用 2～6 mm 厚的薄钢板经冷弯或模压而成型的[图 2-28(a)],可用于檩条、墙梁等受力较小的构件,较热轧型钢节约材料。

冷弯厚壁型钢即用厚钢板(>6 mm)冷弯成的方管、矩形管、圆管等。

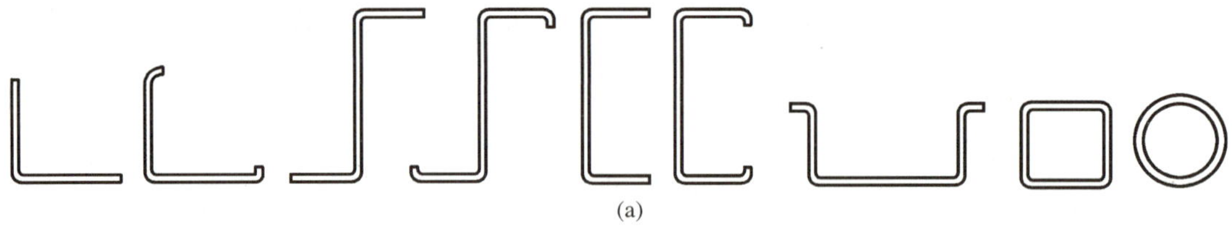

(a)

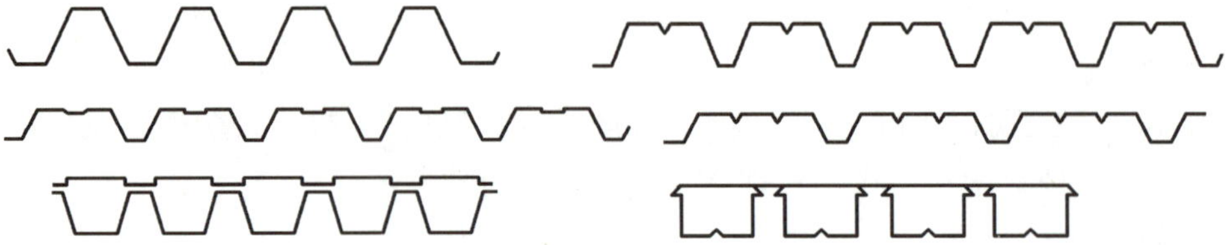

(b)

图 2-28　冷弯薄壁型钢的截面形式

压型钢板为冷弯型钢的另一种形式,它是用厚度为0.32～2 mm的镀锌或镀铝锌钢板、彩色涂层钢板经冷轧(压)成的各种类型的波形板,如图2-28(b)所示。钢结构的楼面、屋面板通常采用组合楼板,即下部采用压型钢板,上面浇筑混凝土。组合楼板受力性能较为好,可发挥钢材和混凝土两种材料的优势。压型钢板可作为施工平台和永久性的模板使用。

思政小课堂

1. 经济发展:中华人民共和国成立初期,我国钢产量较低,经历过节约钢材的阶段。因此利用钢材的力学性能,对钢材进行冷拉,以提高钢材的强度,这样虽可节约钢材,但是也会导致钢材的塑性和韧性变差。目前,我国的钢产量已经很高,为了防止发生脆性破坏,若是普通钢结构中不利用硬化现象所提高的强度,不需要再对钢材进行冷拉处理;若是重要结构还需要把钢板因剪切而硬化的边缘部分刨去。上述内容说明我国的科技和经济水平在不断发展。

2. 学以致用:用专业知识解释生活中的现象,高强度钢丝、钢丝束、钢绞线及钢丝绳只能受拉,不能受压(跟绳子类似),为什么?

本章习题

1. 简述应力集中、应变硬化、时效硬化、应变时效、疲劳破坏的定义。
2. 简述钢材的主要力学性能指标。
3. 简述影响钢材性能的因素。碳含量提高对钢材的力学性能有何影响?
4. 什么叫塑性破坏?什么叫脆性破坏?有何区别?
5. 哪些情况下容易发生脆性破坏?
6. 简述下列表示方法的含义:

Q235A・b

—12×800×2100

∟100×80×8

[30a;HW300×300

第 3 章

构件截面强度设计

本章要求

能够判别合理的轴心受力杆的截面形式，能够进行轴心受拉杆的强度验算；记住梁截面弹性阶段中和轴的位置和抗弯承载力的计算公式，了解推导过程；掌握梁截面塑性阶段中和轴的位置和抗弯承载力的计算公式，理解其推导过程，掌握焊接工字形截面梁的抗弯承载力的计算；掌握梁的强度验算；掌握拉弯、压弯构件的强度验算；掌握型钢梁的强度设计；掌握组合梁的强度设计。

本章重点

梁的抗弯承载力验算；梁的强度验算；梁的强度设计。本章思维导图请扫右侧二维码。

思维导图 3

钢结构最典型的两种破坏形式为强度破坏和丧失稳定。强度为截面的性质，而失稳为整个构件的性质。

本章为构件强度设计。根据受力来分，包括轴心受力构件（内力为轴力 N，由正应力合成）、受弯构件（内力为弯矩 M 和剪力 V，弯矩为正应力合成，剪力为切应力合成）和拉弯、压弯构件（内力为轴力 N、弯矩 M 和剪力 V），即本章按照从简单到复杂的顺序进行阐述。

本章重点阐述受弯构件的强度设计，主要包括梁的抗弯承载力计算、梁的强度验算和梁的强度设计。

根据前述章节，承载力与材料强度和截面尺寸有关，梁的抗弯承载力计算即根据二者计算梁的抗弯承载力，推导其通用公式。

梁的强度验算公式可根据承载力验算进行变换得到：承载力验算为内力不能超过承载力，即 $S \leqslant R$；强度验算为应力不能超过钢材强度，即 $\sigma \leqslant f_y$。上述两个公式可互相变换，前者为宏观角度，研究对象为截面（应力的合力）；后者为微观角度，研究对象为截面上的一点[最危险（应力最大）的一点]。

梁的强度验算和强度设计的区别：强度验算中，梁的截面形状和尺寸已知，应力和强度均已知或可以根据已知条件计算，只需要进行安全校核。强度设计中，梁的截面形状和尺寸未知，需要设计者确定。受弯构件的截面形状一般选用工字形，根据内力（弯矩）确定截面尺寸，即通过计算确定，如能够承受此量值的弯矩，至少需要多大的尺寸。

3.1 轴心受力构件设计

3.1.1 工程应用

当梁的跨度不大（5～8 m）时，可设计为钢筋混凝土矩形截面梁，如图 3-1 所示。合成弯矩的正应力在弹性阶段的分布如图 3-1(d)所示，中和轴附近正应力较小，材料强度得不到充分的利用。

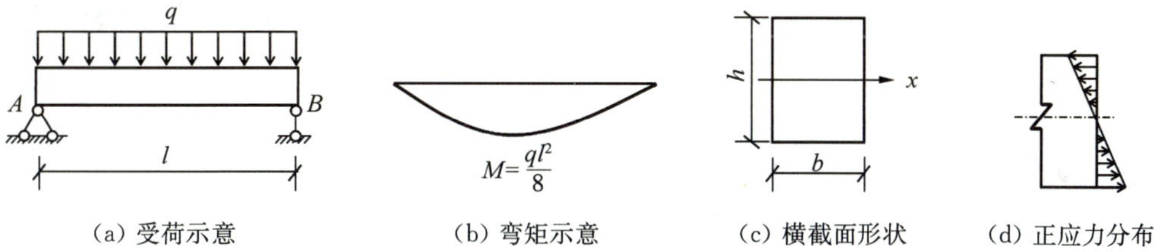

图 3-1　钢筋混凝土矩形截面梁受力情况

若梁的跨度较大，需要的截面尺寸会相应增大。根据图 3-1(d)中正应力的分布情况，可将梁的两侧靠近中和轴的部位挖去，形成工字形截面梁（图 3-2），以减轻结构自重，获得经济效果。

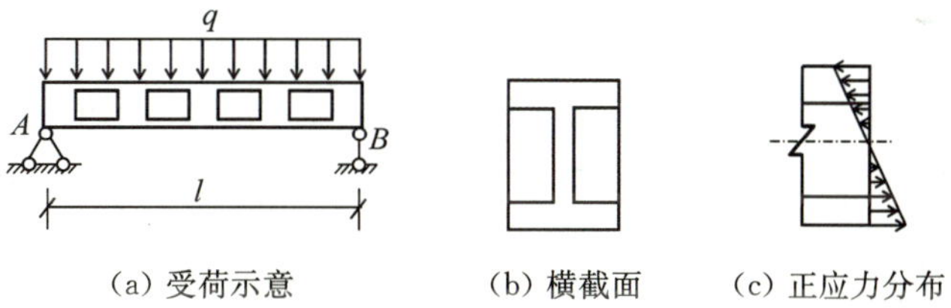

图 3-2　工字形截面梁受力情况

若梁的跨度继续增大，需要进一步减轻自重，可只保留正应力最大的上下边缘（上下弦杆），形成桁架结构（图 3-3）。

平面桁架和空间网架结构中，结点均为铰结点，假设荷载均作用在结点上，则桁架杆和网架杆均为轴心受力杆（图 3-4）。

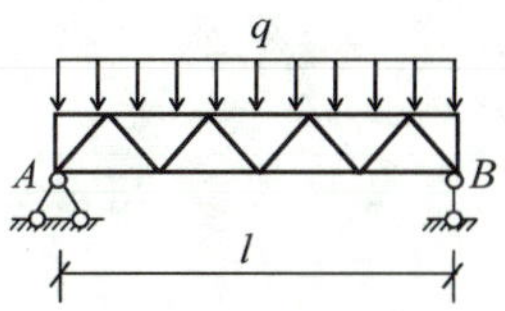

图 3-3　桁架结构

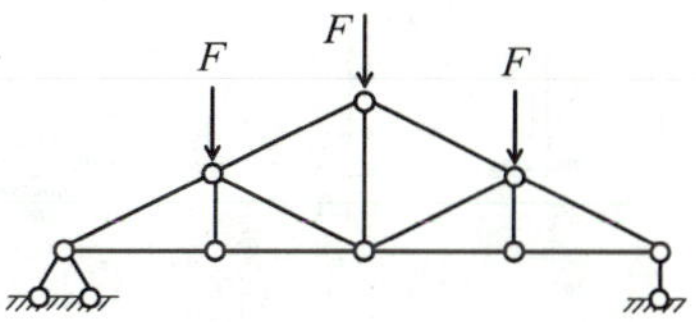

图 3-4　桁架结构（节点受荷）

3.1.2 受力特点

轴心受力构件横截面上只有正应力（没有切应力），且正应力在横截面上均匀分布，因此材料强度可以得到充分利用（截面各点的安全程度相同）。因此桁架结构受力比较合理，与同等跨度的结构相比自重较小，经济效果较好。图 3-5 为香港中银大厦，其结构为筒体结构中的桁架筒，即巨型的桁架。

图 3-5 香港中银大厦

3.1.3 截面形式

轴心受力构件的截面形式（图 3-6）：

- 截面形式
  - 型钢
    - 热轧型钢
    - 冷弯型钢
  - 组合钢
    - 实腹式
    - 格构式

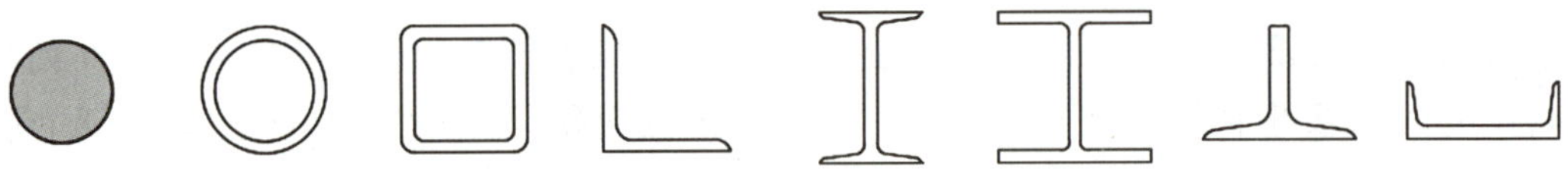

(a) 热轧型钢

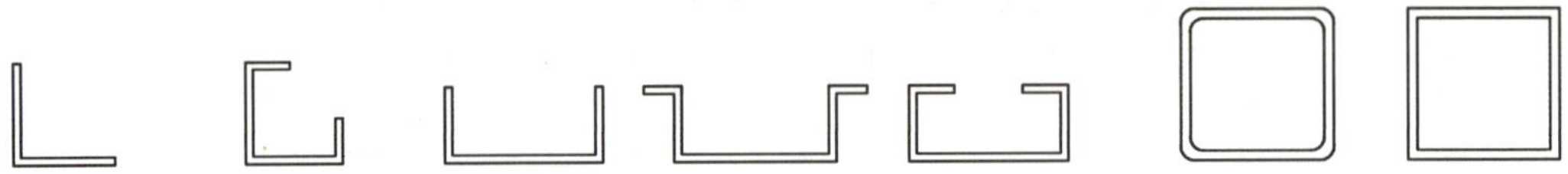

(b) 冷弯薄壁型钢

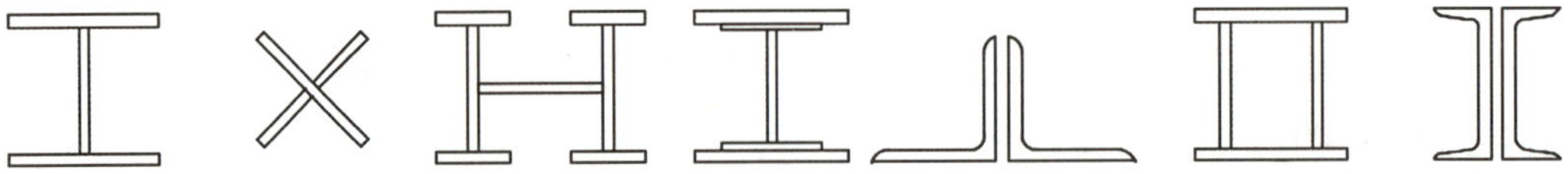

(c) 实腹式组合钢

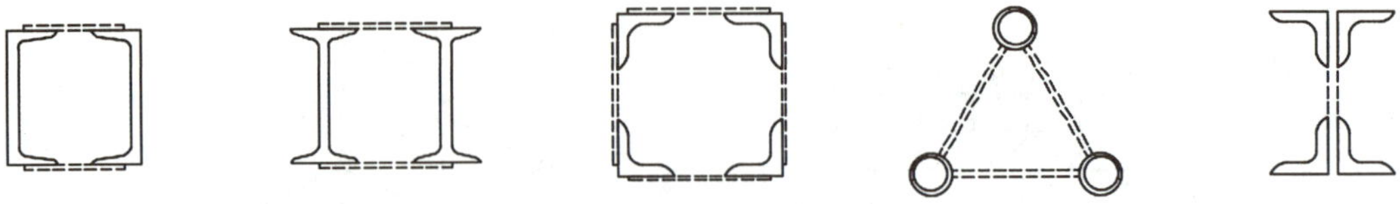

(d) 格构式组合钢

图 3-6 轴心受力构件的截面形式

实腹式组合钢和格构式组合钢的区别：实腹式组合钢把钢板或型钢焊在一起；格构式组合钢把型钢或钢板用缀条或缀板连接在一起。图 3-6(d)中的虚线即为缀条或缀板。

【例题 3-1】 如图 3-7(a)所示两个轴心受拉构件，材料均为钢材，构件长度相同，截面形状如图 3-7(b)(c)所示，$A_1=A_2$，$I_{x1}>I_{x2}$，$I_{y1}>I_{y2}$，哪个构件的承载力更高？

$$\sigma_t=\frac{N_t}{A}\leqslant f_y \tag{3-1}$$

$$N_t\leqslant f_yA=N_{tu} \tag{3-2}$$

轴心受拉构件的破坏形式为强度破坏，强度承载力只与截面面积有关，因此两个构件的承载力相同。

【例题 3-2】 如图 3-7(d)所示两个轴心受压构件，材料均为钢材，构件长度相同，截面形状如图 3-7(b)(c)所示，$A_1=A_2$，$I_{x1}>I_{x2}$，$I_{y1}>I_{y2}$，哪个构件的承载力更高？

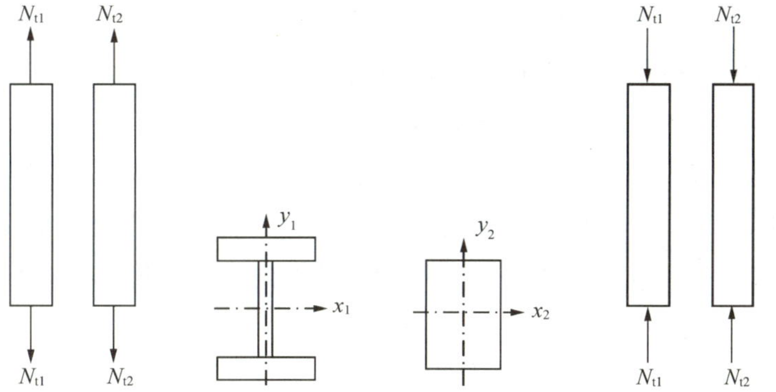

(a) 轴心受拉杆　(b) 截面 1　(c) 截面 2　(d) 轴心受压杆

图 3-7　轴心受力构件的截面形式

轴心受压构件的破坏形式为失稳，稳定承载力与构件的长细比有关，截面惯性矩越大，长细比越小，稳定承载力越高，因此截面 1 的承载力更高。

根据【例题 3-1】和【例题 3-2】，轴心受拉构件的承载力与截面形状无关，轴心受压构件的承载力与截面形状有关：当截面面积一定，材料集中在离主轴较远时（如格构式截面），惯性矩较大，稳定承载力越高。

3.1.4　轴心受拉构件强度验算

1. 截面有削弱

钢结构采用螺栓连接时，需要打孔，为截面有削弱的情况，如图 3-8 所示。

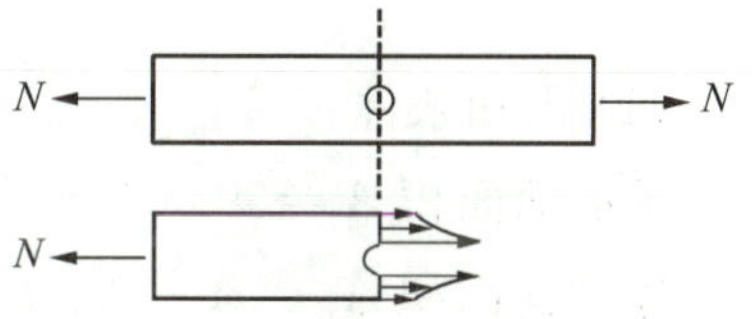

图 3-8　轴心受拉构件(截面有削弱)

孔洞直径处横截面面积最小，承载力最小，最容易破坏。由于应力集中，孔洞周围存在高峰应力。随着

拉力 N 逐渐增大，孔洞附近高峰应力首先达到屈服强度 f_y，进入屈服阶段，短时间内应力保持不变，截面其他位置应力不断增大，直至全截面屈服。其他截面面积较大，应力较小，此时仍处于弹性阶段。因此，构件总的伸长量较小，不会影响正常使用，可将抗拉强度 f_u 作为强度指标，即

$$\sigma_t = \frac{N_t}{A_n} \leqslant 0.7f_u \tag{3-3}$$

式中 N_t ——轴向拉力设计值；

A_n ——净截面面积；

σ_t ——横截面上的拉应力；

f_u ——抗拉(极限)强度最小值。

2. 截面无削弱

截面无削弱的情况，如图 3-9 所示。

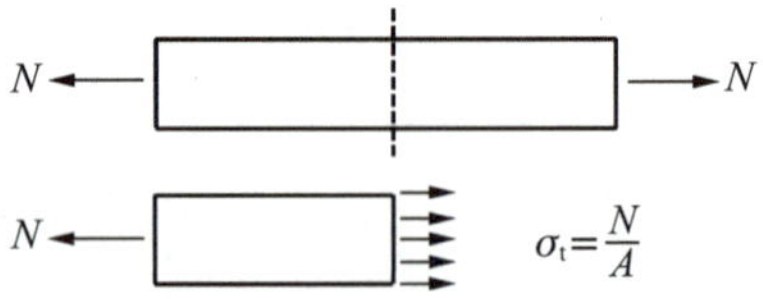

图 3-9 轴心受拉构件(截面无削弱)

如构件截面没有削弱，横截面上只有拉应力，且拉应力均匀分布。由于各横截面轴力相同，各横截面面积相同，则各横截面各点拉应力相同。随着轴向拉力 N 逐渐增大，横截面上的拉应力逐渐增大，各横截面各点应力同时达到屈服强度 f_y。若以抗拉强度 f_u 作为强度指标，在应力达到 f_u 之前，构件各点均经历了屈服阶段，构件各段的伸长量均较大，构件总伸长量较大，影响正常使用，因此只能以屈服强度 f_y 作为强度指标，即

$$\sigma_t = \frac{N_t}{A} \leqslant f_y \tag{3-4}$$

式中 A ——毛截面面积。

【例题 3-3】 一热轧型钢 I20b 轴心受拉杆(不考虑自重)，如图 3-10 所示。轴向拉力 $N_t = 450$ kN，钢材为 Q235 钢，试验算该柱的强度是否满足。

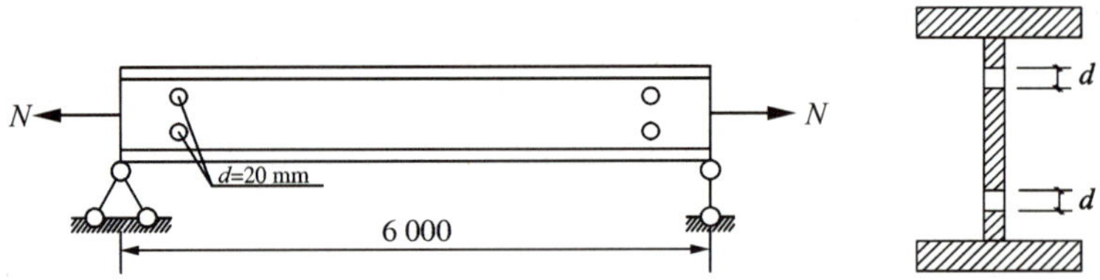

(a) 受荷示意　　(b) 横截面

图 3-10 轴心受拉构件强度验算

(1) 已知条件

毛截面面积 $A = 39.578\ \text{cm}^2$；

净截面面积 $A_n = A - 2t_w d = 3\,957.8\ \text{mm}^2 - 2 \times 9\ \text{mm} \times 20\ \text{mm} = 3\,597.8\ \text{mm}^2$；

抗拉屈服强度设计值 $f_y = 215\ \text{N/mm}^2$；

抗拉强度最小值 $f_u = 370\ \text{N/mm}^2$。

(2) 毛截面应力 $\sigma = \dfrac{N}{A} = \dfrac{450 \times 10^3\ \text{N}}{3\ 957.8\ \text{mm}^2} = 113.70\ \text{N/mm}^2 < f_y = 215\ \text{N/mm}^2$；

净截面应力 $\sigma = \dfrac{N}{A_n} = \dfrac{450 \times 10^3\ \text{N}}{3\ 597.8\ \text{mm}^2} = 125.08\ \text{N/mm}^2 < 0.7 f_u = 259\ \text{N/mm}^2$。

(3) 截面强度满足要求。

3.1.5　轴心受压构件强度验算

轴心受压构件的强度验算与轴心受拉构件相同：当截面无削弱或孔洞由螺栓或铆钉压实时，用式(3-3)进行验算；当孔洞为虚孔时，用式(3-4)进行验算。但是，轴心受压构件的破坏形式一般为失稳，将在第4章中进行阐述。

3.2　受弯构件强度设计

梁的内力主要为弯矩，梁的变形主要为弯曲变形，所以梁也称为受弯构件。

3.2.1　梁的类型

梁主要承受横向荷载，在建筑结构和桥梁结构中得到广泛应用。如楼盖(屋盖)梁、墙梁、吊车梁、檩条及梁式桥、大跨斜拉桥、悬索桥中的桥面梁等。

梁的类型主要包括型钢梁[图3-11(a)(b)(c)(d)(e)(f)]和组合梁[图3-11(g)(h)(i)(j)]。

钢梁
- 型钢梁（加工方便，成本较低）
  - 热轧型钢梁
  - 冷弯薄壁型钢梁
- 组合梁(节约钢材)

组合梁
- 焊接组合梁
- 铆接组合梁(费工废料，已淘汰)
- 钢与混凝土组合梁(充分利用两种材料的优点)

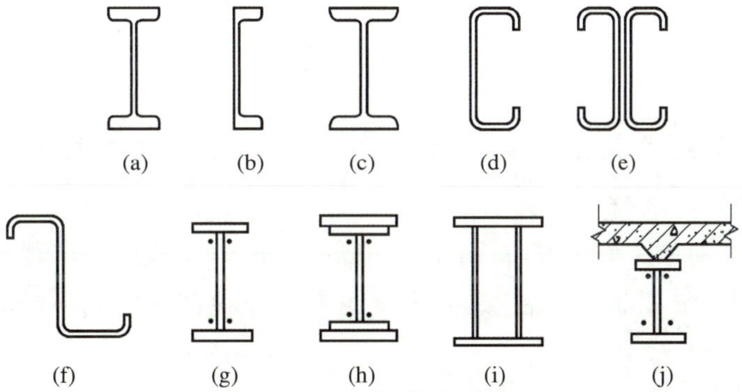

图3-11　梁的类型

3.2.2 梁的抗弯承载力验算

1. 梁的抗弯承载力计算(弹性阶段)

梁的横截面上的弯矩是正应力合成的,需要根据正应力的计算公式推导抗弯承载力的计算公式。在计算构件某截面的应力和变形时,需要用到构件横截面的几何性质,如静矩 S_x、惯性矩 I_x 等截面的几何性质。

(1) 静矩和形心

任意截面形状(图 3-12),其面积为 A,Oxy 为截面所在平面内的任意直角坐标系。在点(x, y)处取微元面积 dA,则 ydA,xdA 分别为微元面积 dA 对 x 轴、y 轴的静矩。再对整个面积进行积分,为该截面对 x 轴、y 轴的静矩,即

$$S_x=\int_A y\,dA,\quad S_y=\int_A x\,dA \tag{3-5}$$

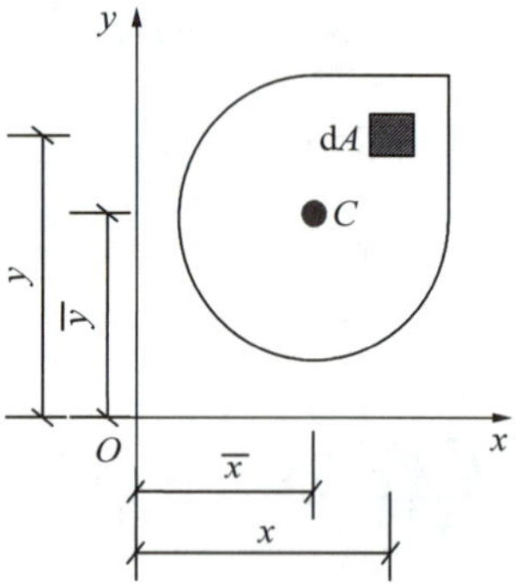

图 3-12 横截面微元及形心坐标示意

截面形状的静矩需要首先设定参考轴,即某截面对某轴的静矩,如坐标轴不同,静矩则不同。坐标 x,y 可能为正,也可能为负,因此静矩值可能为正,可能为负,也可能为零。

截面的静矩也可以通过截面的形心位置来计算。

根据理论力学中介绍的截面的形心(图 3-12 中的点 C)坐标计算公式为

$$\bar{x}=\frac{\int_A x\,dA}{A},\quad \bar{y}=\frac{\int_A y\,dA}{A} \tag{3-6}$$

可知静矩与形心坐标的关系式为

$$S_x=A\bar{y},\quad S_y=A\bar{x} \tag{3-7}$$

当截面形心位置已知时,可求截面形状的静矩;当截面形心未知时,可根据静矩求形心坐标。

根据式(3-7)可知,图 3-13(a)矩形截面对 x 轴的静矩为

$$S_x=A\cdot a=bh\cdot a$$

矩形截面对形心轴的静矩为零[图 3-13(b)]。即如矩形截面对某个轴的静矩为零,则该轴为形心轴(该轴过形心)。

当截面由几个简单图形组成时,由于简单图形的面积及其形心位置均为已知,而由静矩定义可知,截面各组成部分对某一轴的静矩之和等于该截面对同一轴的静矩,即得整个截面的静矩为

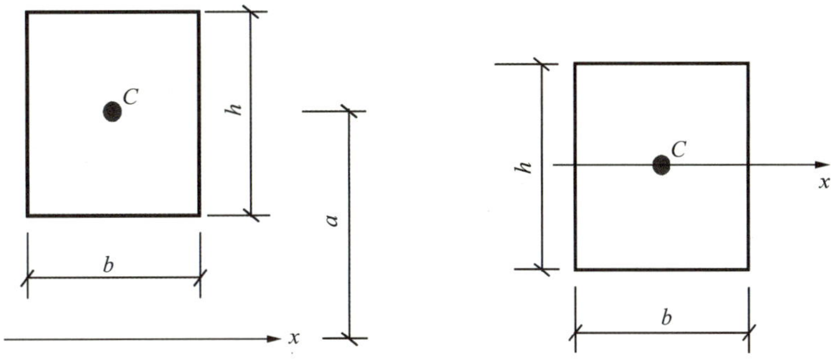

图 3-13　矩形截面对坐标轴的静矩

$$S_x = \sum_{i=1}^{n} A_i \bar{y}_i, \quad S_y = \sum_{i=1}^{n} A_i \bar{x}_i \tag{3-8}$$

式中　A_i 和 x_i，y_i——分别代表任一简单图形的面积及其形心的坐标；

n——组成截面的简单图形的个数。

若将 S_y 和 S_x 代入式(3-6)，可得组合截面的形心坐标为

$$\bar{x} = \frac{\sum_{i=1}^{n} A_i \bar{x}_i}{\sum_{i=1}^{n} A_i}, \quad \bar{y} = \frac{\sum_{i=1}^{n} A_i \bar{y}_i}{\sum_{i=1}^{n} A_i} \tag{3-9}$$

如图 3-14 所示 T 形截面，取下边缘为参考轴 x'，翼缘和腹板均为矩形，则 T 形截面对 x' 的静矩为翼缘和腹板对 x' 静矩之和。

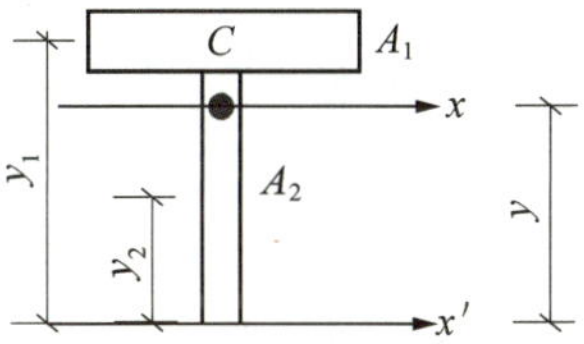

图 3-14　矩形截面对坐标轴的静矩

翼缘形心到 x' 的距离为 y_1，腹板形心到 x' 的距离为 y_2，则 T 形截面对 x' 的静矩为 $S_{x'} = A_1 y_1 + A_2 y_2$。

同时，T 形截面对 x' 的静矩为整个截面的面积 A 和整个截面的形心到 x' 的距离 y 的乘积，即 $S_{x'} = Ay$。可得形心位置 $y = \dfrac{S_{x'}}{A} = \dfrac{A_1 y_1 + A_2 y_2}{A_1 + A_2}$。

【例题 3-4】　求如图 3-15(a)所示三角形截面对 x 轴的静矩(面积矩)。

取图 3-15(b)微元面积 $\mathrm{d}A$，微元为底为 $a(y)$、高为 $\mathrm{d}y$ 的矩形，微元到 x 轴的距离为 y。微元对 x 轴的静矩为

$$\mathrm{d}S_x = y \cdot \mathrm{d}A$$

整个三角形截面对 x 轴的静矩为

$$S_x = \int_A y \cdot \mathrm{d}A \tag{3-10}$$

其中，$dA=a(y)dy$，代入式(3-10)，可得

$$S_x=\int_0^b y\cdot a(y)dy \tag{3-11}$$

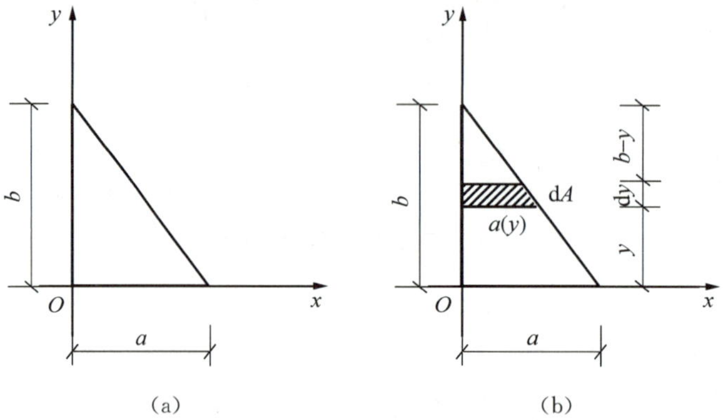

图 3-15　三角形截面对坐标轴的静矩

根据相似三角形的原则：$\dfrac{b-y}{b}=\dfrac{a(y)}{a}$，即 $a(y)=\dfrac{a(b-y)}{b}$，代入式(3-11)，可得 $S_x=\dfrac{ab^2}{6}$[$a(y)$ 也可根据斜线的函数方程计算]。

(2) 惯性矩

① 惯性矩的基本概念

任意截面形状如图 3-16 所示，其面积为 A，Oxy 为截面所在平面内的任意直角坐标系。在点(x, y)处取微元面积 dA，则 y^2dA，x^2dA 分别为微元面积 dA 对 x 轴、y 轴的惯性矩。再对整个面积进行积分，即该截面形状对 x 轴、y 轴的惯性矩为

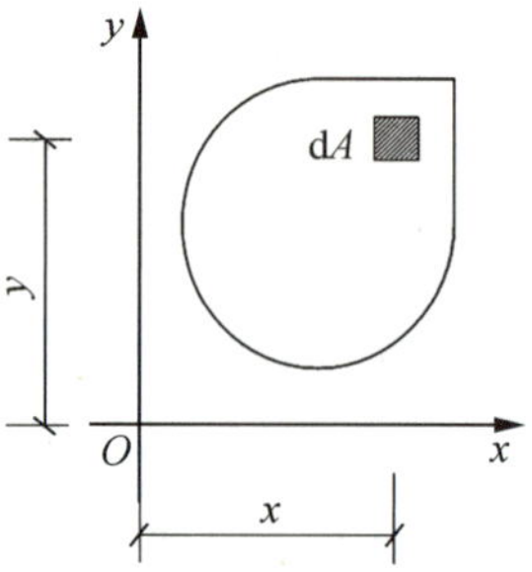

图 3-16　三角形截面取微元

$$I_y=\int_A x^2dA,\quad I_x=\int_A y^2dA \tag{3-12}$$

惯性矩可表示为截面面积 A 与某一长度平方的乘积，即

$$I_x=A\cdot i_x^2,\quad I_y=A\cdot i_y^2 \tag{3-13}$$

式中　i_x，i_y——分别为截面对 x 轴、y 轴的回转半径。

当截面面积 A 和惯性矩 I_x 和 I_y 已知时，回转半径的计算公式为

$$i_x=\sqrt{\frac{I_x}{A}},\quad i_y=\sqrt{\frac{I_y}{A}} \tag{3-14}$$

【例题 3-5】 求如图 3-17(a)所示矩形截面对 x 轴的惯性矩。

取如图 3-17(b)所示微元面积 dA，微元为底为 b、高为 dy 的矩形，微元到 x 轴的距离为 y。

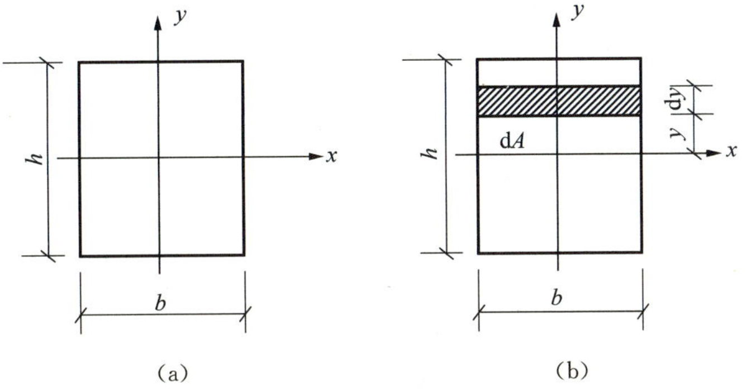

图 3-17 矩形截面对坐标轴的静矩

矩形截面对 x 轴的惯性矩为

$$I_x = \int_A y^2 \mathrm{d}A$$

其中，$\mathrm{d}A = b\mathrm{d}y$，则

$$I_x = \int_{-\frac{h}{2}}^{\frac{h}{2}} y^2 b\mathrm{d}y = b\int_{-\frac{h}{2}}^{\frac{h}{2}} y^2 \mathrm{d}y = \frac{by^3}{3}\Bigg|_{-\frac{h}{2}}^{\frac{h}{2}}$$

$$= \frac{b}{3}\left[\left(\frac{h}{2}\right)^3 - \left(-\frac{h}{2}\right)^3\right] = \frac{b}{3}\cdot\frac{h^3}{4} = \frac{bh^3}{12}$$

② 平行移轴公式

如图 3-18(a)所示为一面积为 A 的任意形状截面，截面对任意的 x 轴、y 轴的惯性矩分别为 I_x，I_y。通过截面的形心 C 有分别与 x 轴、y 轴平行的 x_C 轴、y_C 轴(形心轴)。截面对形心轴的惯性矩分别为 I_{x_C}，I_{y_C}。

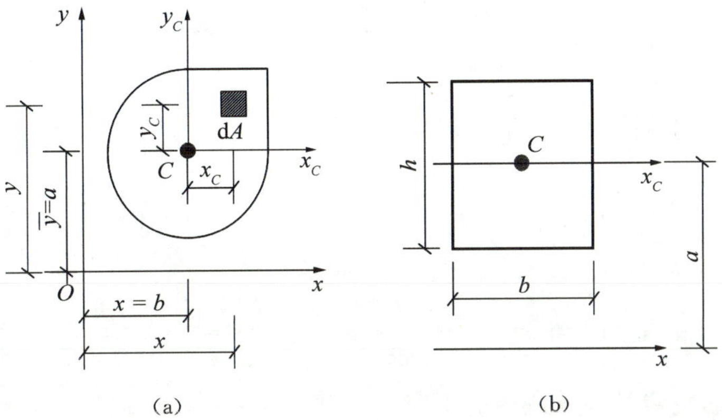

图 3-18 移轴定理示意

截面上任一面积元素 dA 在两坐标系内的坐标(x,y)与(x_C, y_C)间的关系为

$$x = x_C + b, \quad y = y_C + a \tag{3-15}$$

式中　a，b——截面形心在 Oxy 坐标系内的坐标值，即两组平行坐标系间的间距。

将式(3-15)代入惯性矩的计算公式，可得

$$I_x = \int_A y^2 dA = \int_A (y_C + a)^2 dA = \int_A y_C^2 dA + \int_A a^2 dA + \int_A 2a \cdot y_C dA$$

$$= I_{x_C} + a^2 A + 2a\int_A y_C dA = I_{x_C} + a^2 A + 2aS_{x_C}$$

$$= I_{x_C} + a^2 A$$

可知平行移轴公式为

$$I_x = I_{x_C} + Aa^2, \quad I_y = I_{y_C} + Ab^2 \tag{3-16}$$

如图 3-18(b)所示矩形截面，$I_{x_C} = \frac{bh^3}{12}$，则 $I_x = I_{x_C} + Aa^2 = \frac{bh^3}{12} + bha^2$。

③ 组合截面的惯性矩

在工程中常遇到组合截面。根据惯性矩的定义可知，组合截面对某坐标轴的惯性矩就等于其各组成部分对同一坐标轴的惯性矩之和。若截面由 n 个部分组成，则组合截面对 x，y 两轴的惯性矩分别为

$$I_x = \sum_{i=1}^{n} I_{xi}, \quad I_y = \sum_{i-1}^{n} I_{yi} \tag{3-17}$$

式中　I_{xi}，I_{yi}——分别为组合截面中组成部分 i 对 x，y 两轴的惯性矩。

如图 3-19 所示工字形截面，翼缘宽度和厚度分别为 b，t，腹板的高度和厚度分别为 h_w，t_w，截面总高度为 h。

腹板对 x 轴的惯性矩 $I_x = \frac{t_W h_W^3}{12}$；上翼缘对 x 轴的惯性矩 $I_{x'} = \frac{bt^3}{12}$，则上翼缘对 x 轴的惯性矩为

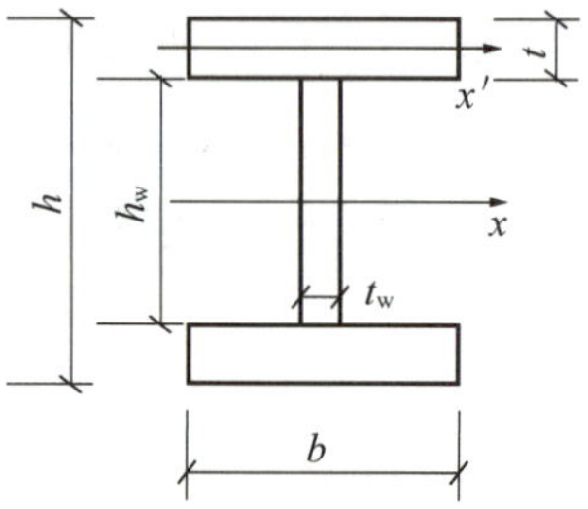

图 3-19　工字形截面惯性矩

$$I_x = I_{x'} + Aa^2 = \frac{bt^3}{12} + bt\left(\frac{h_W + t}{2}\right)^2$$

工字形截面对 x 轴的惯性矩 $I_x = \frac{t_W h_W^3}{12} + 2 \times \left[\frac{bt^3}{12} + bt\left(\frac{h_W + t}{2}\right)^2\right]$。

(3) 中和轴的位置及合成弯矩的正应力计算

如图 3-20(a)所示为一矩形截面梁，在如图 3-20(b)所示一对力偶 M 的作用下，梁会

发生弯曲变形，图 3-20(c) 为该梁的弯矩图。该梁的内力只有弯矩，没有剪力；只发生弯曲变形，没有剪切变形，则该梁的弯曲为纯弯曲。

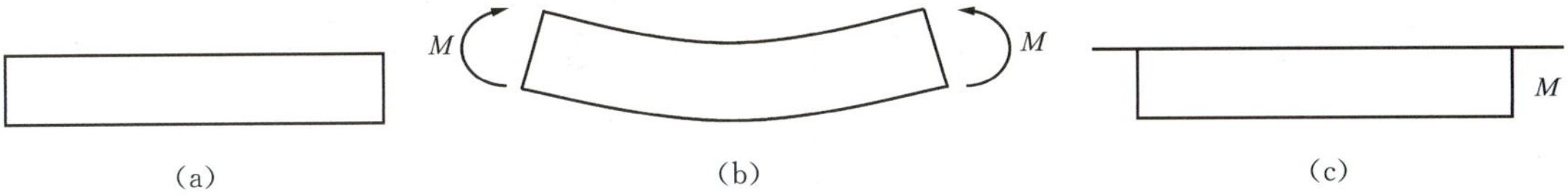

图 3-20　纯弯曲梁

现推导如图 3-20 所示纯弯曲梁的横截面上正应力的计算公式。

梁受力前，在侧面画两条横线 mm 和 nn，并在两横线间靠近顶面和底面处分别绘制纵线 aa 和 bb[图 3-21(a)]，图 3-21(b) 为梁的横截面，图 3-21(c) 为施加力偶 M 后的变形示意。施加力偶 M 后，梁发生变形，侧面的纵线 aa 和 bb 弯曲成圆弧，而横向线 mm 和 nn 在旋转后仍然保持为直线，且仍与弧线 aa 和 bb 垂直。这时，下部的纵线 bb 伸长，而上部的纵线 aa 缩短。可根据上述现象进行假设：梁在受力发生纯弯曲后，其原来的横截面保持为平面，并绕垂直于纵对称面的某一轴旋转，且仍垂直于梁变形后的轴线，即平截面假定。对于纯弯曲梁，按弹性力学中的分析结果，证明其横截面确实保持为平面。

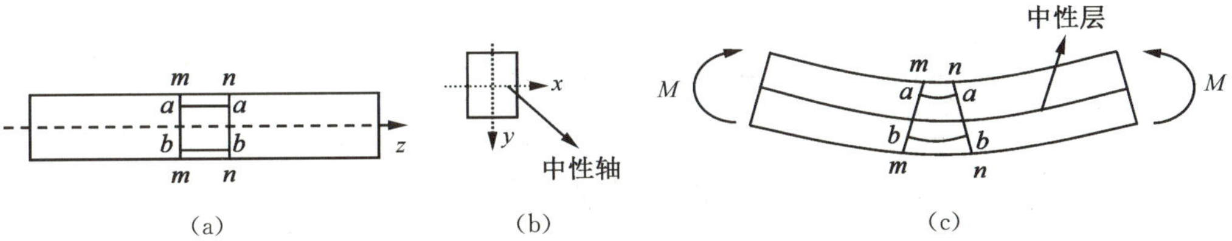

图 3-21　纯弯曲梁变形示意

设用两横截面从梁中截取长为 $\mathrm{d}z$ 的微段[图 3-22(b)]，由平面假设可知，在梁弯曲时，两横截面将相对旋转一微小角度 $\mathrm{d}\theta$[图 3-22(c)]。横截面的转动将使 aa 缩短，bb 伸长。由于变形的连续性，中间一定有一层纵向线 O_1O_2 长度不变，称为中性层[图 3-21(c)]。中性层的曲率半径为 ρ，中性层与横截面的交线称为中性轴[或中和轴，图 3-21(b)]。将梁的轴线取为 z 轴，将中性轴取为 x 轴，横截面的竖向对称轴取为 y 轴[图 3-21(b)]。而中性轴在横截面上的具体位置，需要进一步推导。现研究横截面上距离中性轴为 y 处的微元[图 3-22(a) 中阴影区域，图 3-22(c) 中 AB 的纵向线应变]。在图 3-22(c) 中 O_2 处作 O_1A 的平行线 O_2B_1，可得该点处的纵向线应变为

$$\varepsilon=\frac{B_1B}{AB_1}=\frac{B_1B}{O_1O_2}=\frac{y\mathrm{d}\theta}{\rho\mathrm{d}\theta}=\frac{y}{\rho} \tag{3-18}$$

式(3-18)表明，横截面上任一点处的纵向线应变 ε 与该点至中性轴的距离 y 成正比。

若各纵向线之间不因纯弯曲而引起互相挤压，则可认为横截面上各点处的纵向线段均处于单轴应力状态。于是，当材料处于线弹性范围时，由单轴应力状态下的胡克定律可得

$$\sigma = E\varepsilon = \frac{Ey}{\rho} \tag{3-19}$$

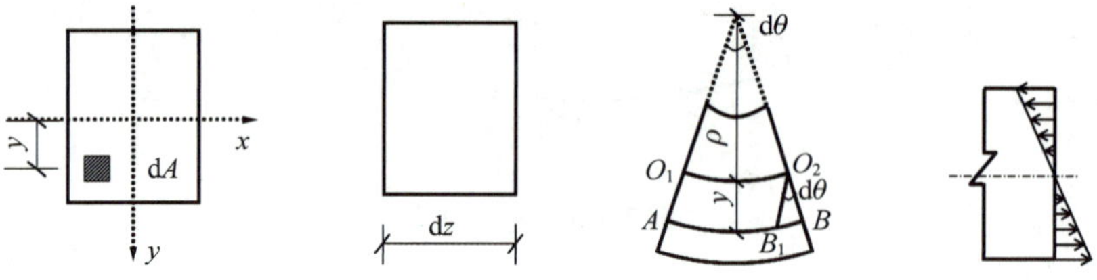

(a) (b) (c) (d)

图 3-22 微段示意

式(3-19)表明,横截面上任一点处的正应力与该点至中性轴的距离成正比,横截面上下边缘的正应力最大[图 3-22(d)]。

横截面上的轴力 N 和弯矩 M 均为正应力 σ 合成,N 为横截面上正应力 σ 的合力(纯弯曲时为 0),而 M 为正应力 σ 对 x 轴的合力矩(纯弯曲时为 M)。

如图 3-22(a)所示微元上正应力的合力为 $\mathrm{d}N=\sigma\mathrm{d}A$,对整个截面积分可得

$$N = \int_A \sigma \mathrm{d}A \tag{3-20}$$

将式(3-19)代入式(3-20),可得

$$N = \int_A \frac{Ey}{\rho}\mathrm{d}A = \frac{E}{\rho}\int_A y\mathrm{d}A = \frac{E}{\rho}\cdot S_x = 0$$

由于 $\frac{E}{\rho}\neq 0$,则 $S_x=0$。于是 x 轴必通过横截面的形心,从而确定了中性轴的位置。

如图 3-22(a)所示微元上的正应力对 x 轴的合力矩为 $\mathrm{d}M=y\cdot\sigma\mathrm{d}A$,对整个截面积分可得

$$M = \int_A y\cdot\sigma\mathrm{d}A \tag{3-21}$$

将式(3-19)代入式(3-21),可得

$$M = \int_A \frac{Ey^2}{\rho}\mathrm{d}A = \frac{E}{\rho}\int_A y^2\mathrm{d}A = \frac{E}{\rho}\cdot I_x = M$$

则 $\rho=\frac{EI_x}{M}$,代入式(3-19),可得

$$\sigma = \frac{EyM}{EI_x} = \frac{My}{I_x} \tag{3-22}$$

(4) 梁的抗弯承载力计算

根据式(3-22)可得横截面上合成弯矩的正应力的分布规律:对双轴对称截面来说,上

下边缘的正应力最大，如图 3-23(b)所示。

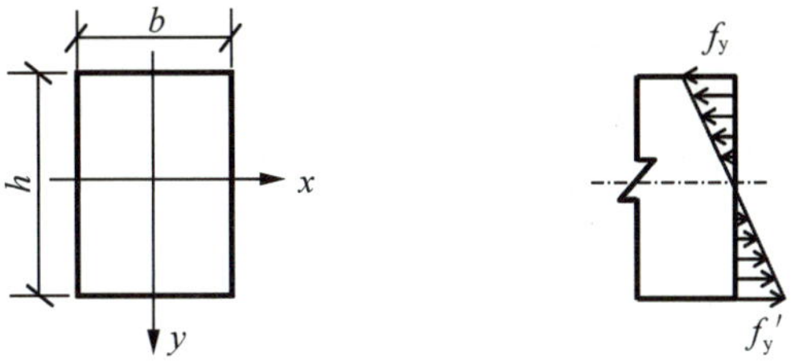

图 3-23　合成弯矩的正应力的分布

根据式(3-22)可得，上下边缘的正应力 $\sigma_{max}=\dfrac{My_{max}}{I_x}$。

当正应力最大值达到屈服强度 f_y 时，正应力达到弹性阶段的最大值。对应的弯矩为弹性阶段弯矩的最大值，即弹性阶段的抗弯承载力 M_{ue}。

即当 $\sigma_{max}=f_y$ 时，$M=M_{ue}$，可得 $M_{ue}=\dfrac{f_yI_x}{y_{max}}$。

令 $W_{ex}=\dfrac{I_x}{y_{max}}$，可得弹性阶段梁截面抗弯承载力的计算公式为

$$M_{ue}=f_yW_{ex}=\frac{f_yI_x}{y_{max}} \tag{3-23}$$

对双轴对称截面来说，$y_{max}=\dfrac{h}{2}$。

如矩形截面 $W_{ex}=\dfrac{I_x}{y_{max}}=\dfrac{I_x}{\frac{h}{2}}=\dfrac{\frac{bh^3}{12}}{\frac{h}{2}}=\dfrac{bh^2}{6}$，而 $W_{ey}=\dfrac{b^2h}{6}$。

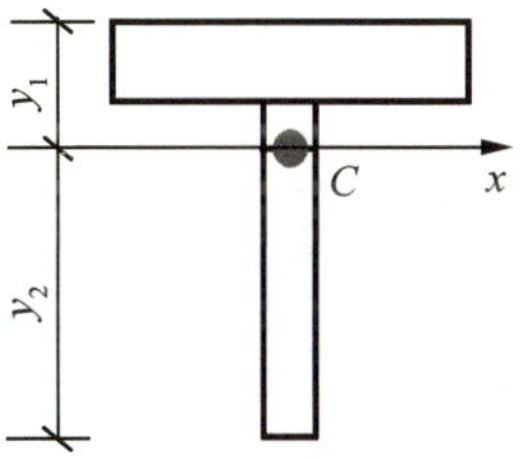

图 3-24　T 形截面 y_{max}

对单轴对称截面来说，由于弹性阶段中和轴为形心轴，首先需要确定形心位置，才能确定 y_{max}，以如图 3-24 所示 T 形截面为例，$y_{max}=y_2$。

【例题 3-6】　矩形截面木梁(从圆形横截面截一个矩形)，如图 3-25 所示。截面高宽比 $\dfrac{h}{b}$ 采用多少最合理?

当木梁直径一定时，截面抗弯承载力越大越合理。

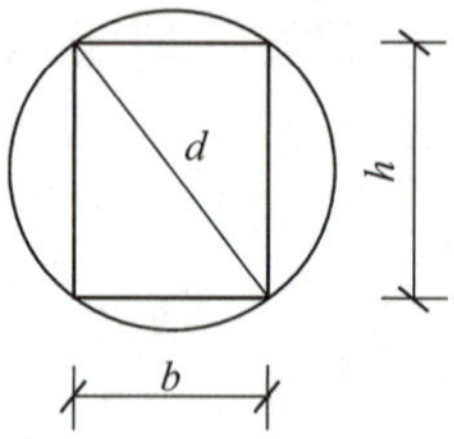

图 3-25 木梁横截面

矩形截面 $M_{uex}=f_y W_{ex}=f_y \cdot \frac{bh^2}{6}$，即材料强度一定，则梁的抗弯承载力 M_{uex} 仅与截面尺寸 W_{ex} 相关。

该问题即：直径 d 一定时，$\frac{h}{b}$ 为多少，W_{ex} 取最大值？

$$d^2=b^2+h^2 \rightarrow h^2=d^2-b^2$$

则截面模量 W_{ex} 为关于 b 的函数 $W_{ex}(b)=\frac{bh^2}{6}=\frac{b(d^2-b^2)}{6}$。

当导数为 0 时，取极值：

$$\frac{dW_{ex}(b)}{db}=\frac{d^2-3b^2}{6}=0 \Rightarrow d^2=3b^2$$

$$h^2=d^2-b^2=3b^2-b^2=2b^2 \Rightarrow \frac{h^2}{b^2}=2 \Rightarrow \frac{h}{b}=\sqrt{2}=1.414$$

古建筑中木梁的高宽比：唐宋时期为 $\frac{h}{b}=\frac{3}{2}$；明清时期为 $\frac{h}{b}=\frac{2}{1}$。

可见，从受力角度来说，唐宋时期的木梁形状更合理。

2. 合成弯矩的正应力发展过程

如图 3-26(a)所示均布线荷载 q 作用下的矩形截面[图 3-26(c)]简支梁，跨中弯矩最大[图 3-26(b)]，为控制截面(最危险截面)。假定钢材的应力 (σ) -应变 (ε) 关系曲线为理想的弹塑性模型，如图 3-26(d)所示。

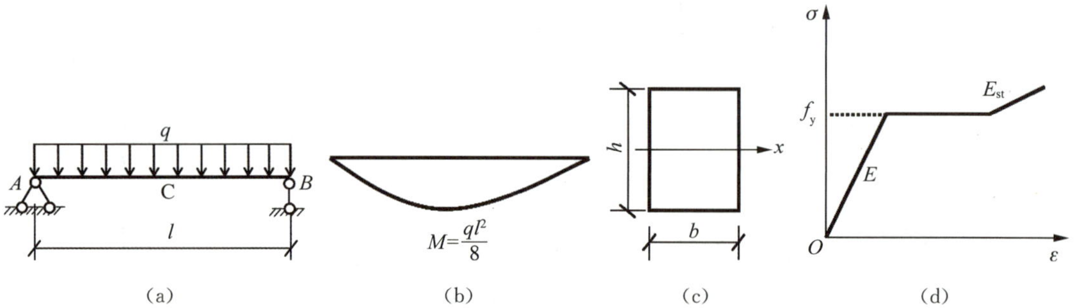

图 3-26 简支梁受力示意及钢材的应力-应变关系曲线

梁的弯矩和曲率(转角)之间的关系曲线(曲率沿长度方向积分为转角)与 σ-ε 关系曲线形状大体相同(图 3-27)。M_{ue} 为弹性阶段内弯矩的最大值或弹性阶段的抗弯承载力，即截面上下边缘达到屈服强度时的弯矩。M_{up} 为全截面塑性状态的弯矩，即塑性阶段的抗弯承载力。由于钢材存在硬化阶段，最终弯矩超过 M_{up}。 假设线荷载随着时间从 0 开始逐渐增大，则跨中截面正应力分布呈现下列四个阶段。

(1) 弹性工作阶段

荷载较小时,弯矩较小,合成弯矩的正应力较小,梁截面上的正应力都小于屈服强度 f_y,处于弹性阶段[图 3-28(a)]。上下边缘正应力最大,最先达到 f_y [图 3-28(b)],此时正应力合成的力矩为 M_{ue}。

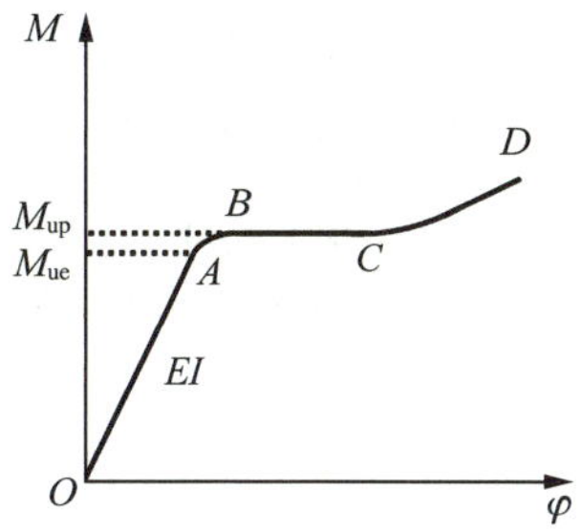

图 3-27 梁横截面弯矩-曲率关系曲线

(2) 弹塑性工作阶段

荷载继续增加,塑性区域逐渐向中间扩展,为塑性部分发展阶段[图 3-28(c)]。

(3) 塑性工作阶段

荷载再继续增大,进入全截面塑性[图 3-28(d)],此时正应力合成的力矩为 M_{up}。

(4) 应变硬化阶段

钢材进入应变硬化阶段[图 3-28(e)]。工程设计中一般不利于这一阶段,它却是梁形成塑性铰不可或缺的条件。

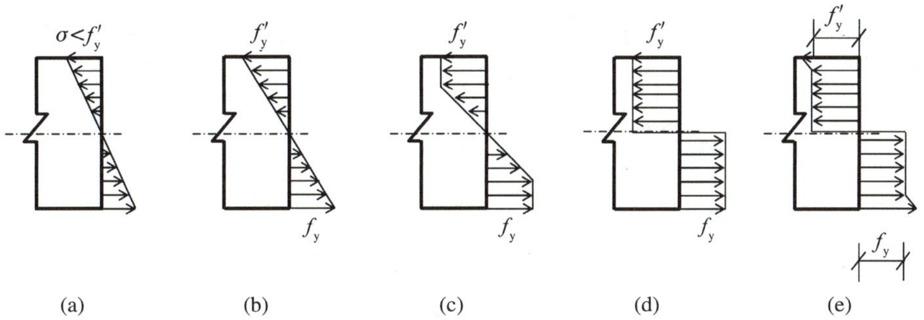

图 3-28 正应力的发展过程

3. 梁的抗弯承载力计算(塑性阶段)

确定塑性阶段的抗弯承载力 M_{up},也要首先确定中和轴的位置。根据前述内容对中和轴的定义,中和轴为横截面上受拉区和受压区的分界线。

(1) 中和轴位置

两端为固端支座的单跨梁[图 3-29(a)],横截面为 T 形[图 3-29(c)],跨中受集中荷载 F,弯矩示意如图 3-29(b)所示。该梁有 3 个控制截面:两端支座和跨中。现在对 A 截面进行受力分析。A 截面上部受拉,下部受压。

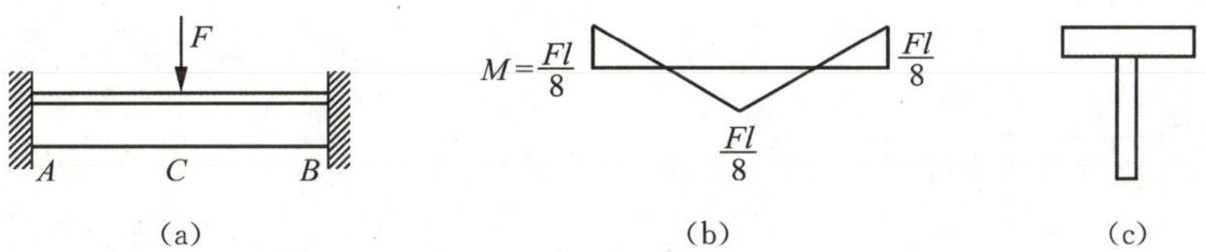

图 3-29 T 形截面梁

全截面塑性阶段，截面上各点的正应力均达到屈服强度。受拉区面积为 A_t（图 3-30 左图阴影区域），形心为 C_1，受压区面积为 A_c，形心为 C_2。受拉区上的正应力为大小为 f_y 的平行力系，受压区上的正应力为大小为 f'_y 的平行力系。则受拉区拉应力的合力为 f_yA_t，作用在 C_1 处；受压区压应力的合力为 f'_yA_c，作用在 C_2 处[图 3-30 右图]。

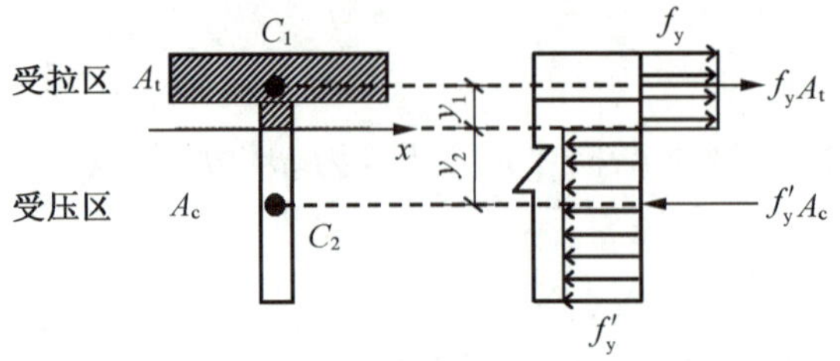

图 3-30　T 形截面塑性阶段正应力分布

该梁 A 截面的轴力为 0，则 $f'_yA_c=f_yA_t$，由于 $f'_y=f_y$，可得 $A_c=A_t$。

即塑性阶段，中和轴为面积的平分线。

（2）抗弯承载力计算

令受拉区形心 C_1 到中和轴 x 轴的距离为 y_1，受压区形心 C_2 到中和轴 x 轴的距离为 y_2。截面弯矩（M_{up}）为正应力对 x 轴的合力矩，即

$$M_{up}=f_yA_ty_1+f'_yA_cy_2=f_y(S_{n1}+S_{n2}) \tag{3-24}$$

S_{n1} 为受拉区对中和轴的静矩，S_{n2} 为受压区对中和轴的静矩。

令 $W_{px}=(S_{n1}+S_{n2})$，可得

$$M_{up}=f_yW_{px}=f_y(s_{n1}+s_{n2}) \tag{3-25}$$

如矩形截面：$W_{px}=\dfrac{bh}{2}\cdot\dfrac{h}{4}\cdot 2=\dfrac{bh^2}{4}$。

4. 梁的承载能力极限状态及适用范围

（1）截面形状系数

由式（3-23）和式（3-25）可知，M_{up} 和 M_{ue} 的比值跟材料强度无关，仅与截面几何性质有关。一般将 M_{up} 和 M_{ue} 的比值称为截面的形状系数 γ_F，即

$$\gamma_F=\frac{M_{up}}{M_{ue}}=\frac{f_yW_{px}}{f_yW_{ex}}=\frac{W_{px}}{W_{ex}} \tag{3-26}$$

矩形截面 $\gamma_F=\dfrac{\dfrac{f_ybh^2}{4}}{\dfrac{f_ybh^2}{6}}=1.5$。

圆形截面 $\gamma_F=1.7$；圆管截面 $\gamma_F=1.27$；工字形截面对 x 轴，γ_F 为 1.10～1.17。

图 3-28(b)对应的弯矩为 M_{ue}，图 3-28(d)对应的弯矩为 M_{up}，图 3-28(c)对应的弯矩可写为 $\gamma_x M_{ue}$。可知 $\gamma_x M_{ue}$ 介于 M_{ue} 和 M_{up} 之间。由于 $M_{up}=\gamma_F M_{ue}$，$1\leqslant\gamma_x\leqslant\gamma_F$，$\gamma_x$ 称为塑性发展系数。

(2) 静定结构极限状态

当截面弯矩达到某个限值(截面的抗弯承载力 M_u)，即达到了承载能力极限状态。M_u 可取 M_{ue}，即弹性设计；可取 M_{up}，即塑性设计；也可取 $\gamma_x M_{ue}$，即考虑塑性部分发展的设计。当 M_u 取不同值时，可靠度不同：弹性设计最安全也最浪费，塑性设计最危险也最经济，塑性部分发展的设计的可靠度和成本均介于弹性设计和塑性设计之间。当 M_u 取不同值时，适用范围也不同，即自由外伸翼缘宽厚比$\left(图 3-31 中\dfrac{b_1}{t}\right)$的范围不同。

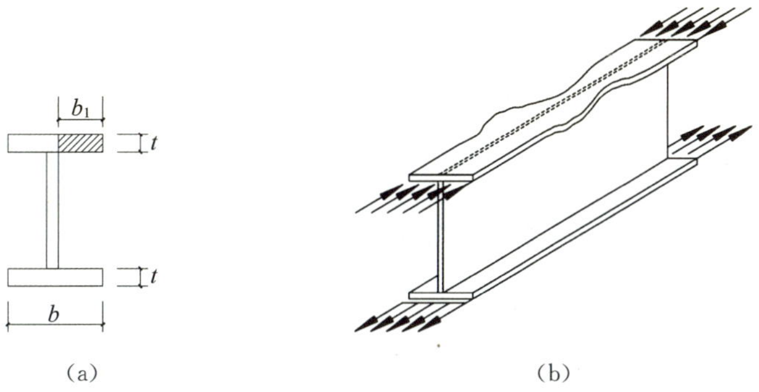

图 3-31 工字形截面自由外伸翼缘

对静定结构，不同的极限状态的适用范围如下：

$$
极限状态\begin{cases}
M=M_{ue}\left(13\sqrt{\dfrac{235}{f_{yk}}}<\dfrac{b_1}{t}\leqslant 15\sqrt{\dfrac{235}{f_{yk}}}\right)\\
M=\gamma_x M_{ue}\left(9\sqrt{\dfrac{235}{f_{yk}}}<\dfrac{b_1}{t}\leqslant 13\sqrt{\dfrac{235}{f_{yk}}}\right)\\
M=M_{up}=\gamma_F M_{ue}\left(\dfrac{b_1}{t}\leqslant 9\sqrt{\dfrac{235}{f_{yk}}}\right)
\end{cases}
$$

f_{yk} 为钢材的抗拉屈服强度标准值，如 Q355，f_{yk}取 355。即 $\dfrac{b_1}{t}$ 的范围与钢材的强度有关。

在工字形截面的简支梁中，一般下部受拉，上部受压。若上翼缘的 $\dfrac{b_1}{t}$ 太大，在压力的作用下，容易发生局部失稳(局部屈曲)[图 3-31(b)]。为了防止 M 达到 M_u 之前受压翼缘发生局部失稳，需要对 $\dfrac{b_1}{t}$ 进行限制(目前梁有可能发生两种形式的破坏：强度破坏和局部失稳，如果 $\frac{b_1}{t}$ 较大，弯矩 M 在达到对应的抗弯承载力 M_u 之前发生局部失稳，则梁已达到极限状态，荷载和弯矩不能继续增大，而 M_u 是达不到的，即不能以 M 达到 M_u 作为极限状态。即极限状态有很多个，先达到哪个极限状态，即结构的极限状态；破坏形式有很多种，先发生的破坏形式，即结构的破坏形式)。

即 $\frac{b_1}{t}$ 越大，越容易发生局部失稳；N_c 越大，越容易发生局部失稳。局部失稳是二者综合作用的结果。

$$\left.\begin{array}{l}\dfrac{b_1}{t}\nearrow\\ N_c\nearrow\end{array}\right\}\longrightarrow \text{局部失稳(局部屈曲)}$$

塑性设计时，截面 M 越大，上翼缘压力 N_c 越大，受压翼缘更容易发生局部失稳，因此 $\frac{b_1}{t}$ 应限制得更严格。

以下情况，只能进行弹性设计[以截面边缘纤维屈服 ($M=M_{ue}$) 作为极限状态]：

① $13\sqrt{\frac{235}{f_{yk}}}<\frac{b_1}{t}\leqslant 15\sqrt{\frac{235}{f_{yk}}}$。

② 冷弯薄壁型钢。由于板厚较小，若进行塑性设计，承载力提高较少且偏危险，因此进行弹性设计。

③ 需要进行疲劳验算的构件。疲劳破坏为脆性破坏，偏危险。

④ 格构式构件绕虚轴弯曲。剪力由尺寸和刚度较小的缀条或缀板承担，变形较大，产生较大的附加内力，偏危险。

(3) 超静定结构极限状态

对静定结构来说，塑性设计能够最充分地发挥结构的承载力；对超静定结构来说，当截面弯矩达到 M_{up} 时，结构承载力仍有一定的潜力，即结构可承受更大的荷载。超静定结构可以以结构变机构作为极限状态。

$$\text{极限状态}\begin{cases}M=M_{ue}\left(13\sqrt{\dfrac{235}{f_{yk}}}<\dfrac{b_1}{t}\leqslant 15\sqrt{\dfrac{235}{f_{yk}}}\right)\\ M=\gamma_x M_{ue}\left(9\sqrt{\dfrac{235}{f_{yk}}}<\dfrac{b_1}{t}\leqslant 13\sqrt{\dfrac{235}{f_{yk}}}\right)\\ M=M_{up}=\gamma_F M_{ue}\left(\dfrac{b_1}{t}\leqslant 9\sqrt{\dfrac{235}{f_{yk}}}\right)\\ \text{结构变为机构}\left(\dfrac{b_1}{t}\leqslant 9\sqrt{\dfrac{235}{f_{yk}}}\right)\end{cases}$$

机构即机动体系，亦即结构力学中的几何可变体系。接下来，本节将对结构变机构的过程进行阐述。

如图 3-32(a)所示均布线荷载 q 作用下两端为固端支座的矩形截面[图 3-32(c)]单跨梁(3 次超静定梁)，弯矩图如图 3-32(b)所示(两端支座为控制截面)。假定钢材的应力(σ)-应变(ε)关系曲线为理想的弹塑性模型[图 3-26(d)]。梁的弯矩和曲率(转角)之间的关系曲线如图 3-32(d)所示。

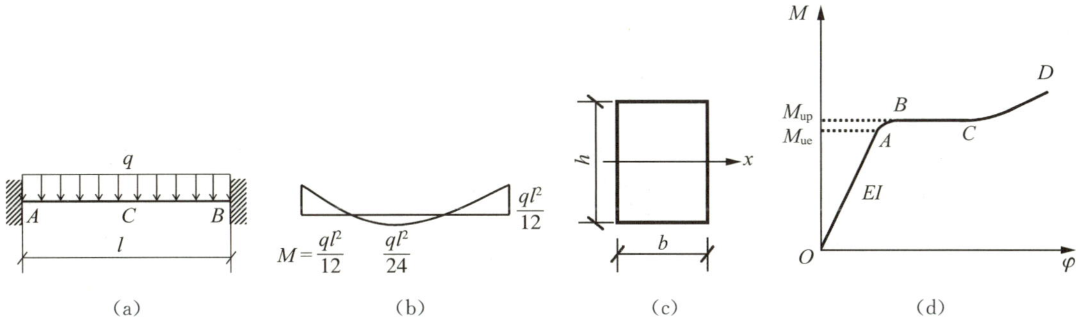

图 3-32　简支梁受力示意及钢材的应力-应变关系曲线

假设线荷载随着时间从 0 开始逐渐增大，则支座截面正应力分布呈现下列四个阶段：弹性阶段[图 3-33(a)(b)]、弹塑性阶段[图 3-33(c)]、塑性阶段[图 3-33(d)]、应变硬化阶段[图 3-33(e)]。

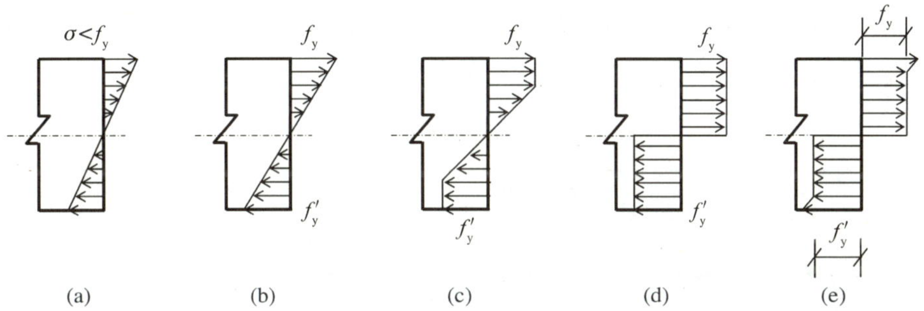

图 3-33　正应力的发展过程

当支座截面的弯矩达到 M_{up} 时，截面进入全截面塑性阶段[应力分布如图 3-33(d)所示]，此时弯矩进入图 3-32(d)的 BC 段，即弯矩暂时不能增大(在进入强化阶段之前)；但是，此时，其他截面(如跨中截面)的弯矩可以继续增大，弯矩图如图 3-34(b)所示。即此时荷载 q 可以继续增大，支座截面弯矩保持不变，只有曲率(转角)持续增大，其他截面的弯矩继续增大。此时，支座截面像一个铰一样地工作，称为塑性铰[图 3-34(a)]。跨中截面弯矩逐渐增大，直至增大为 M_{up}，跨中截面也会出现塑性铰[图 3-34(c)，(d)]，结构变为瞬变体系(几何可变体系)。弯矩图从图 3-34(b)变为图 3-34(d)的过程中，内力在各个截面之间重新分布，弯矩图的形状发生变化，称为塑性内力重分布。

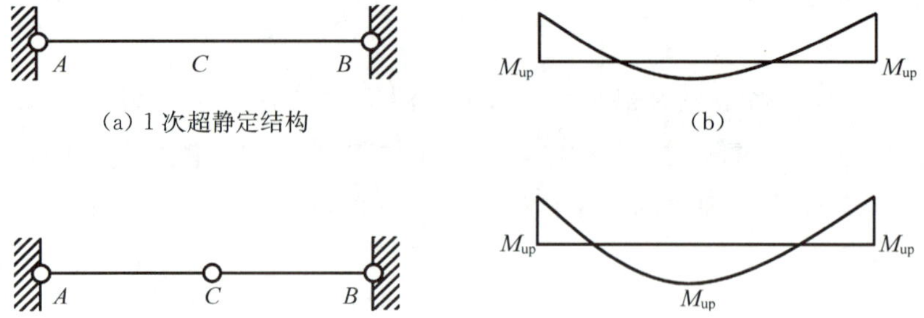

(a) 1 次超静定结构 (b)

(c) 瞬变体系 (d)

图 3-34 结构出现塑性铰

超静定结构变机构的极限状态为：当结构的某一个截面(弯矩最大的截面)弯矩 M 达到 M_{up}，即出现一个塑性铰，减少一个约束。随着荷载逐渐增大，塑性铰的个数逐渐增多，约束逐渐减少，当塑性铰的个数多到使结构变为一个几何可变体系，即达到承载能力极限状态。

对静定结构来说，由于不存在多余约束，当结构出现一个塑性铰，即变为几何可变体系，达到承载能力极限状态。从这个角度来说，超静定结构更不容易坏，即安全储备(冗余度)更高。

(4) 塑性发展系数

当构件(梁)绕 x 轴弯曲时，塑性发展系数为 γ_x；当构件(梁)绕 y 轴弯曲时，塑性发展系数为 γ_y。当构件为单向弯曲时，设计时一定会让梁绕 x 轴(强轴)弯曲(如截面形状为矩形，令 $h>b$)。各种常见截面的塑性发展系数见表 3-1。

表 3-1 塑性发展系数 γ_x，γ_y 值

<table>
<tr><th>项次</th><th>截面形式</th><th>γ_x</th><th>γ_y</th></tr>
<tr><td>1</td><td>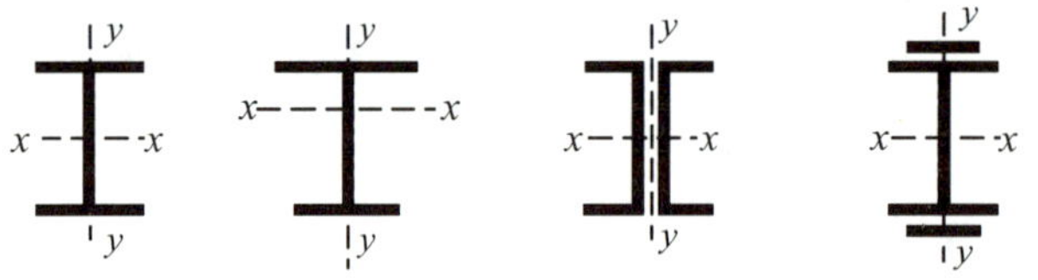</td><td rowspan="2">1.05</td><td>1.2</td></tr>
<tr><td>2</td><td>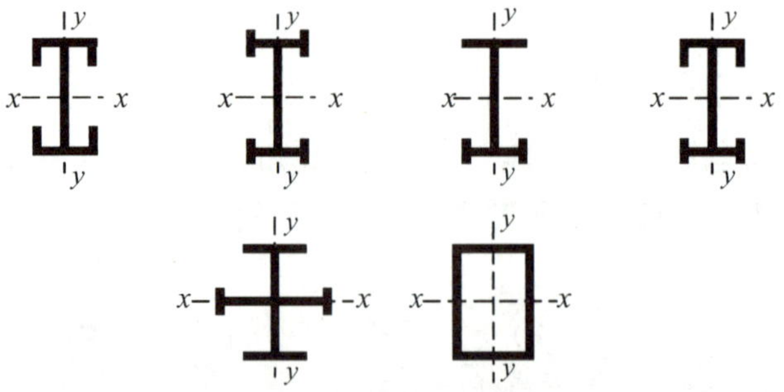</td><td>1.05</td></tr>
</table>

（续表）

<table>
<tr><th>项次</th><th>截面形式</th><th>γ_x</th><th>γ_y</th></tr>
<tr><td>3</td><td>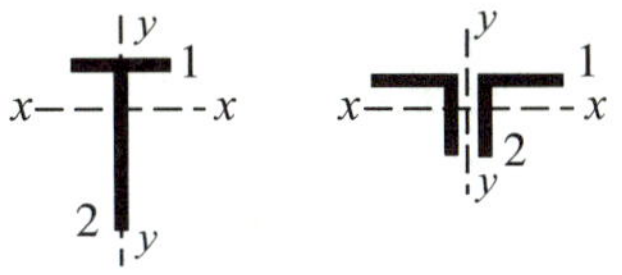</td><td rowspan="2">$\gamma_{x1}=1.05$
$\gamma_{x2}=1.2$</td><td>1.2</td></tr>
<tr><td>4</td><td>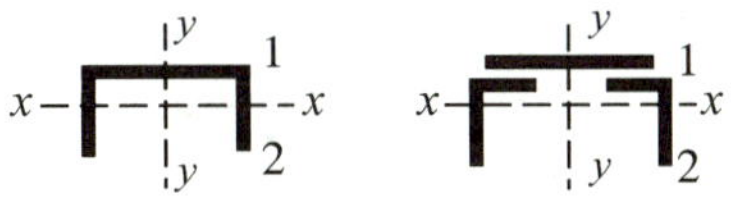</td><td>1.05</td></tr>
<tr><td>5</td><td>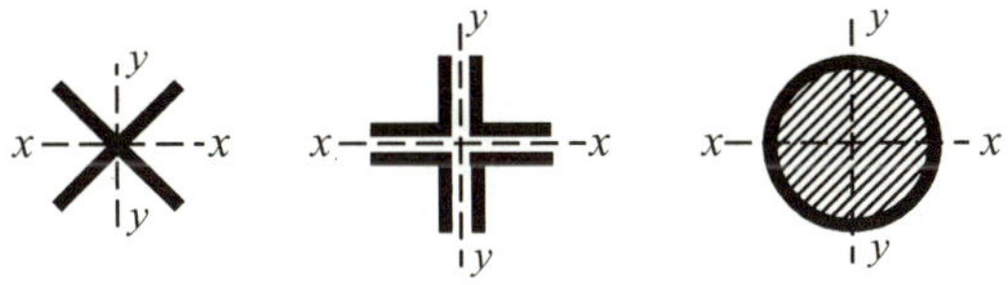</td><td>1.2</td><td>1.2</td></tr>
<tr><td>6</td><td>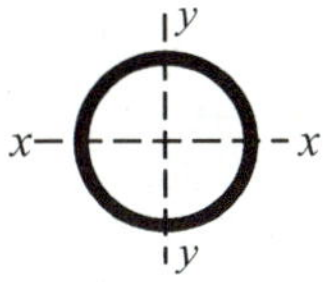</td><td>1.15</td><td>1.15</td></tr>
<tr><td>7</td><td>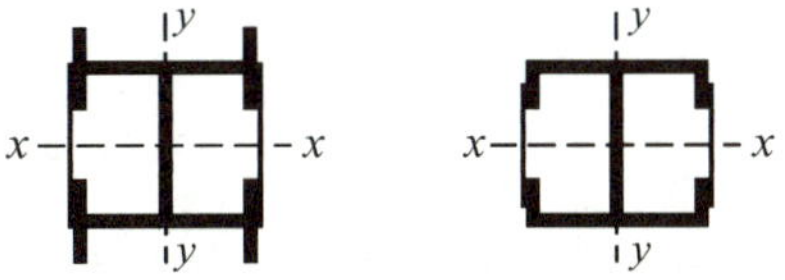</td><td rowspan="2">1.0</td><td>1.05</td></tr>
<tr><td>8</td><td>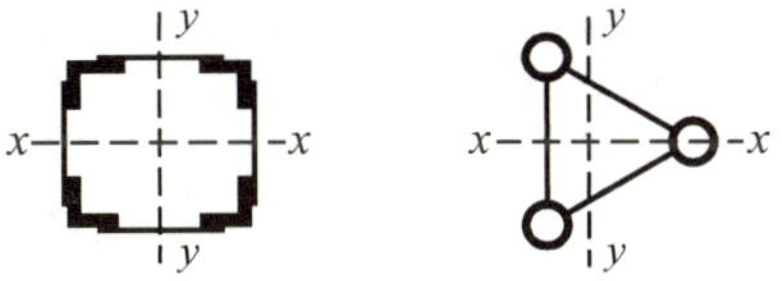</td><td>1.0</td></tr>
</table>

如图 3-35(a)所示简支梁，横截面为矩形。截面形式如图 3-35(b)所示截面 1，构件绕强轴(x_1)弯曲；截面形式如图 3-35(c)所示截面 2，构件绕弱轴(x_2)弯曲。当构件绕强轴弯曲时，抗弯刚度更大，抗弯承载力更大，设计更合理。

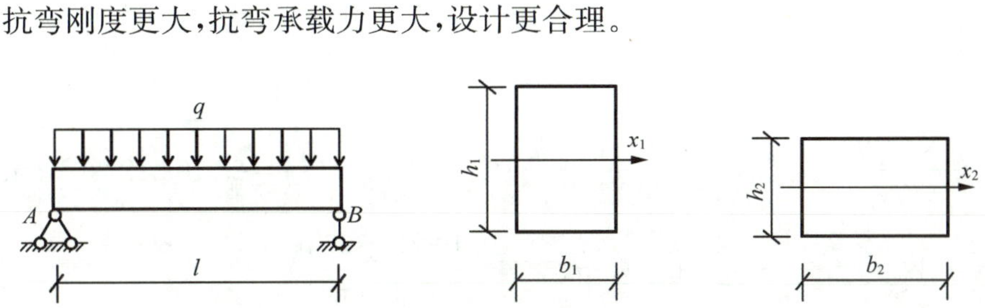

(a) 简支梁　　(b) 截面 1　　(c) 截面 2

图 3-35　梁的弯曲主轴

【例题 3-7】 试计算如图 3-36 所示两种焊接工字形截面的抗弯承载力。钢材为 Q355。

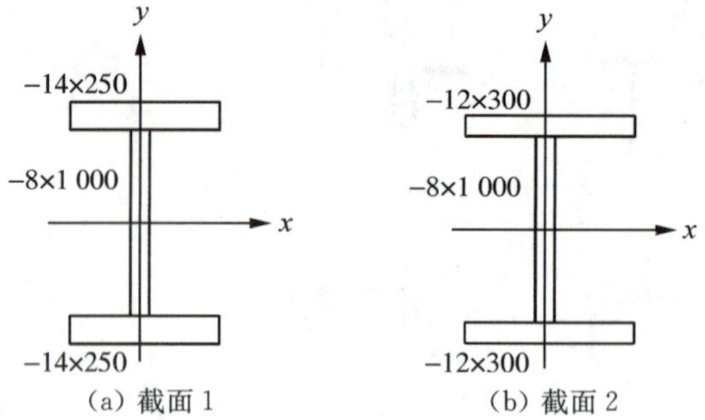

图 3-36 工字形截面惯性矩

Q355：$f_{yk}=355\ \text{N/mm}^2$，$9\sqrt{\dfrac{235}{f_{yk}}}=9\sqrt{\dfrac{235}{355}}=7.32$；

$13\sqrt{\dfrac{235}{f_{yk}}}=13\sqrt{\dfrac{235}{355}}=10.58$；$15\sqrt{\dfrac{235}{f_{yk}}}=15\sqrt{\dfrac{235}{355}}=12.20$

截面 1：$\dfrac{b_1}{t}=\dfrac{250\ \text{mm}-8\ \text{mm}}{2\times14\ \text{mm}}=8.643$；$9\sqrt{\dfrac{235}{f_{yk}}}<\dfrac{b_1}{t}<13\sqrt{\dfrac{235}{f_{yk}}}$

$$M_u=\gamma_x M_{ue}=\gamma_x f_y W_{ex}=\gamma_x f_y\frac{I_x}{\dfrac{h}{2}}$$

$$I_x=\frac{8\times1\ 000^3}{12}+2\times\left(\frac{250\times14^3}{12}+14\times250\times507^2\right)=2\ 466\ 124\ 000\ \text{mm}^4$$

$$M_u=\gamma_x f_y W_e=\gamma_x f_y\frac{I_x}{\dfrac{h}{2}}=1.05\times305\ \text{N/mm}^2\times\frac{2\ 466\ 124\ 000\ \text{mm}^4}{514\ \text{mm}}$$

$$=1\ 536\ 529\ 593\ \text{N}\cdot\text{mm}=1\ 536.5\ \text{kN}\cdot\text{m}$$

截面 2：$\dfrac{b_1}{t}=\dfrac{300\ \text{mm}-8\ \text{mm}}{2\times12\ \text{mm}}=12.17$；$13\sqrt{\dfrac{235}{f_{yk}}}<\dfrac{b_1}{t}<15\sqrt{\dfrac{235}{f_{yk}}}$

$$M_u=M_{ue}=f_y W_{ex}=f_y\frac{I_x}{\dfrac{h}{2}}$$

$$I_x=\frac{8\times1\ 000^3}{12}+2\times\left(\frac{300\times12^3}{12}+12\times300\times506^2\right)=2\ 510\ 212\ 267\ \text{mm}^4$$

$$M_u=f_y W_e=f_y\frac{I_x}{\dfrac{h}{2}}=305\ \text{N/mm}^2\times\frac{2\ 510\ 212\ 267\ \text{mm}^4}{512\ \text{mm}}$$

$$=1\ 495\ 341\ 292\ \text{N}\cdot\text{mm}=1\ 495.3\ \text{kN}\cdot\text{m}$$

截面 2 的面积较截面 1 大，但是承载力更小，因为两截面的 $\frac{b_1}{t}$ 不同：截面 1 考虑了塑性的发展，而截面 2 是弹性设计。

3.2.3　梁的强度验算

1. 正应力

(1) 弹性设计

如以截面边缘纤维屈服作为承载力的极限状态，即弹性设计(单向弯曲时)：

任意一点的正应力为 $\sigma=\frac{My}{I_x}$

截面上(下)边缘处正应力强度的验算公式为

$$\sigma_{max}=\frac{My_{max}}{I_x}\leqslant f_y \tag{3-27}$$

式(3-27)也可写作

$$\sigma_{max}=\frac{M}{W_{ex}}\leqslant f_y \tag{3-28}$$

(2) 塑性部分发展设计

由于塑性设计偏危险，一般情况下，以塑性部分发展作为承载力的极限状态，即

$$M\leqslant \gamma_x M_{ue}=\gamma_x f_y W_{ex} \tag{3-29}$$

两边同时除 $\gamma_x W_{ex}$，可得

$$\sigma_{max}=\frac{M}{\gamma_x W_{ex}}\leqslant f_y \tag{3-30}$$

工字钢绕强轴弯曲时：

① 当 $9\sqrt{\frac{235}{f_{yk}}}<\frac{b_1}{t}\leqslant 13\sqrt{\frac{235}{f_{yk}}}$ 时，$\gamma_x=1.05$；

② 当 $13\sqrt{\frac{235}{f_{yk}}}<\frac{b_1}{t}\leqslant 15\sqrt{\frac{235}{f_{yk}}}$ 时，$\gamma_x=1.0$。

式(3-28)即为情况②，以上两种极限状态均可用式(3-30)进行计算。

2. 切应力

如图 3-37(a)所示简支梁，横截面为矩形[图 3-37(b)]，受均布荷载 q 作用，剪力最大值出现在支座截面[图 3-37(c)]，因此对支座截面进行受力分析。矩形截面的切应力计算公式为

$$\tau = \frac{VS_x^*}{I_x b} \tag{3-31}$$

式中　V——所求截面的剪力(一般为支座截面);

I_x——矩形截面对中和轴的惯性矩;

b——横截面上所求点的宽度;

S_x^*——计算剪应力处以外截面对中和轴的静矩。

可知,中和轴上的点对应的 S_x^* 最大,可得横截面上的切应力如图 3-37(c)所示:切应力最大值 τ_{max} 出现在中和轴上,在横截面上沿 y 轴为二次抛物线。切应力强度的验算公式为

$$\tau_{max} = \frac{VS_{x,max}^*}{I_x b} \leqslant f_{yv} \tag{3-32}$$

若横截面为工字形[图 3-37(e)],τ_{max} 仍然出现在中和轴上,切应力的分布如图 3-37(f)所示(在翼缘和腹板交界处,截面宽度发生突变,因此 τ 的大小发生突变),强度的验算公式为

$$\tau_{max} = \frac{VS_{x,max}^*}{I_x t_w} \leqslant f_{yv} \tag{3-33}$$

式中　t_w——腹板厚度。

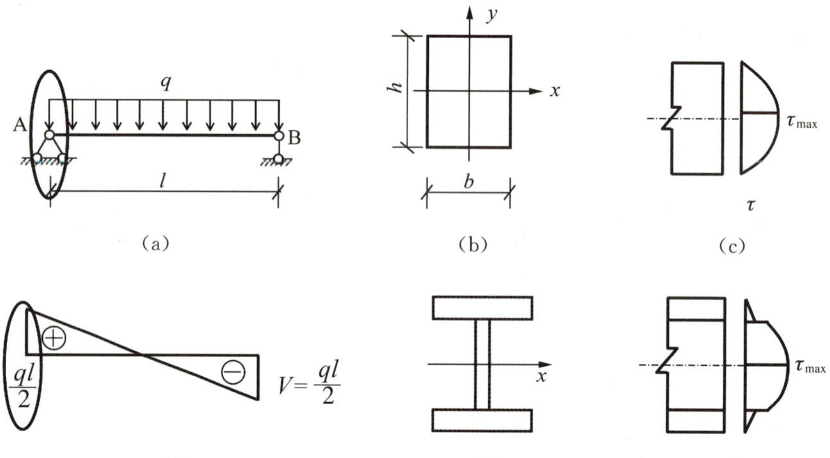

图 3-37　横截面上切应力分布

3. 局部压应力

梁在集中荷载作用下,集中荷载沿着一定的角度 θ 通过翼缘传至腹板,使之受压。翼缘宽度较腹板宽度大,当压力传至腹板处(图 3-38 虚线处),由于腹板宽度远低于翼缘宽度,导致受压区面积变小,压应力变大,需验算钢材在竖向压应力作用下是否会受压屈服。翼缘边缘至虚线处的距离用 h_y 表示:对焊接工字钢,h_y 为翼缘厚度;对热轧工字钢,翼缘和腹板交界处有一圆弧,还应包括圆弧半径。

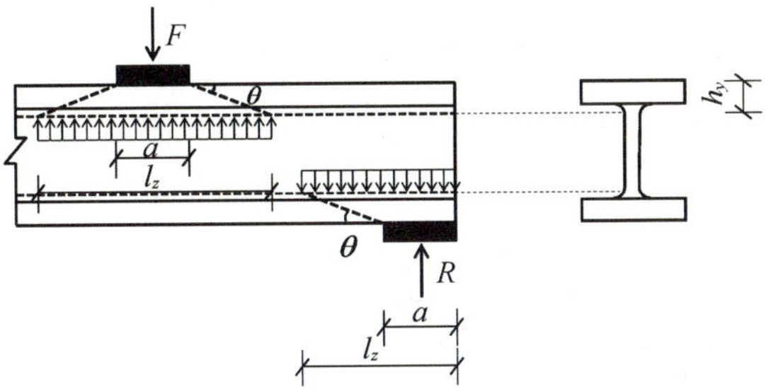

图 3-38　局部压应力作用

腹板边缘在集中荷载作用点处压应力最大，向两侧边则逐渐减小，即压应力沿 z 轴方向实际上并不是均匀分布。在计算中假定压应力均匀分布在一段较短的范围 l_z 之内。规范规定 l_z 取：

$$跨中：l_z = a + 5h_y$$

$$支座：l_z = a + 2.5h_y$$

式中　a ——集中荷载沿梁跨度方向的支承长度（垫块长度，将集中荷载转化为均匀分布的面荷载）；

h_y ——自梁顶面（或底面）至腹板计算高度边缘的距离。

在腹板计算高度边缘处局部压应力的验算公式为

$$\sigma_c = \frac{\psi F}{t_w l_z} \leqslant f'_y \tag{3-34}$$

式中　F ——集中荷载，对动力荷载应考虑动力系数；

ψ ——集中荷载增大系数，对重级工作制吊车梁取 $\psi = 1.35$，其他梁取 $\psi = 1.0$；

f'_y ——钢材抗压强度设计值。

若验算不满足，对于固定集中荷载可设置支承加劲肋；对于移动集中荷载则需要重选腹板厚度。

对于上翼缘承受均布荷载的梁，因腹板上边缘局部压应力不大，无须进行局部压应力的验算。

4. 折算应力

梁一般不是纯弯曲，因此在受弯的同时一般会受剪。当某一个截面上弯矩和剪力都较大时，需要对其进行组合。如图 3-39 所示工字形截面简支梁，在三分点处对称地受两个集中荷载 F 的作用，则在集中荷载作用截面（C，D 截面），弯矩和剪力都较大。根据正应力和切应力的分布可知，腹板边缘处（靠近翼缘处）正应力和切应力均较大[图 3-39(c)(d)]，需要对两种应力进行组合。强度的验算公式为

$$\sqrt{\sigma^2 + 3\tau^2} \leqslant 1.1 f_y \tag{3-35}$$

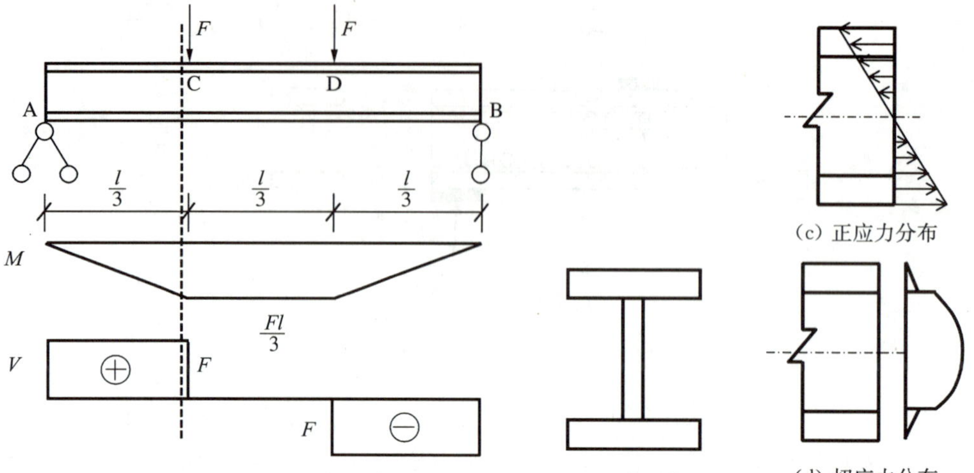

(a) 集中荷载作用下简支梁的内力示意　(b) 工字形截面　(d) 切应力分布

图 3-39　梁的折算应力

该处达到屈服时，相邻材料都还处于弹性阶段，因此将强度设计值提高 10%。式(3-35)左端称为折算应力。正应力计算不考虑塑性发展，即用式(3-22)进行计算。

根据折算应力的计算过程可知，只有梁受集中荷载作用时，才需要计算折算应力；且截面宽度有突变时才需要计算。

当还有对腹板边缘产生局部压应力 σ_c 的集中荷载时，折算应力公式扩展为

$$\sqrt{\sigma^2+\sigma_c^2-\sigma\cdot\sigma_c+3\tau^2}\leqslant\beta_1 f_y \tag{3-36}$$

当 σ 与 σ_c 异号时，$\beta_1=1.2$；当 σ 与 σ_c 同号时，$\beta_1=1.1$。

【例题 3-8】 如图 3-40 所示为一简支梁，截面形式为焊接工字形截面，钢材为 Q235。梁上作用有两个集中荷载 $P=300$ kN (设计值)，不考虑自重，集中力沿梁跨度方向的支承长度为 $a=100$ mm。试对此梁进行强度验算并指明计算位置。

(1) 已知条件

$f_y=215\ \text{N/mm}^2$；$f_{yv}=125\ \text{N/mm}^2$；

$$I_x=\frac{8\times800^3}{12}+2\times\left(\frac{280\times10^3}{12}+10\times280\times405^2\right)=1\ 259\ 920\ 000\ \text{mm}^4$$

$$S_{x,\max}^*=10\times280\times405+8\times400\times200=1\ 774\ 000\ \text{mm}^3$$

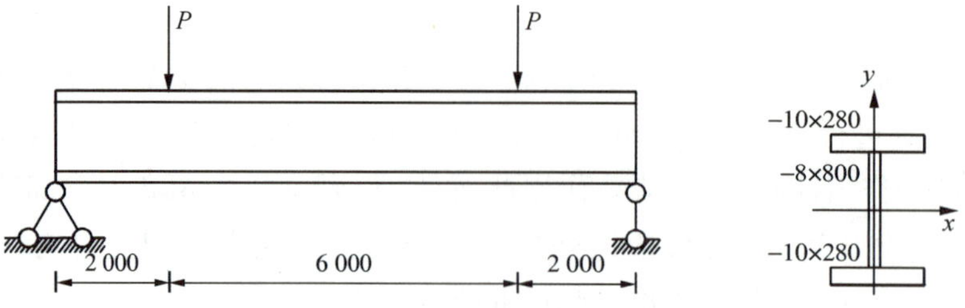

(a)　(b)

图 3-40　梁的强度验算

$$\frac{b_1}{t}=\frac{280-8}{2\times 10}=13.6，13\sqrt{\frac{235}{f_{yk}}}=13<\frac{b_1}{t}<15\sqrt{\frac{235}{f_{yk}}}，\gamma_x=1.0$$

（2）内力

$M=300\ \text{kN}\times 2\ \text{m}=600\ \text{kN}\cdot\text{m}$

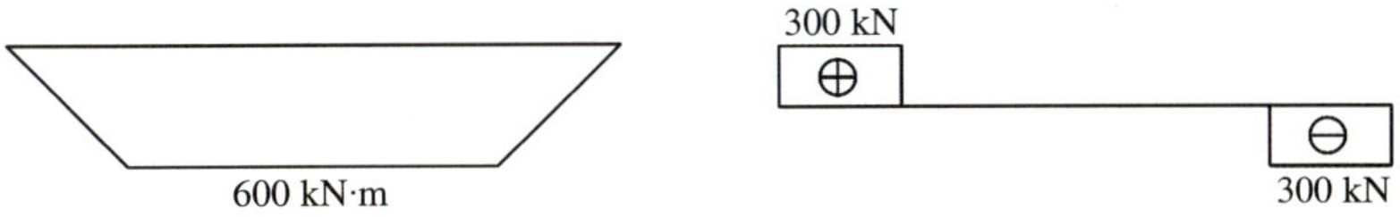

（a）弯矩示意 （b）剪力示意

图 3-41 内力示意

（3）强度验算

① 跨中截面最上(下)边缘 σ_{max}

$$\sigma_{max}=\frac{M}{\gamma_x W_{ex}}=\frac{M\dfrac{h}{2}}{\gamma_x I_x}=\frac{600\times 10^6\ \text{N}\cdot\text{mm}\times 410\ \text{mm}}{1.0\times 1\ 259\ 920\ 000\ \text{mm}^4}=195.3\ \text{N/mm}^2<f_y$$

$$=215\ \text{N/mm}^2$$

② 集中荷载作用截面中和轴 τ_{max}

$$\tau_{max}=\frac{VS^*_{x,max}}{I_x t_w}=\frac{300\times 10^3\ \text{N}\times 1\ 774\ 000\ \text{mm}^3}{1\ 259\ 920\ 000\ \text{mm}^4\times 8\ \text{mm}}=52.8\ \text{N/mm}^2<f_{yv}=125\ \text{N/mm}^2$$

③ 集中荷载作用截面翼缘与腹板交界处：折算应力

$M=600\ \text{kN}\cdot\text{m}$；$V=300\ \text{kN}$；

$$\sigma=\frac{My}{I_x}=\frac{600\times 10^6\ \text{N}\cdot\text{mm}\times 400\ \text{mm}}{1\ 259\ 920\ 000\ \text{mm}^4}=190.5\ \text{N/mm}^2$$

$$S^*_x=10\times 280\times 405=1\ 134\ 000\ \text{mm}^3$$

$$\tau=\frac{VS^*_x}{I_x t_w}=\frac{300\times 10^3\ \text{N}\times 1\ 134\ 000\ \text{mm}^3}{1\ 259\ 920\ 000\ \text{mm}^4\times 8\ \text{mm}}=33.75\ \text{N/mm}^2$$

折算应力：

$$\sqrt{\sigma^2+3\tau^2}=\sqrt{190.5\ \text{N/mm}^2+3\times(33.75\ \text{N/mm}^2)}=199.3\ \text{N/mm}^2<1.1f_y$$

$$=236.5\ \text{N/mm}^2$$

集中荷载作用截面可设置支承加劲肋，通过构造措施保证局部压应力满足要求。

则此梁强度满足要求。

3.2.4 梁的强度设计

如可通过构造措施防止受弯构件发生整体失稳，可对梁进行强度设计。如不能保证受弯构件的整体稳定，应对梁进行稳定设计，详见第 4 章。

梁的强度设计主要包括两步：初选截面和强度验算。

强度验算已在上文阐述，本节主要阐述初选截面。截面形式包括热轧工字钢（型钢）和焊接工字钢（组合截面）两种情况。若构件跨度较小、荷载较小，则内力（弯矩）较小，需要的截面尺寸较小，可优先选用型钢（加工方便）；若构件内力（弯矩）较大，需要的截面尺寸较大，没有足够大的型钢截面，则需要选用组合截面。

- 梁的强度设计
  - 初选截面
    - 热轧工字钢
    - 焊接工字钢
  - ↓
  - 强度验算
    - 梁的正应力
    - 梁的切应力
    - 梁的折算应力

1. 热轧工字钢

考虑到塑性设计偏危险，因此承载力的计算公式选用考虑塑性部分发展的设计。

$M \leqslant M_u = \gamma_x M_{ue} = \gamma_x f_y W_{ex}$，可得

$$W_{ex} \geqslant \frac{M}{\gamma_x f_y} \tag{3-37}$$

截面模量确定后，可根据附表 4 确定截面型号。为了防止浪费，截面模量 W_{ex} 略大于 $\frac{M}{\gamma_x f_y}$ 即可（二者相差越多，可靠性越高，也越浪费）。

2. 焊接工字钢

焊接工字钢的截面尺寸对应的符号如图 3-42 所示，即需要确定截面高度 h、翼缘宽度 b、翼缘厚度 t、腹板高度 h_w、腹板厚度 t_w。上述截面尺寸的确定顺序如图 3-43 所示。

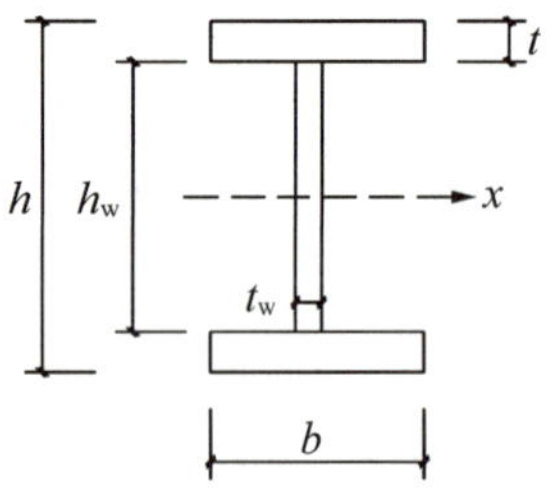

图 3-42　工字钢截面尺寸

- 焊接工字钢
  - 截面模量 W_{ex}
  - ↓
  - 腹板高度 h_w
  - ↓
  - 腹板厚度 t_w
  - ↓
  - 翼缘宽度 b、厚度 t

图 3-43　焊接工字钢设计思路（初选截面）

（1）截面模量 W_{ex}

截面模量 W_{ex} 的确定同型钢。

（2）截面高度 h

确定截面高度需要考虑三个因素：

$$截面高度\ h\begin{cases}容许最大高度\ h_{max}\\ 容许最小高度\ h_{min}\\ 经济高度\ h_e\end{cases}$$

① 容许最大高度 h_{max}

梁的截面高度必须满足净空要求，即梁的高度应保证建筑设计需要的净空满足要求。根据该条件确定的截面高度称为容许最大高度 h_{max}。

② 容许最小高度 h_{min}

梁的最小高度依刚度条件确定，即应使梁的挠度满足正常使用极限状态的要求。梁的挠度大小和截面高度直接相关，以均布荷载作用下的双轴对称简支梁为例[图 3-44(a)]，其最大挠度计算（图乘法）公式为

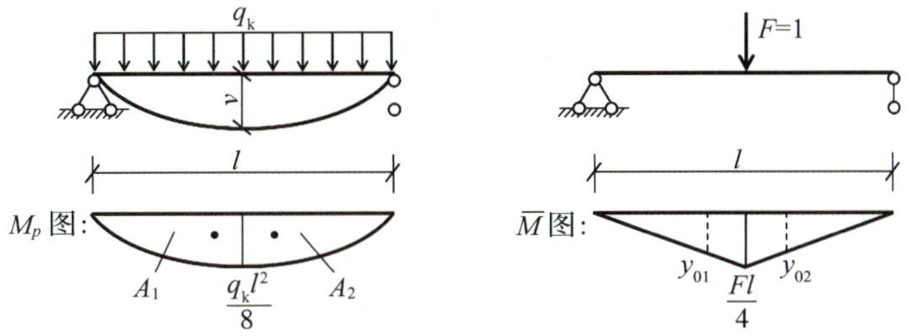

(a) M_P 示意　　(b) $\bar{M}$ 示意

图 3-44　简支梁挠度计算

$$v=\sum\int\frac{M_p\bar{M}_1}{EI_x}dx=\frac{Ay_0}{EI_x}=\frac{A_1y_{01}+A_2y_{02}}{EI_x}=\frac{5q_kl^4}{384EI_x} \tag{3-38}$$

截面高度 h 和挠度 v 的对应关系为：h 越大，则抗弯刚度 EI 越大，挠度 v 越小。

$$v\leqslant[v]\rightarrow h\geqslant h_{min}$$

式中　$[v]$——梁的容许挠度。

对式(3-38)进行变换，即可得出最小高度 h_{min} 的表达式为

$$v=\frac{5q_kl^4}{384EI_x}=\frac{5l^2}{48EI_x}\cdot\frac{q_kl^2}{8}=\frac{5M_kl^2}{48EI_x}=\frac{5M_kl^2}{48EW_{ex}\left(\frac{h}{2}\right)}=\frac{10\sigma_kl^2}{48Eh} \tag{3-39}$$

变形验算属于正常使用极限状态，按荷载标准值计算。梁的强度验算属于承载能力极限状态，按荷载设计值进行计算。梁的强度验算公式为

$$\sigma\leqslant f_y \tag{3-40}$$

取 $\sigma=1.4\sigma_k$，可得

$$1.4\sigma_k \leqslant f_y \tag{3-41}$$

恒载的内力分项系数为 1.3，活载的内力分项系数为 1.5，故综合恒载和活载，取 $\sigma=1.4\sigma_k$。假设梁的强度得到充分利用，即 $1.4\sigma_k=f_y$，得到

$$\sigma_k=\frac{f_y}{1.4} \tag{3-42}$$

将式(3-42)代入式(3-39)可得

$$v=\frac{10\sigma_k l^2}{48Eh}=\frac{10f_y l^2}{48\times 1.4Eh}\leqslant [v] \tag{3-43}$$

式(3-43)经变换，可得

$$\frac{h}{l}\geqslant \frac{10f_y}{48\times 1.4E}\cdot\frac{l}{[v]} \tag{3-44}$$

即可得到 h_{min} 的表达式为

$$\frac{h_{min}}{l}=\frac{10f_y}{48\times 1.4E}\cdot\frac{l}{[v]} \tag{3-45}$$

假设钢材为 Q235 钢，则 $f_y=215\ N/mm^2$，$E=206\times 10^3\ N/mm^2$ 及 $[v]=\frac{l}{n}$，n 的取值见表 3-2。

则得 $h_{min}=\frac{n}{6\,438}\cdot l$。

假设该梁为主梁，查表 3-2 可得其挠度限值 $[v]=\frac{l}{400}$，代入上式可得 $h_{min}=\frac{l}{16}$。

表 3-2　梁的挠度容许值

项次	构件类别	挠度容许值	
		$[v_T]$	$[v_Q]$
1	吊车梁和吊车桁架(按自重和起重量最大的一台吊车计算挠度) (1) 手动起重机和单梁起重机(含悬挂起重机) (2) 轻级工作制桥式起重机 (3) 中级工作制桥式起重机 (4) 重级工作制桥式起重机	 $l/500$ $l/750$ $l/900$ $l/1\,000$	—
2	手动或电动葫芦的轨道梁	$l/400$	—

（续表）

项次	构　件　类　别	挠度容许值	
		$[v_T]$	$[v_Q]$
3	有重轨（质量等于或大于 38 kg/m）轨道的工作平台梁	$l/600$	—
	有轻轨（质量等于或小于 24 kg/m）轨道的工作平台梁	$l/400$	
4	楼（屋）盖梁或桁架、工作平台梁（第 3 项除外）和平台板		
	(1) 主梁或桁架（包括设有悬挂起重设备的梁和桁架）	$l/400$	$l/500$
	(2) 仅支承压型金属板屋面和冷弯型钢檩条	$l/180$	—
	(3) 除支承压型金属板屋面和冷弯型钢檩条外，尚有吊顶	$l/240$	—
	(4) 抹灰顶棚的次梁	$l/250$	$l/350$
	(5) 除(1)—(4)款外的其他梁（包括楼梯梁）	$l/250$	$l/300$
	(6) 屋盖檩条		
	支承压型金属板屋面者	$l/150$	—
	支承其他屋面材料者	$l/200$	—
	有吊顶	$l/240$	—
	(7) 平台板	$l/150$	—
5	墙架构件（风荷载不考虑阵风系数）		
	(1) 支柱（水平方向）		$l/400$
	(2) 抗风桁架（作为连续支柱的支承时，水平位移）		$l/1\,000$
	(3) 砌体墙的横梁（水平方向）		$l/300$
	(4) 支承压型金属板的横梁（水平方向）		$l/100$
	(5) 支承其他墙面材料的横梁（水平方向）		$l/200$
	(6) 带有玻璃窗的横梁（竖直和水平方向）	$l/200$	$l/200$

注：1. l 为受弯构件的跨度（对悬臂梁和伸臂梁为悬臂长度的 2 倍）；

2. $[v_T]$ 为永久和可变荷载标准值产生的挠度（如有起拱应减去拱度）的容许值，$[v_Q]$ 为可变荷载标准值产生的挠度的容许值；

3. 当吊车梁或吊车桁架跨度大于 12 m 时，其挠度容许值 $[v_T]$ 应乘以 0.9 的系数；

4. 当墙面采用延性材料或与结构采用柔性连接时，墙架构件的支柱水平位移容许值可采用 $l/300$，抗风桁架（作为连续支柱的支承时）水平位移容许值可采用 $l/800$。

当钢材强度和挠度限值发生变化时，可通过表 3-3 查梁的最小高度。

表 3-3　梁的最小高度

$[v]$		$\frac{l}{1\,000}$	$\frac{l}{750}$	$\frac{l}{600}$	$\frac{l}{500}$	$\frac{l}{400}$	$\frac{l}{300}$	$\frac{l}{250}$	$\frac{l}{200}$
h_{min}	Q235 钢	$\frac{l}{6.4}$	$\frac{l}{8.5}$	$\frac{l}{10.7}$	$\frac{l}{12.8}$	$\frac{l}{16}$	$\frac{l}{21.4}$	$\frac{l}{25.7}$	$\frac{l}{32.1}$
	Q355 钢	$\frac{l}{4.4}$	$\frac{l}{5.7}$	$\frac{l}{7.4}$	$\frac{l}{8.9}$	$\frac{l}{11.1}$	$\frac{l}{14.8}$	$\frac{l}{17.8}$	$\frac{l}{22.3}$
	Q390 钢	$\frac{l}{3.9}$	$\frac{l}{5.2}$	$\frac{l}{6.5}$	$\frac{l}{7.9}$	$\frac{l}{9.8}$	$\frac{l}{13.1}$	$\frac{l}{15.8}$	$\frac{l}{19.7}$

由表 3-3 可见，梁的容许挠度要求越严格，所需截面高度越大。钢材的强度越高，梁所需截面高度也越大（梁的强度越高，截面尺寸越小，刚度越不容易满足要求）。表中数据为根据均布荷载算得，对于其他荷载作用下的简支梁，初选截面时同样可以参考。

③ 经济高度 h_e

一般来说，梁的高度越大，腹板用钢量增多，翼缘板用钢量相对减少；梁的高度越小，则情况相反。最经济的截面高度应使梁的总用钢量为最小。设计时可参考经济高度的经验公式初选截面高度，即

$$h_e = 7 \times \sqrt[3]{W_{ex}} - 30(\text{cm}) \tag{3-46}$$

式中　h_e——经济高度，单位为 cm；

W_{ex}——截面模量，单位为 cm^3。

根据上述三个条件，实际所取用的梁高 h 一般应使之满足：

$$h_{min} \leqslant h \leqslant h_{max} \quad 及 \quad h \approx h_e$$

（3）腹板高度 h_w

选定梁高度后不难确定相应的腹板和翼缘尺寸。腹板高度 h_w 较梁高 h 小得不多，可取比 h 略小的数值，且为 50 mm 的倍数。

（4）腹板厚度 t_w

确定腹板厚度需要考虑三个因素：

$$腹板厚度\ t_w \begin{cases} 抗剪能力 \\ 局部稳定 \\ 构造措施 \end{cases}$$

① 抗剪能力

根据合成梁的内力（M，V）的应力分布可知：M 主要由翼缘承担，V 主要由腹板承担。在此基础上假设：剪力全部由腹板承担，且切应力在腹板上均匀分布；抗剪需要的腹板厚度可根据以下梁端最大剪力公式计算：

$$t_w = \frac{\alpha V}{h_w f_{yv}} \tag{3-47}$$

式中　α——考虑上述两个假定导致的误差的修正系数：当梁端翼缘截面无削弱时，α 宜取 1.2；当梁端翼缘截面有削弱时，α 宜取 1.5。

一般梁端（支座）的剪力最大，因此腹板厚度根据支座剪力确定；同时，构件支座需要跟其他构件连接，经常会造成削弱。

② 局部稳定

依最大剪力算得的 t_w 一般较小，考虑到腹板还需满足局部稳定要求。在梁的强度验

算中阐述过，梁截面的自由外伸翼缘宽厚比 $\frac{b_1}{t}$ 不能太大，否则会发生局部失稳；同理，腹板的高厚比 $\frac{h_w}{t_w}$ 也不能太大，否则也会发生局部失稳。因此，考虑腹板的局部稳定，其厚度可用下列经验公式估算：

$$t_w = \frac{\sqrt{h_w}}{3.5} \tag{3-48}$$

式中，h_w 和 t_w 的单位均为 mm。

也可采用公式：

$$t_w = \frac{\sqrt{h_w}}{11} \tag{3-49}$$

式中，h_w 和 t_w 的单位均为 cm。

③ 构造措施

构造措施是为加强结构的整体性或保证局部薄弱环节而采取的一些措施，一般在计算完成之后。确定腹板厚度时，需要考虑构造措施，即选用腹板厚度应符合钢板现有规格，并不小于 6 mm。

(5) 翼缘宽度 b、翼缘厚度 t

根据图 3-42 和前述内容可知，目前只有翼缘的宽度 b 和厚度 t 未知，其他尺寸已经确定。

将工字形截面对 x 轴的惯性矩的公式进行变换：

$$I_x = \frac{t_w h_w^3}{12} + \left[\frac{bt^3}{12} + bt\left(\frac{h_w + t}{2}\right)^2\right] \times 2 = \frac{t_w h_w^3}{12} + \frac{bt^3}{6} + bt\frac{(h_w + t)^2}{2} \tag{3-50}$$

由于翼缘厚度 t 与腹板高度比非常小，且目前是初步估算截面尺寸，可以简化计算，因此将式(3-50)中的第二项忽略，变换为

$$I_x \approx \frac{t_w h_w^3}{12} + bt\frac{(h_w + t)^2}{2} \tag{3-51}$$

进一步写出截面模量的表达式为

$$W_{ex} = \frac{2I_x}{h} = \frac{t_w h_w^3}{12} \cdot \frac{2}{h} + bt\frac{(h_w + t)^2}{2} \cdot \frac{2}{h} = \frac{t_w h_w^3}{6h} + bt\frac{(h_w + t)^2}{h} \tag{3-52}$$

令 $h_1 = h_w + t$ (图 3-45)，式(3-52)可写为

$$W_{ex} = \frac{t_w h_w^3}{6h} + bt\frac{h_1^2}{h} \tag{3-53}$$

初选截面时可取 $h \approx h_1 \approx h_w$，即式(3-53)可写为

$$W_{ex}=\frac{t_w h_w^2}{6}+bth_w \quad (3-54)$$

式(3-54)经变换，可得

$$bt=\frac{W_{ex}}{h_w}-\frac{t_w h_w}{6} \quad (3-55)$$

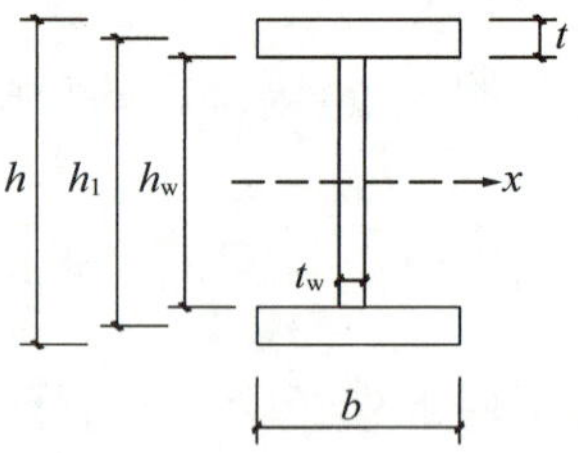

图 3-45　工字形截面尺寸

腹板尺寸一经确定，即可由式(3-55)计算翼缘截面面积 bt。目前翼缘宽度 b 和厚度 t 均未知，因此除式(3-55)外，需要补充一个 b，t 关系的公式。

翼缘的尺寸应满足局部稳定的要求：

当利用部分塑性，即 $\gamma_x=1.05$，$9\sqrt{\frac{235}{f_{yk}}}<\frac{b_1}{t}\leqslant 13\sqrt{\frac{235}{f_{yk}}}$；

弹性设计时，$\gamma_x=1.0$，$13\sqrt{\frac{235}{f_{yk}}}<\frac{b_1}{t}\leqslant 15\sqrt{\frac{235}{f_{yk}}}$；

$b \approx 2b_1$，因此通常可按式(3-56)选择 b 和 t，即

$$b=25t \quad (3-56)$$

则 $b_1<12.5t$，可以保证自由外伸翼缘的局部稳定。

将式(3-55)和式(3-56)联立，即可算出 b，t。一般 b 应为 10 mm 的倍数，t 应为 2 mm的倍数。

一般翼缘宽度 b 的范围为 $\frac{h}{6}<b<\frac{h}{2.5}$。

【例题 3-9】 某车间工作平台的平面布置如图 3-46 所示，平台板采用预制钢筋混凝土板(单向板)，平台上无动力荷载，其恒载标准值为 3 kN/m^2，活载标准值为 4.5 kN/m^2，钢材为 Q235 钢，假定平台板为刚性，并可保证梁的稳定性，试对次梁和主梁进行强度设计。(考虑自重，钢材密度 $\rho=7\ 850$ kg/m^3，弹性模量 $E=206\times10^3$ N/mm^2)

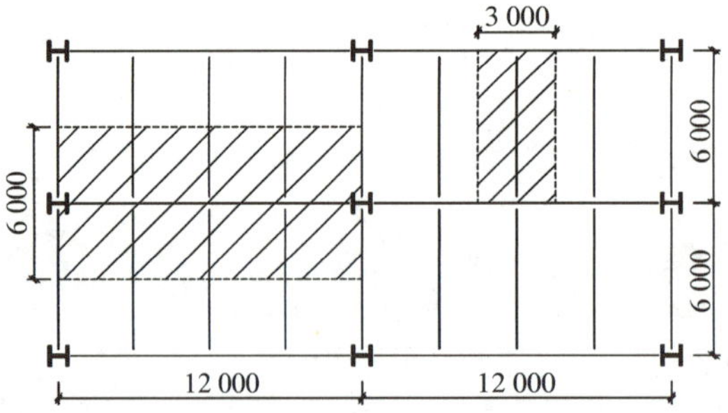

图 3-46　工作平台平面布置

本题包括次梁设计和主梁设计，主梁设计需要考虑次梁传来的荷载，因此首先对次梁进行设计。

1. 次梁设计

(1) 次梁截面尺寸选择

① 平台板荷载

$g_k = 3\ \text{kN/m}^2$，$q_k = 4.5\ \text{kN/m}^2$。

次梁的设计思路请扫右侧二维码。

次梁强度设计

平台板面荷载设计值为

$$q_{平台板} = 1.3g_k + 1.4q_k = 1.3 \times 3\ \text{kN/m}^2 + 1.4 \times 4.5\ \text{kN/m}^2 = 10.2\ \text{kN/m}^2$$

根据《工程结构通用规范》(GB 55001—2021)的规定：标准值大于 4 kN/m^2 的工业房屋楼面活荷载，当对结构不利时，活载的作用分项系数不应小于 1.4。

② 次梁线荷载(板传荷载)设计值

$$q_{次梁} = 10.2\ \text{kN/m}^2 \times 3\ \text{m} = 30.6\ \text{kN/m}$$

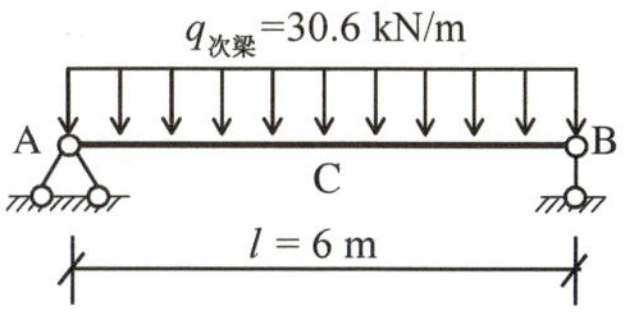

图 3-47　次梁受荷示意

③ 次梁内力

$$M_C = \frac{1}{8}ql^2 = \frac{1}{8} \times 30.6\ \text{kN/m} \times (6\ \text{m})^2 = 137.7\ \text{kN}\cdot\text{m}$$

$$V_A = \frac{1}{2}ql = \frac{1}{2} \times 30.6\ \text{kN/m} \times 6\ \text{m} = 91.8\ \text{kN}$$

④ 次梁所需的净截面模量

$$W_{ex} \geqslant \frac{M}{\gamma_x f_y} = \frac{137.7 \times 10^6\ \text{N}\cdot\text{mm}}{1.05 \times 215\ \text{N/mm}^2} = 609\ 967\ \text{mm}^3 = 610\ \text{cm}^3$$

⑤ 初选次梁截面

选用 I32a，查附表 4 可得：质量为 52.7 kg/m，重量为 52.7 kg/m×9.8 m/s^2 = 516 N/m，$I_x = 11\ 080\ \text{cm}^4$，$W_x = 692\ \text{cm}^3$，$\dfrac{I_x}{S^*_{x,max}} = 27.5\ \text{cm}$，$t_w = 9.5\ \text{mm}$，$t = 15\ \text{mm}$，$r = 11.5\ \text{mm}$。

(2) 次梁截面强度验算

① 次梁内力

梁自重产生的内力为

$$M_C = \frac{1}{8}gl^2 = \frac{1}{8} \times 1.3g_k l^2 = 1.3 \times \frac{1}{8} \times 516\ \text{N/m} \times (6\ \text{m})^2 = 3\ 018.6\ \text{N}\cdot\text{m}$$

$$V_A = \frac{1}{2}gl = 1.3 \times \frac{1}{2}g_k l = 1.3 \times \frac{1}{2} \times 516\ \text{N/m} \times 6\ \text{m} = 2\ 012.4\ \text{N}$$

总弯矩 $M_C = 137\ 700\ \text{N}\cdot\text{m} + 3\ 018.6\ \text{N}\cdot\text{m} = 140\ 718.6\ \text{N}\cdot\text{m}$

总剪力 $V_A = 91.8 \times 10^3\ \text{N} + 2\ 012.4\ \text{N} = 93\ 812.4\ \text{N}$

② 跨中截面最上(下)边缘 σ_{max}

$$\sigma_{max} = \frac{M}{\gamma_x W_{ex}} = \frac{140\ 718.6 \times 10^3\ \text{N}\cdot\text{mm}}{1.05 \times 692 \times 10^3\ \text{mm}^3} = 193.7\ \text{N/mm}^2 < f_y = 215\ \text{N/mm}^2$$

③ 支座截面中和轴 τ_{max}

$$\tau_{max}=\frac{VS_{x,max}^{*}}{I_x t_w}=\frac{93\ 812.4\ \text{N}}{275\ \text{mm}\times 9.5\ \text{mm}}=35.9\ \text{N/mm}^2<f_{yv}=125\ \text{N/mm}^2$$

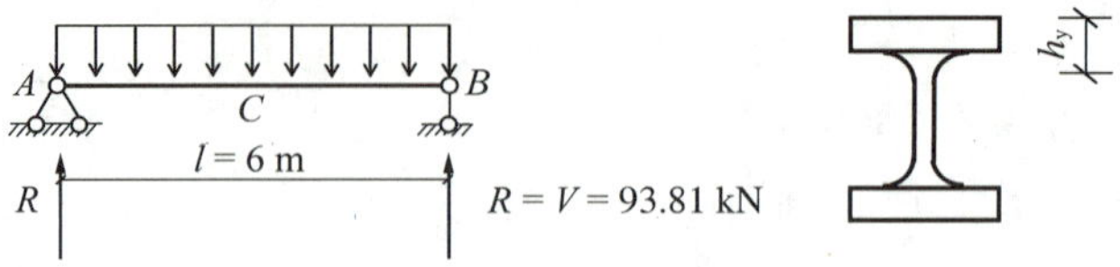

图 3-48 局部压应力计算位置

④ 支座截面腹板下边缘 σ_c

$h_y=t+r=15\ \text{mm}+11.5\ \text{mm}=26.5\ \text{mm}$

假设支座支承长度 $a=15\ \text{cm}=150\ \text{mm}$

$l_Z=a+2.5h_y=150\ \text{mm}+2.5\times 26.5\ \text{mm}=216.25\ \text{mm}$

局部压应力为

$$\sigma_c=\frac{\psi R}{t_w l_z}=\frac{1.0\times 93.81\times 10^3\ \text{N}}{216.25\ \text{mm}\times 9.5\ \text{mm}}=45.61\ \text{N/mm}^2<f'_y=215\ \text{N/mm}^2$$

故截面强度满足要求。

(3) 次梁刚度验算(荷载标准值)

板传荷载为 $g_k+q_k=(3\ \text{kN/m}^2+4.5\ \text{kN/m}^2)\times 3\ \text{m}=22.5\ \text{kN/m}$

次梁受到的荷载为 22.5 kN/m＋0.517 kN/m＝23.017 kN/m

$$v=\frac{5q_k l^4}{384EI_x}\leqslant [v]=\frac{l}{250}$$

$$\frac{v}{l}=\frac{5q_k l^3}{384EI_x}=\frac{5\times 23.017\ \text{N/mm}\times(6\ 000\ \text{mm})^3}{384\times 206\times 10^3\ \text{N/mm}^2\times 11\ 080\times 10^4\ \text{mm}^4}=\frac{1}{352.6}<\frac{1}{250}$$

故刚度满足要求。

2. 主梁设计

主梁的设计思路请扫右侧二维码。

主梁强度设计

(1) 主梁截面尺寸估算

① 主梁受到的荷载

次梁的受荷示意如图 3-49 所示。

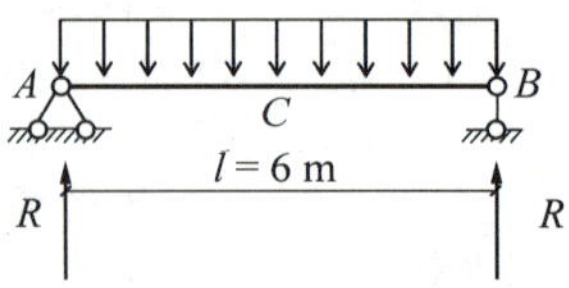

图 3-49 次梁的受荷示意

主梁的受荷示意如图 3-50(a)所示。

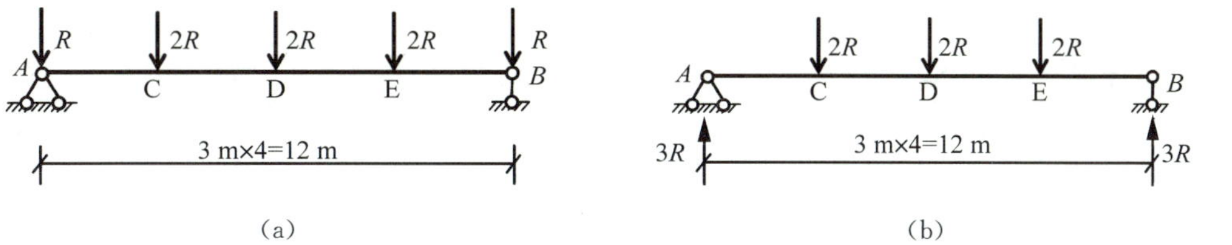

图 3-50　主梁的受荷示意

支座处荷载不产生弯矩和剪力，则受荷示意如图 3-50(b)所示。

② 主梁内力

主梁内力如图 3-51 所示。

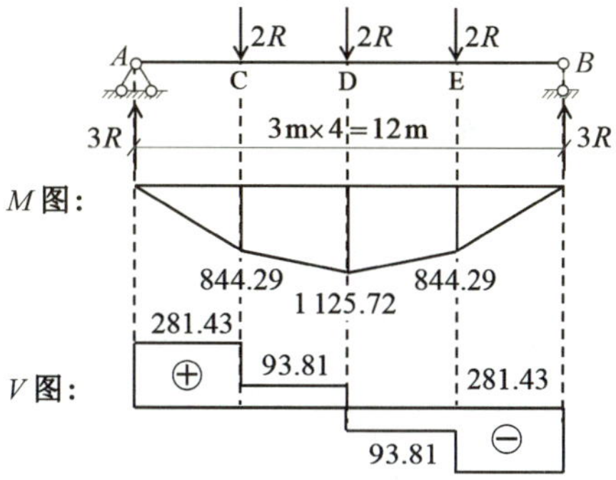

图 3-51　主梁内力

③ 主梁所需截面模量为

$$W_{ex} \geqslant \frac{M_D}{\gamma_x f_y} = \frac{1\,125.72 \times 10^6\ \text{N}\cdot\text{mm}}{1.05 \times 215\ \text{N/mm}^2}$$

$$=4\,986\,578\ \text{mm}^3 = 4\,987\ \text{cm}^3$$

没有足够大的热轧工字钢，选用焊接工字钢。

④ 主梁腹板高度

梁在净空方面无限制条件；依刚度要求，工作平台主梁的容许挠度为 $\frac{l}{400}$，其容许最小高度为

$$h_{min} = \frac{l}{16} = \frac{12\,000\ \text{mm}}{16} = 750\ \text{mm}$$

梁的经济高度为

$$h_e = 7 \times \sqrt[3]{W_{ex}} - 30 = 7 \times \sqrt[3]{4\,987\ \text{cm}^3} - 30\ \text{cm} = 89.59\ \text{cm}$$

初选梁的腹板高度为 100 cm。

⑤ 主梁腹板厚度

按最大剪力需要 $t_w \geqslant \frac{1.5V}{h_w f_{yv}} = \frac{1.5 \times 281.43 \times 10^3\ \text{N}}{1\,000\ \text{mm} \times 125\ \text{N/mm}^2} = 3.38\ \text{mm}$

按经验公式估算 $t_w = \frac{\sqrt{h_w}}{11} = \frac{\sqrt{100\ \text{cm}}}{11} = 0.909\ \text{cm} = 9.09\ \text{mm}$

选用腹板厚度为 $t_w = 8\ \text{mm}$。

⑥ 翼缘尺寸

依近似公式计算所需翼缘板面积为

$$bt = \frac{W_{ex}}{h_w} - \frac{t_w h_w}{6} = \frac{4\,987\ \text{cm}^3}{100\ \text{cm}} - \frac{0.8\ \text{cm} \times 100\ \text{cm}}{6} = 36.5\ \text{cm}^2$$

$$\left.\begin{array}{l} bt = 36.5\ \mathrm{cm}^2 \\ b = 25t \end{array}\right\} \rightarrow \left\{\begin{array}{l} b = 302\ \mathrm{mm} \\ t = 12.08\ \mathrm{mm} \end{array}\right. \rightarrow \left\{\begin{array}{l} b = 310\ \mathrm{mm} \\ t = 14\ \mathrm{mm} \end{array}\right.$$

截面计算示意如图 3-52 所示。

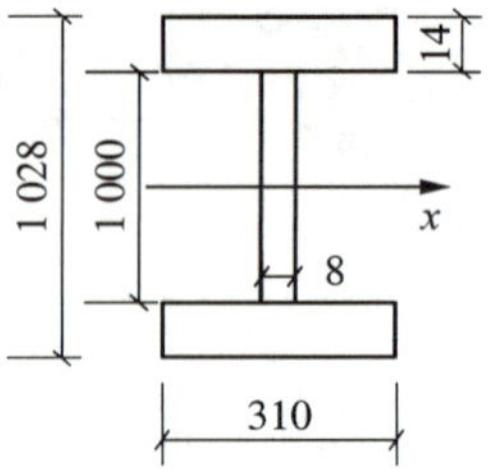

图 3-52　主梁横截面尺寸

梁自由外伸翼缘宽度为 $b_1 = \dfrac{310\ \mathrm{mm} - 8\ \mathrm{mm}}{2} = 151\ \mathrm{mm}$

自由外伸翼缘宽厚比 $\dfrac{b_1}{t} = \dfrac{151\ \mathrm{mm}}{14\ \mathrm{mm}} = 10.79 < 13\sqrt{\dfrac{235}{f_{yk}}}$

$= 13$

梁翼缘板的局部稳定可以得到保证，$\gamma_x = 1.05$。

(2) 主梁强度验算

① 截面实际几何性质计算

$$A = 1\,000\ \mathrm{mm} \times 8\ \mathrm{mm} + 2 \times 310\ \mathrm{mm} \times 14\ \mathrm{mm} = 16\,680\ \mathrm{mm}^2$$

$$I_x = \frac{8 \times 1\,000^3}{12} + 2 \times \left(\frac{310 \times 14^3}{12} + 14 \times 310 \times 507^2\right) = 2\,897\,993\,760\ \mathrm{mm}^4$$

$$W_{ex} = \frac{I_x}{\frac{h}{2}} = \frac{2\,897\,993\,760\ \mathrm{mm}^4}{514\ \mathrm{mm}} = 5\,638\,120.2\ \mathrm{mm}^3$$

$$S^*_{x,\max} = 14 \times 310 \times 507 + 8 \times 500 \times 250 = 3\,200\,380\ \mathrm{mm}^3$$

② 主梁自重

$$G_k = m_k g = \rho_{钢} V g = \rho_{钢} A l g$$

$$= 7\,850\ \mathrm{kg/m^3} \times 16\,680 \times 10^{-6}\ \mathrm{m^2} \times 1\ \mathrm{m} \times 9.8\ \mathrm{m/s^2} = 1\,283.19\ \mathrm{N}$$

$$g_k = \frac{G_k}{l} = \frac{1\,283.19\ \mathrm{N}}{1\ \mathrm{m}} = 1\,283.19\ \mathrm{N/m}$$

$$g = 1.3 \times 1.2 \times g_k = 1.3 \times 1.2 \times 1\,283.19\ \mathrm{N/m} = 2\,002\ \mathrm{N/m}$$

1.2 为考虑腹板加劲肋等附加构造用钢材使自重增大的系数，1.3 为恒载分项系数。

③ 自重产生的内力

$$M_D = \frac{1}{8} g l^2 = \frac{1}{8} \times 2\,002\ \mathrm{N/m} \times (12\ \mathrm{m})^2 = 36\,036\ \mathrm{N \cdot m} = 36\ \mathrm{kN \cdot m}$$

$$V_A = \frac{1}{2} g l = \frac{1}{2} \times 2\,002\ \mathrm{N/m} \times 12\ \mathrm{m} = 12\,012\ \mathrm{N}$$

④ 总内力

跨中弯矩 $M_D = 1\,125.72\ \mathrm{kN \cdot m} + 36\ \mathrm{kN \cdot m} = 1\,161.72\ \mathrm{kN \cdot m}$

支座剪力 $V_A = 281.43 \times 10^3\ \mathrm{N} + 12\,012\ \mathrm{N} = 293\,442\ \mathrm{N}$

⑤ 强度验算

a. 跨中截面最上(下)边缘 $\sigma_{\max}$ 为

$$\sigma_{max}=\frac{M_x}{\gamma_x W_{ex}}=\frac{1\ 167.72\times10^6\ \text{N}\cdot\text{mm}}{1.05\times5\ 638\ 120.2\ \text{mm}^3}=197.2\ \text{N/mm}^2<f_y=215\ \text{N/mm}^2$$

b. 支座截面中和轴 τ_{max} 为

$$\tau_{max}=\frac{VS^*_{x,max}}{I_x t_w}=\frac{293\ 442\ \text{N}\times3\ 200\ 380\ \text{mm}^3}{2\ 897\ 993\ 760\ \text{mm}\times8\ \text{mm}}=40.5\ \text{N/mm}^2<f_{yv}=125\ \text{N/mm}^2$$

局部压应力可通过构造满足：次梁作用处应放置支承加劲肋，所以不需要验算。

c. 跨中截面翼缘与腹板交界处折算应力

$M=1\ 167.72\ \text{kN}\cdot\text{m}$；$V=93.81\ \text{kN}$；

$$\sigma=\frac{My}{I_x}=\frac{1\ 167.72\times10^6\ \text{N}\cdot\text{mm}\times500\ \text{mm}}{2\ 897\ 993\ 760\ \text{mm}^4}=201.47\ \text{N/mm}^2$$

$$S^*_x=14\times310\times507=2\ 200\ 380\ \text{mm}^3$$

$$\tau=\frac{VS^*_x}{I_x t_w}=\frac{93.81\times10^3\ \text{N}\times2\ 200\ 380\ \text{mm}^3}{2\ 897\ 993\ 760\ \text{mm}\times8\ \text{mm}}=8.90\ \text{N/mm}^2$$

$$\sqrt{\sigma^2+3\tau^2}=\sqrt{(201.47\ \text{N/mm}^2)^2+3\times(8.90\ \text{N/mm}^2)^2}=202.06\ \text{N/mm}^2<1.1f_y=236.5\ \text{N/mm}^2$$

故主梁强度满足要求。

（3）主梁刚度验算

刚度验算应采用标准值。主梁自重产生的内力如图 3-53 所示。

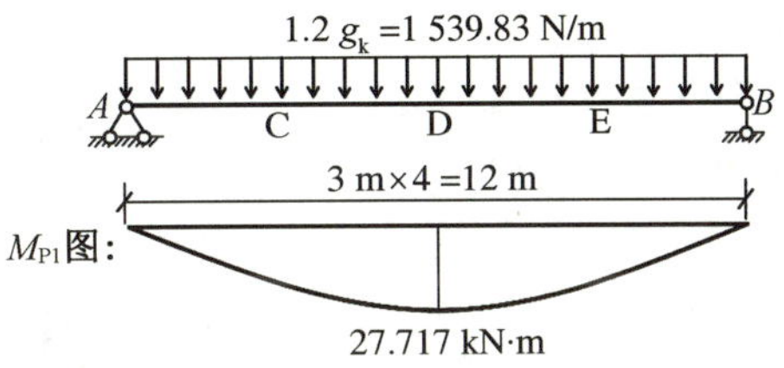

图 3-53　主梁自重产生的内力

次梁受荷示意如图 3-54 所示。次梁传力产生的内力（$R_k=69.051$ kN）如图 3-55 所示。

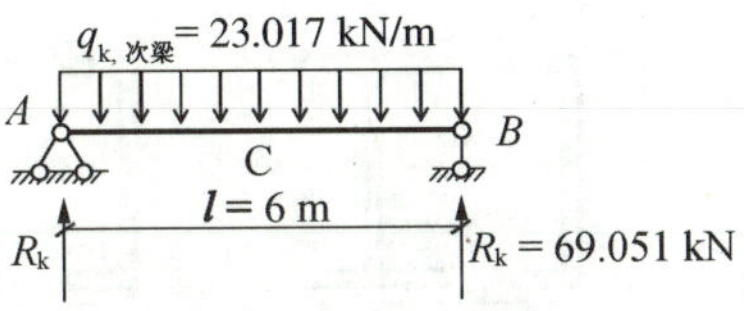

图 3-54　次梁受荷示意

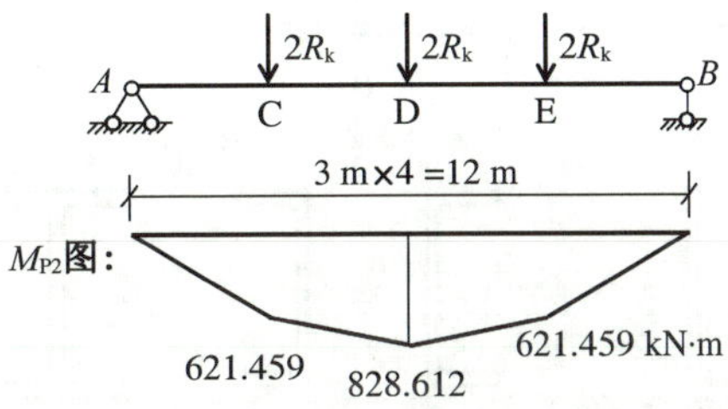

图 3-55　次梁传力产生的内力

根据图乘法可计算主梁跨中挠度为

$$v=\sum\int\frac{M_{\mathrm{p}}\overline{M_1}}{EI_{\mathrm{x}}}\mathrm{d}s=\frac{1}{586}<[v]=\frac{1}{400}$$

故主梁刚度满足要求。具体计算过程请扫右侧二维码。

图乘法计算
主梁挠度

3.3 拉弯、压弯构件强度设计

3.3.1 拉弯和压弯构件的应用及其截面形式

拉弯或压弯构件受到沿杆轴方向的轴力和绕截面形心主轴的弯矩作用。如果只有绕截面一个形心主轴的弯矩，称为单向拉弯或压弯构件；如果绕两个形心主轴都有弯矩时，称为双向拉弯或压弯构件。

建筑框架中的钢柱大多是典型的压弯构件。当高层建筑受很大水平力作用时，结构的倾覆力矩会在柱中产生拉力，使柱成为拉弯构件。若钢桁架中弦杆和腹杆的长细比较小，同时端部有很强的转动约束时，也是拉弯或压弯构件。

拉弯和压弯构件的截面形式按其组成方式，可分为有型钢[图 3-56(a)—(j)]、钢板焊接组合截面[图 3-56(k)(l)]或型钢与型钢、型钢与钢板的组合截面[图 3-56(m)—(t)]。

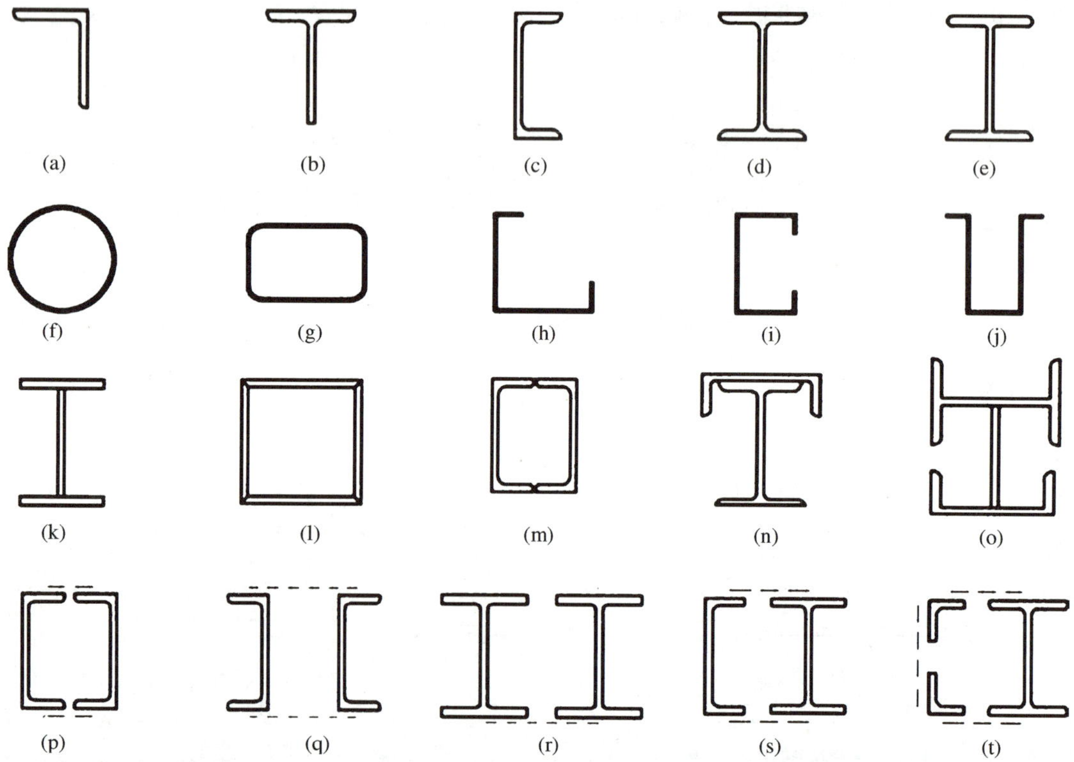

图 3-56 拉弯和压弯构件的截面形式

按其几何特征，有开口截面，也有闭口截面[图 3-56(f)(g)(l)]，有双轴对称也有单轴对称截面。除了实腹式截面外[图 3-56(a)—(o)]，为了提高截面的抗弯刚度，还常常采用格构式截面[图 3-56(p)—(t)]。此外，构件截面沿轴线可以变化，如工业建筑中的阶形柱[图 3-57(a)]、楔形柱[图 3-57(b)]等。截面形式的选择，取决于构件的用途、荷载、制作、施工、用钢量等诸多因素。不同的截面形式，在计算方法上有若干差别。

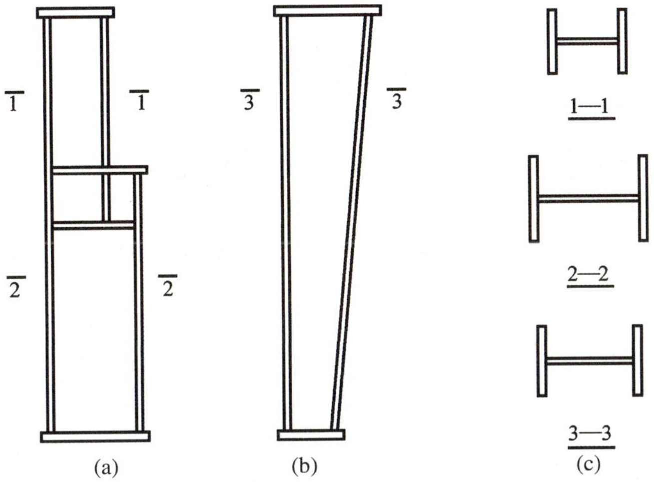

图 3-57　变截面压弯构件

3.3.2　拉弯和压弯构件的破坏形式

压弯构件整体破坏的形式有三种。一种是强度破坏：一般是由于杆端弯矩很大或杆截面局部有较大削弱；另外两种都是失稳，分别是弯矩作用平面内失稳和弯矩作用平面外失稳，详见 4.3 节。由于组成压弯构件的板件有一部分受压，和轴压构件一样，压弯构件也存在局部屈曲问题。

本节只论述强度问题。

3.3.3　拉弯和压弯构件的强度验算

1. 截面强度计算准则

以矩形截面的压弯构件为例[图 3-58(a)(b)]，分析在轴压力和弯矩共同作用下截面上的应力发展过程：当截面边缘纤维的压应力小于钢材的屈服强度时，整个截面都处于弹性状态[图 3-59(a)，图 3-58(e)可分解为(c)和(d)]；随着荷载逐渐增加，截面受压区和受拉区先后进入塑性状态[图 3-59(b)(c)]；最后整个截面进入塑性状态形成塑性铰[图 3-59(d)]。

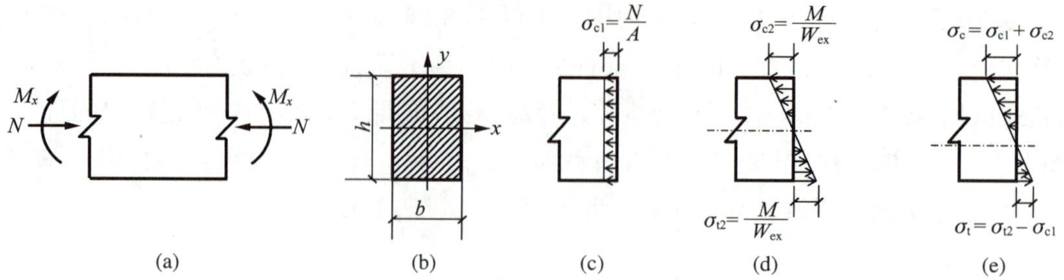

图 3-58　弹性阶段压弯构件横截面的受力状态

2. 单向压弯构件的截面强度验算

计算压弯(拉弯)构件的强度时,根据不同情况,可以采用三种不同的强度计算准则。

(1) 边缘纤维屈服准则

构件在轴向压力 N 和绕主轴 x 轴的弯矩 M_x 作用下,截面边缘处的最大应力达到屈服强度时[图 3-59(a)],其强度计算公式为

$$\frac{N}{A}+\frac{M_x}{W_{ex}}\leqslant f_y \tag{3-57}$$

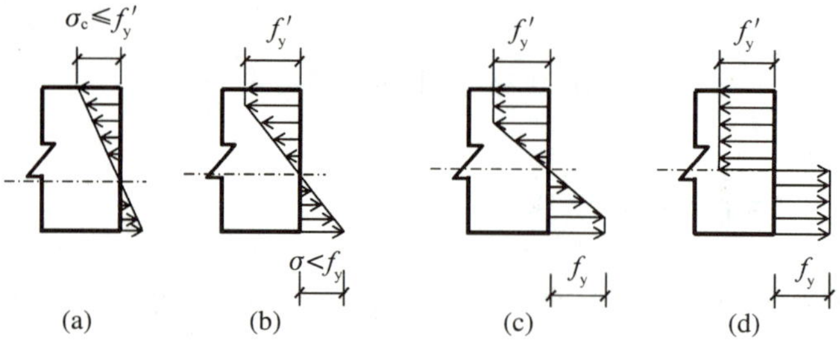

图 3-59　压弯构件横截面的受力状态

取抗拉承载力 $N_{up}=f_yA$,$M_{ue}=f_yW_{ex}$,式(3-57)可写为

$$\frac{N}{N_{up}}+\frac{M_x}{M_{ue}}\leqslant 1 \tag{3-58}$$

以此应力状态作为强度计算的承载能力极限状态的准则,称为边缘屈服准则。《钢结构设计标准》(GB 50017—2017)对需要计算疲劳的构件和部分格构式构件的强度计算采用这一准则,《冷弯薄壁型钢结构技术规范》(GB 50018—2002)也采用这一准则。

(2) 全截面屈服准则

全截面屈服准则以构件最大受力截面形成塑性铰为极限状态(应力分布如图 3-60 所示)。

构件截面进入全截面塑性阶段时,轴压力 N 和弯矩 M_x 的相关关系可以根据力的平衡条件得到。按如图 3-60 所示应力分布,轴压力 N 和弯矩 M_x 分别为

$$N=\int_A \sigma \mathrm{d}A = f_y \cdot 2by_0 = f_y \cdot \frac{2y_0}{h} \cdot bh \tag{3-59}$$

$$M_x=\int_A \sigma y \mathrm{d}A = f_y \cdot b\left(\frac{h}{2}-y_0\right) \cdot \left[h-\left(\frac{h}{2}-y_0\right)\right] = f_y \cdot b\left(\frac{h}{2}-y_0\right) \cdot \left(\frac{h}{2}+y_0\right)$$

$$= f_y \cdot b\left(\frac{h^2}{4}-y_0^2\right) = f_y \cdot \frac{bh^2}{4}\left(1-\frac{4y_0^2}{h^2}\right) \tag{3-60}$$

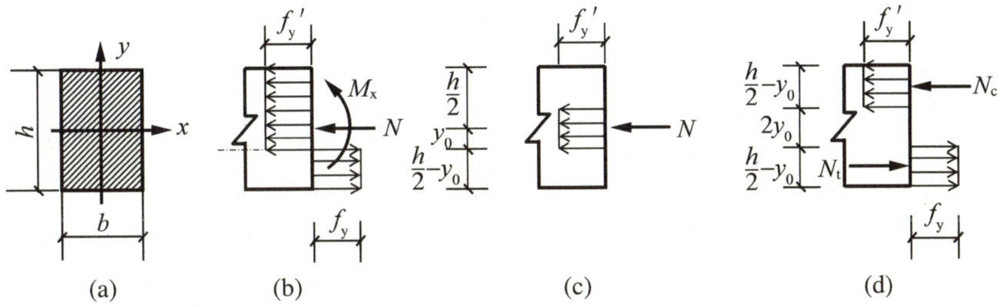

图 3-60　全截面塑性阶段的应力分布

当只有轴压力而无弯矩作用时，截面的抗压承载力为全截面屈服的压力，即

$$N_{up} = f_y A = f_y bh \tag{3-61}$$

当只有弯矩而无轴压力作用时，截面的抗弯承载力为全截面塑性的弯矩，即

$$M_{up} = f_y W_{px} = f_y \cdot \frac{bh^2}{4} \tag{3-62}$$

将式(3-61)和式(3-62)代入式(3-59)和式(3-60)，可得

$$\frac{M}{M_{up}} + \left(\frac{N}{N_{up}}\right)^2 = 1 \tag{3-63}$$

可以把式(3-63)绘制成如图 3-61 所示的 $\frac{N}{N_{up}}$ 和 $\frac{M}{M_{up}}$ 的无量纲化相关曲线。对于工字形截面压弯构件，也可以用相同的方法得到截面出现塑性铰时 $\frac{N}{N_{up}}$ 和 $\frac{M}{M_{up}}$ 的相关关系式，从而绘制它们的相关曲线。因工字形截面翼缘和腹板尺寸的多样化，相关曲线在一定的范围内变动。图 3-61 中的阴影区为常用的工字形截面绕强轴和弱轴弯曲相关曲线的变动范围。

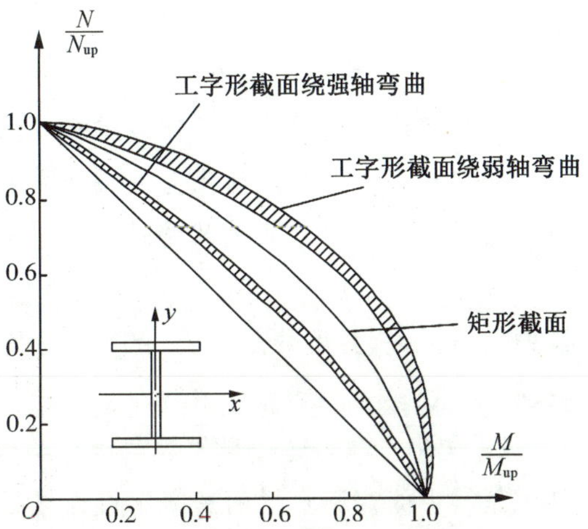

图 3-61　压弯构件强度计算相关曲线

在设计中为了简化计算，可以偏安全地采用直线关系式（图 3-61 中斜直线），其表达式为

$$\frac{N}{N_{up}}+\frac{M}{M_{up}}\leqslant 1 \tag{3-64}$$

式(3-64)也可写为

$$\frac{N}{A_n}+\frac{M}{W_{px}}\leqslant f_y \tag{3-65}$$

(3) 部分发展塑性准则

部分发展塑性准则以构件最大受力截面的部分受压区和受拉区进入塑性为强度极限［图 3-59(b)(c)］，截面塑性发展深度将根据具体情况给予规定。为了避免构件形成塑性铰时过大的塑性变形，《钢结构设计标准》(GB 50017—2017)规定了一般构件的强度极限。为了计算简便并偏于安全，强度计算可用直线式相关关系，并和受弯构件的强度计算一样，用 $\gamma_x W_{ex}$ 和 $\gamma_y W_{ey}$ 分别代替截面对两个主轴的塑性截面模量。单向压弯（拉弯）构件的强度计算公式为

$$\frac{N}{N_{cu}}+\frac{M}{\gamma_x M_{ue}}\leqslant 1 \tag{3-66}$$

式(3-66)也可写为

$$\frac{N}{A_n}\pm\frac{M}{\gamma_x W_{ex}}\leqslant f_y \tag{3-67}$$

压弯构件，N 代入负值；拉弯构件，N 代入正值。

思政小课堂

1. 工程伦理：梁的内力主要是弯矩，弯矩由正应力合成。在梁的跨度较大时，为了减小自重，将正应力较小的中部挖去，只保留正应力较大的上下边缘作为弦杆，中部保留部分对弦杆起连接作用的杆件作为腹杆，将梁做成格构式，即桁架。空间结构称为网架。一般将桁架和网架的节点简化为铰节点，当荷载均作用在节点上时，构件均为轴心受力杆，横截面上只有均匀分布的正应力，材料强度可以得到充分的利用，因此结构形式非常合理。如香港中银大厦，其结构形式即为桁架结构，由华人建筑师贝聿铭设计，该结构在可靠的前提下，所耗用的钢材比相同高度的建筑物节省一半左右，践行了结构设计的工程伦理。

2. 文化自信：通过现代数学和力学理论，我们可以计算出木梁的合理高宽比，和古建筑木结构中的实际木梁的高宽比极为接近，证明了我国古代劳动人民的智慧。

3. 以人为本：与静定结构相比，超静定结构的安全储备更高，因此为了保障人民的生

命安全,设计时应保证结构为超静定结构,并尽量提高超静定次数。钢筋混凝土结构根据施工工艺可分三类,即装配式(预制板)、现浇整体式、装配整体式。装配式结构整体性差、抗震性能差,在2008年汶川地震中震害严重,造成了严重的人员伤亡。因此《建筑抗震设计规范》(GB 50011—2010)中对装配式结构的使用进行限制(应优先选用现浇整体式和装配式)。这样可靠度提高,会导致成本的提高,证明我国以人为本的社会主义制度的优越性和经济水平的发展。

本章习题

1. 求如图3-62所示T形截面的形心位置。

2. 求例题3-4中三角形截面的形心位置。

3. 求如图3-63所示半圆的形心坐标。

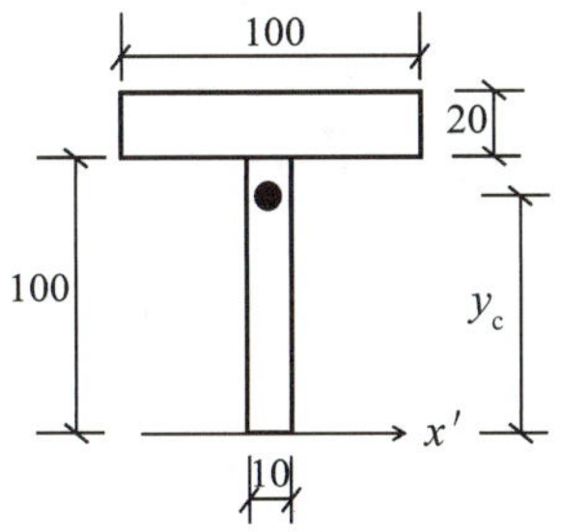

图3-62 T形截面形心坐标计算

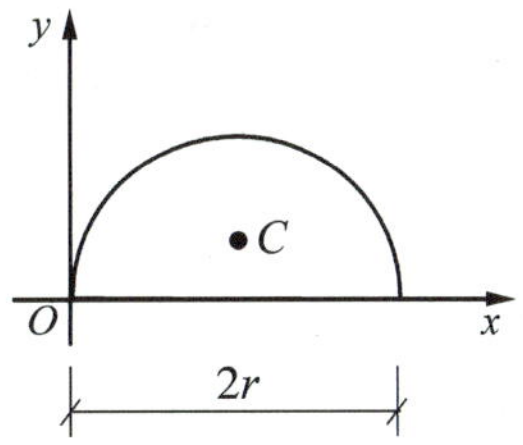

图3-63 半圆截面形心坐标计算

4. 如图3-64所示简支梁,其横截面为矩形,截面1和截面2面积相等,哪种形状更合理,为什么?

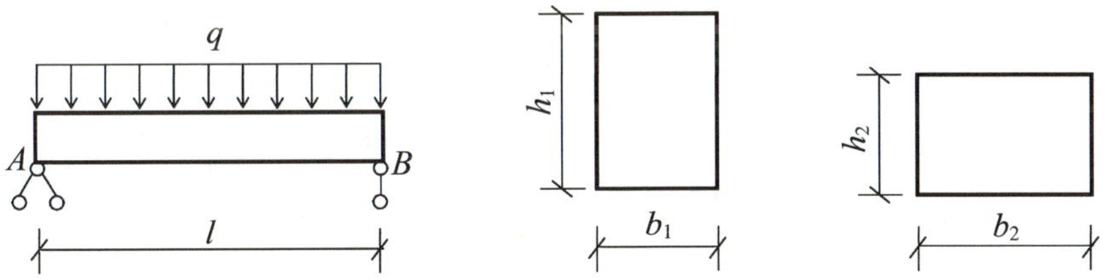

(a) (b) 截面1 (c) 截面2

图3-64 矩形截面梁

5. 简述焊接组合截面梁的设计思路。

6. 一焊接工字形截面简支梁,跨中承受集中荷载 $P=1\,500$ kN(不包含自重),钢材为Q235,梁的跨度及几何尺寸如图3-65所示。试按强度要求确定梁截面。

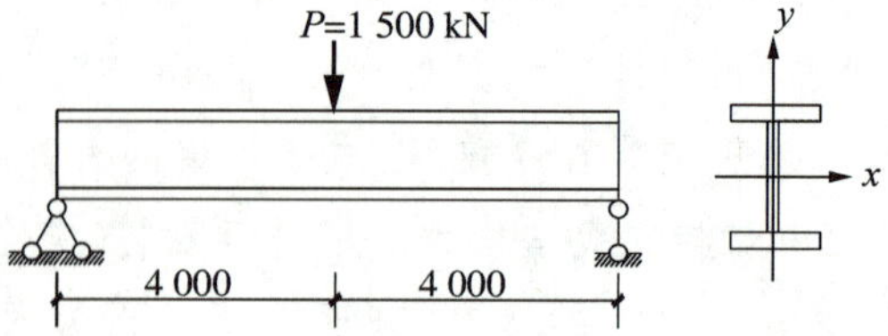

图 3-65　工字形截面简支梁强度设计

7. 某两端铰接的拉弯构件，截面为热轧工字形钢 I45a，钢材为 Q235。其受力示意如图 3-66 所示，截面无削弱，可通过构造措施防止失稳，要求确定构件所能承受的最大轴向拉力。

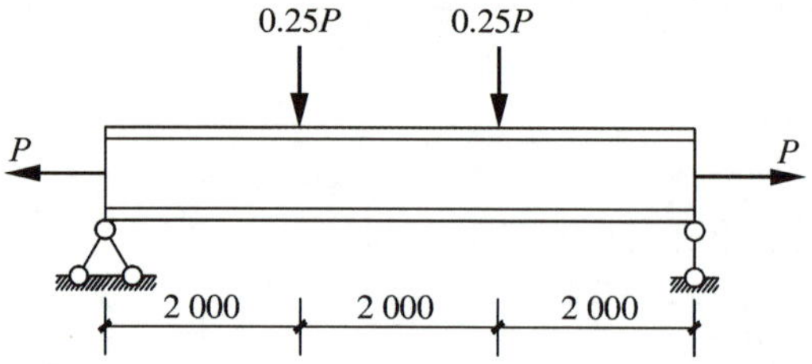

图 3-66　拉弯构件强度验算

第 4 章 构件稳定设计

本章要求

掌握轴心受压杆的刚度验算；了解稳定问题的基本概念；掌握轴压杆稳定承载力的影响，了解其推导过程；掌握轴心受压构件稳定承载力的计算、局部稳定验算；掌握型钢截面轴心受压构件的设计，掌握焊接组合截面轴心受压构件的设计；基本掌握梁弯扭失稳的过程及原因，了解梁的稳定承载力的影响因素。

本章重点

轴心受压构件稳定承载力的影响因素；轴心受压构件稳定承载力的计算；轴心受压构件稳定设计。本章思维导图请扫右侧二维码。

思维导图 4

4.1 轴心受压构件的稳定设计

4.1.1 稳定问题实例

以下将通过 3 个例题，对失稳的概念进行初步的介绍。

【例题 4-1】 如图 4-1(a)所示两个构件，材料(钢材)、截面形状和尺寸、构件长度完全相同，荷载不同：一为轴心受拉，一为轴心受压，哪个构件承载力较大，为什么？

轴心受拉构件承载力较大。

钢材：$f_y = f'_y$，轴心受拉构件和轴心受压构件的强度承载力相同。但是不能只考虑强度破坏这一种破坏形式，还要考虑失稳：轴心受拉构件不会失稳；轴心受压构件会失稳，即在压力远小于强度承载力 (f_yA) 时，柱子会突然变弯，丧失稳定，即导致构件提前破坏。因此轴心受拉构件承载力较大。

【例题 4-2】 如图 4-1(b)所示构件，材料(钢材)、截面形状和尺寸完全相同，构件长度不同，哪个构件承载力较大，为什么？

短杆承载力更大。

轴心受压构件的稳定承载力跟构件的细长程度有关，构件的细长程度可用长细比来量化，即

$$\lambda=\frac{l_0}{i} \tag{4-1}$$

式中 λ——构件的长细比；

l_0——构件计算长度；

i——构件截面的回转半径。

其对应关系为：构件越细长（长细比越大），受压时构件越容易变弯，构件的稳定承载力越小。

【例题 4-3】 如图 4-1(c)所示轴心受压杆，横截面为矩形（$h>b$），构件先绕哪个轴弯曲，为什么？

构件先绕 y 轴弯曲，则

$$\lambda_x=\frac{l_{0x}}{i_x}=\frac{l_{0x}}{\sqrt{\frac{I_x}{A}}};\quad \lambda_y=\frac{l_{0y}}{i_y}=\frac{l_{0y}}{\sqrt{\frac{I_y}{A}}}$$

$$I_x=\frac{bh^3}{12};\quad I_y=\frac{b^3h}{12};$$

$$I_x>I_y\rightarrow\lambda_x<\lambda_y$$

轴心受压构件的稳定承载力与构件的长细比 λ 有关，λ 越大，构件的稳定承载力越小。

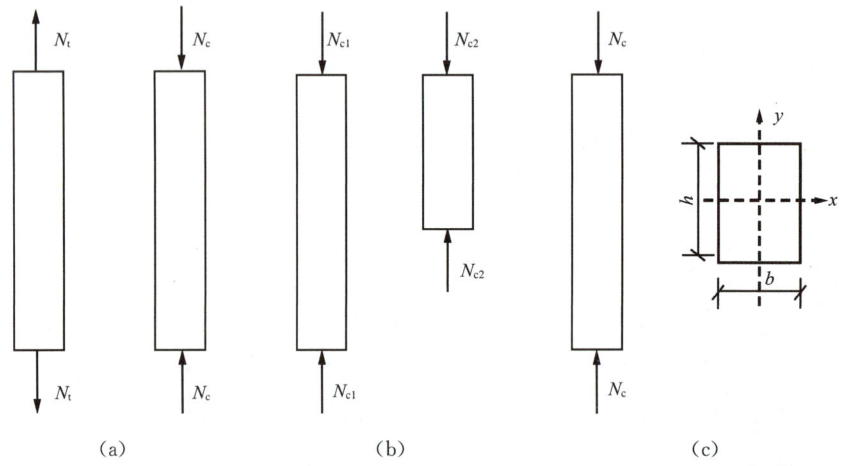

图 4-1 轴心受压构件稳定问题

如图 4-1(c)所示轴心受压长柱有可能发生的破坏形式有三种：强度破坏、绕 x 轴失稳和绕 y 轴失稳。假设对应的承载力分别为 N_{cu}，N_{cux}，N_{cuy}，根据前述分析可知 $N_{cuy}<$

$N_{cux}<N_{cu}$。即当压力达到 N_{cuy}，构件发生绕 y 轴方向的失稳现象为绕 y 轴弯曲，即发生破坏，压力不能继续增大，而 N_{cux} 和 N_{cu} 是达不到的，即对应的另外两种形式的破坏不能发生。

可以用木桶原理来类比承载力极限状态。根据木桶原理：一个木桶能盛多少水，取决于最短的一块木板；一个结构能承受多大的内力，则取决于最弱的方向。极限状态有很多个，哪个极限状态才是结构实际的极限状态？先达到哪个极限状态，这就是它的极限状态。承载力有很多个，实际的承载力是多少？先达到哪个承载力，这就是它的承载力（所有承载力的最小值，即最弱的方向，相当于木桶的短板）。

4.1.2 轴心受力构件的刚度

刚度为抵抗弹性变形的能力，亦可定义为发生单位位移需要的内力。

常见的刚度有抗压（拉）刚度（EA）、抗剪刚度（GA）、抗弯刚度（EI）、线刚度$\left(i=\dfrac{EI}{l}\right)$、抗侧刚度$\left(K=\dfrac{12EI}{l^3}\right)$等。

轴心受力构件的刚度用构件长细比 λ 来度量：

$$\lambda_x=\frac{l_{0x}}{i_x}=\frac{l_{0x}}{\sqrt{\dfrac{I_x}{A}}}\leqslant[\lambda] \tag{4-2}$$

$$\lambda_y=\frac{l_{0y}}{i_y}=\frac{l_{0y}}{\sqrt{\dfrac{I_y}{A}}}\leqslant[\lambda] \tag{4-3}$$

式中 λ_x，λ_y —— x，y 方向的长细比；

l_{0x}，l_{0y} —— x，y 方向的计算长度；

i_x，i_y —— x，y 方向的回转半径；

I_x，I_y —— x，y 方向的惯性矩；

$[\lambda]$ ——构件的容许长细比。

受压构件的容许长细比见表 4-1。受拉构件的容许长细比见表 4-2。

表 4-1 受压构件的容许长细比

构件名称	容许长细比
轴压柱、桁架和天窗架中的杆件	150
柱的缀条、吊车梁或吊车桁架以下的柱间支撑用	
支撑（吊车梁或吊车桁架以下的柱间支撑除外）	200
用以减少受压构件长细比的杆件	

表 4-2　受拉构件的容许长细比

构件名称	承受静力荷载或间接承受动力荷载的结构			直接承受动力荷载的结构
	一般建筑结构	对腹杆提供面外支点的弦杆	有重级工作制吊车的厂房	
桁架的杆件	350	250	250	250
吊车梁或吊车桁架以下的柱间支撑	300	200	200	—
其他拉杆、支撑、系杆等（张紧的圆钢除外）	400	—	350	—

【例题 4-4】 两端铰接的轴心受压柱的高度为 6 m，在中点处沿强轴方向有侧向支撑阻止柱的侧向位移，柱截面为焊接工字形，尺寸如图 4-2(b)所示。试验算该柱的刚度。

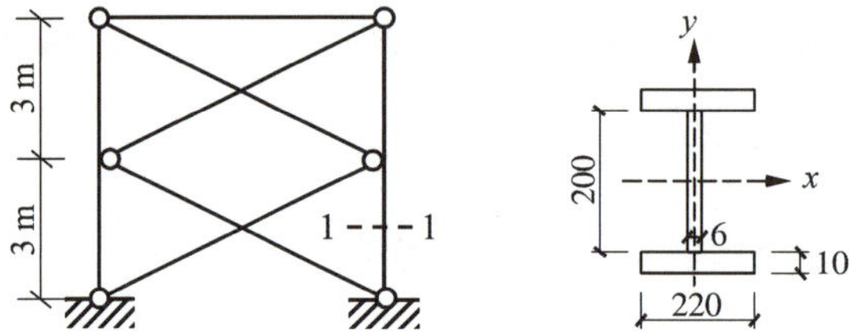

(a)　　(b) 1-1 截面

图 4-2　柱的刚度验算

$$A=200\ \text{mm}\times 6\ \text{mm}+220\ \text{mm}\times 10\ \text{mm}\times 2=5\ 600\ \text{mm}^2$$

$$I_x=\frac{6\ \text{mm}\times(200\ \text{mm})^3}{12}+\left[\frac{220\ \text{mm}\times(10\ \text{mm})^3}{12}+220\ \text{mm}\times 10\ \text{mm}\times(105\ \text{mm})^2\right]\times 2$$

$$=52\ 546\ 666.7\ \text{mm}^4$$

$$i_x=\sqrt{\frac{I_x}{A}}=\sqrt{\frac{52\ 546\ 666.7\ \text{mm}^4}{5\ 600\ \text{mm}^2}}=96.87\ \text{mm}$$

$$\lambda_x=\frac{l_{0x}}{i_x}=\frac{6\ 000\ \text{mm}}{96.87\ \text{mm}}=61.94<[\lambda]=150$$

$$I_y=\frac{200\ \text{mm}\times(6\ \text{mm})^3}{12}+\frac{10\ \text{mm}\times(220\ \text{mm})^3}{12}\times 2=17\ 750\ 266.7\ \text{mm}^4$$

$$i_y=\sqrt{\frac{I_y}{A}}=\sqrt{\frac{17\ 750\ 266.7\ \text{mm}^4}{5\ 600\ \text{mm}^2}}=56.3\ \text{mm}$$

$$\lambda_y=\frac{l_{0y}}{i_y}=\frac{3\ 000\ \text{mm}}{56.3\ \text{mm}}=53.3<[\lambda]=150$$

故构件刚度满足要求。

4.1.3　稳定问题的基本概念

1. 失稳的分类

当荷载增大到一定程度，构件在压应力作用下，构件不能保持原有平衡状态，如轴心受压杆，当压力增大到一定程度，构件会突然变弯，其承载力远小于强度承载力，这种现象称为丧失整体稳定性或屈曲，简称失稳。

根据是否会出现新的变形，失稳分为 2 类：

失稳
- 分支点失稳（出现新的变形）
- 极值点失稳（不出现新的变形）

轴向压力作用下的完善直杆：当轴向压力较小时，只有压缩变形；当轴向压力增大到一定程度，出现弯曲变形，即属于分支点失稳。偏心受压构件，压力较小时存在弯曲变形，随着压力增大，弯曲变形逐渐增大，属于极值点失稳。

根据失稳后荷载能否继续增大，分支点失稳分为 3 类：

分支点失稳
- 稳定分叉屈曲
- 不稳定分叉屈曲
- 跃越屈曲

稳定分叉屈曲：分叉屈曲后，结构还可承受荷载增量。如轴心受压杆和中面受压的平板（图 4-3）。

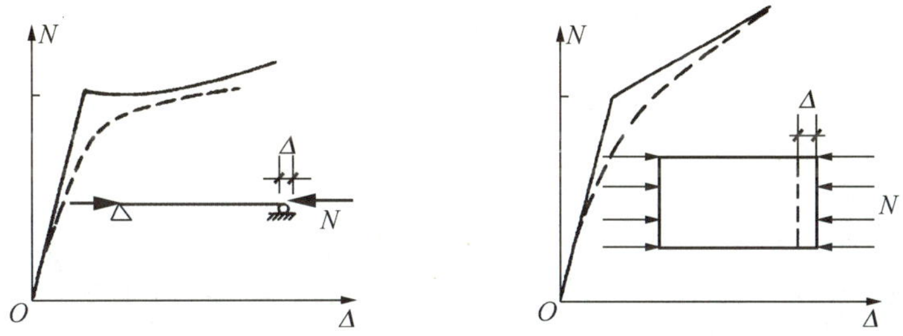

（a）轴心受压杆　　（b）中面受压的平板

图 4-3　稳定分叉屈曲

不稳定分叉屈曲：分叉屈曲后，荷载不能继续增加，只有降低荷载才能保持平衡状态。如长细比不大的圆管压杆（图 4-4）。

跃越屈曲：结构以大幅度的变形从一个平衡位形突变为另一个平衡位形。如铰接坦拱和油罐的扁球壳顶盖（图 4-5）。发生跃越后，荷载还可显著增加，但是其变形大大超出了正常使用极限。

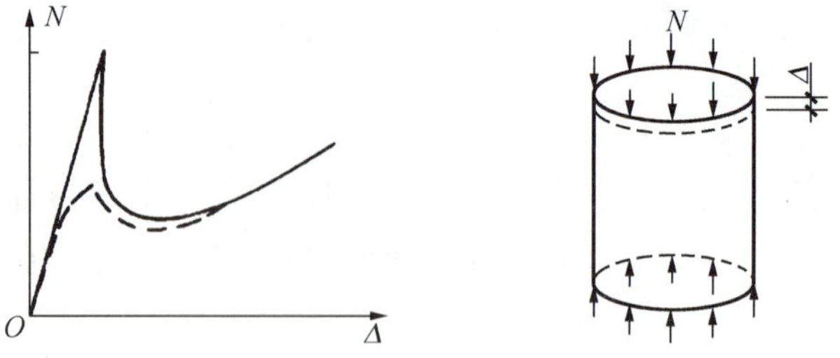

(a)　　　　　　　　　　(b)

图 4-4　不稳定分叉屈曲

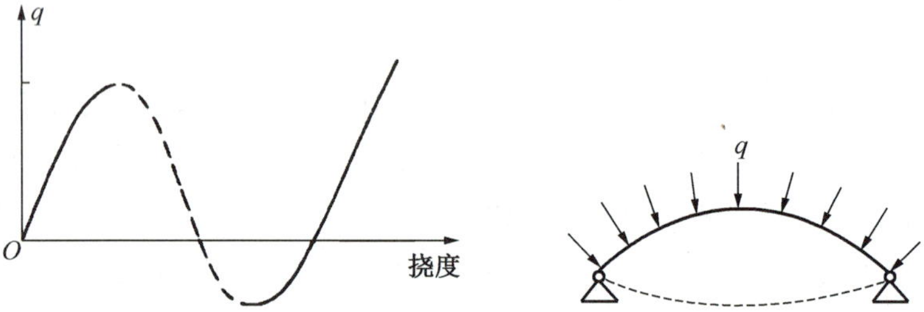

(a)　　　　　　　　　　(b)

图 4-5　跃越屈曲

图 4-3—图 4-5 中实线表示理想状态下的结构，虚线表示有几何缺陷的结构，缺陷的存在使结构呈极值点失稳。稳定分叉屈曲中极限荷载略高于临界荷载；不稳定分叉屈曲中，缺陷导致极限荷载远低于临界荷载。由此可见，不稳定分叉屈曲对缺陷比较敏感。

2. 非线性

非线性分为 2 类：

非线性
- 几何非线性：力和变形不成正比（考虑变形对受力的影响，即进行二阶分析）
- 材料非线性：应力和应变不成正比（弹塑性变形）

（1）几何非线性

结构在荷载作用下一定有变形，因为研究对象为变形体，而不是刚体。

一阶分析：当变形和构件的几何尺寸相比很小（小变形）时，可按结构的原始位形进行受力分析，即不考虑变形对受力的影响。

二阶分析：当变形量较大，和构件的几何尺寸相比不能忽略时，必须考虑变形对受力的影响（如考虑 P-δ 效应和 P-Δ 效应）。

稳定问题变形较大，力和变形不再成正比对受力的影响不能忽略，应采用二阶分析。对如图 4-6 所示悬臂柱进行一阶分析无解，进行二阶分析可得其临界力为

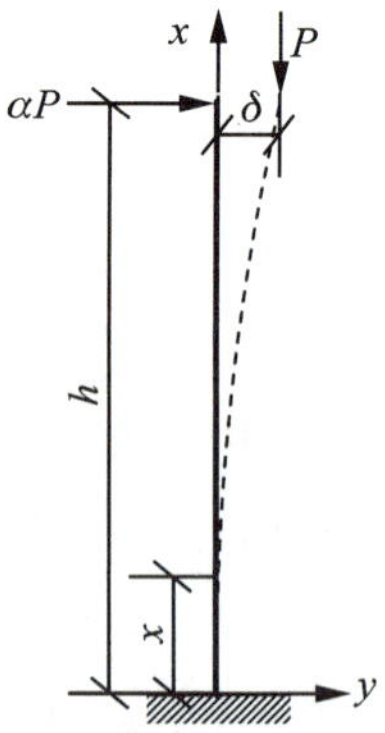

图 4-6　悬臂柱

$$P_E=\frac{\pi^2 EI}{4h^2} \tag{4-4}$$

悬臂柱稳定承载力计算相关内容及压杆的承载力计算发展史（漫步压杆之林）请扫右侧二维码。

悬臂柱稳定承载力计算　　漫步压杆之林

失稳的过程本质上是压力使构件弯曲刚度减小，直至消失的过程。这是稳定分析的一个重要概念。从这里可以体会到：失稳是构件的整体行为，它的性质和某个截面强度破坏完全不同。上述分析同样适用于整个结构的稳定分析。

进行二阶分析时，位移与外力之间不再成正比，因此叠加原理在稳定分析中已不再适用。

(2) 材料非线性

材料进入弹塑性阶段，应力(σ)和应变(ε)不再成正比，其比值 E 不再是常数，而是逐渐减小至零，表示刚度逐渐减小为零(图 4-7)。

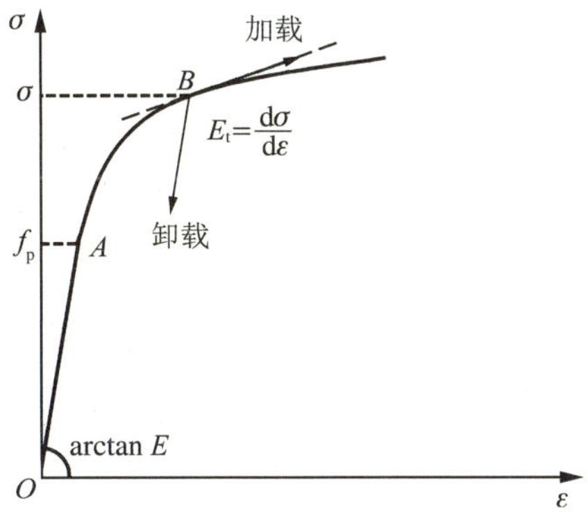

图 4-7　钢材的应力 σ-应变 ε 关系曲线

弹塑性变形对承载力的影响可采用切线模量理论。

切线模量理论认为，在非弹性应力状态，应当取应力-应变关系曲线上相应应力点的切线斜率 E_t（称为切线模量）代替线弹性模量 E。式(4-4)考虑了几何非线性，没有考虑材料非线性，如同时考虑材料非线性，应写为

$$P_t=\frac{\pi^2 E_t I}{4h^2} \tag{4-5}$$

3. 缺陷

缺陷分为 2 类：

$$\text{缺陷}\begin{cases}\text{几何缺陷：初弯曲、初偏心}\\ \text{力学缺陷：力学参数（如 }E, f_y\text{）的不均匀性、初始应力}\end{cases}$$

实际情况不存在绝对的直杆，实际杆件或多或少都存在一定的初弯曲，即在受到荷载之前，构件在初始状态就是弯的。初弯曲会导致附加弯矩，降低稳定承载力。

实际情况由于施工误差等，往往会导致荷载作用点的初偏心，也会以附加弯矩的形式降低轴压构件的稳定承载力。

在力学中，假定材料是均匀的，但是在实际情况下力学参数不可能是绝对均匀的。

荷载作用会导致构件横截面的应力。但是在荷载作用前，由于构件加工工艺也会导致横截面上存在应力，即初始应力。如焊接残余应力，施焊时，温度升高，焊缝周围材料膨胀，膨胀受其他位置处材料约束，产生压应力；冷却时，温度降低，焊缝周围材料收缩，收缩受约束，产生拉应力。即焊接残余应力的分布规律为先冷却的位置受压，用负号表示，后冷却的

位置受拉，用正号表示。

所有缺陷的存在都会降低稳定承载力。实际结构稳定承载能力的确定，应该考虑几何缺陷和力学缺陷，对整体结构作弹塑性二阶分析（考虑材料非线性和几何非线性）。

4.1.4 轴心受压构件稳定承载力的影响因素

1. 构件的端部约束条件

对比图 4-8(a)两个结构可知，右图承载力较大；对比图 4-8(b)两个结构可知，右图承载力较大。

端部约束不同，轴心受压构件的稳定承载力不同：约束越多，承载力越大。同时构件长度越小，承载力越大。即端部约束多和构件长度小产生的效果相同。

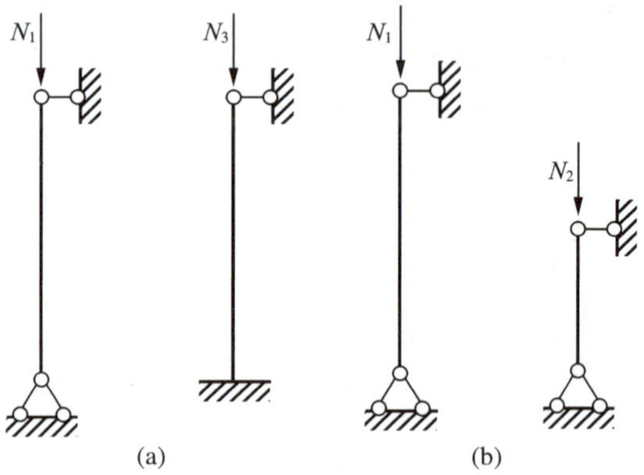

图 4-8 轴心受压构件的杆端约束

约束种类较多，即稳定承载力的计算公式较多。为了简化计算，可以把构件端部约束与构件长度相对应，用统一的公式计算不同杆端约束的轴心受压构件的稳定承载力（杆端约束对稳定承载力的影响通过不同的计算长度考虑）：

$$l_0=\mu l \tag{4-6}$$

式中 l——几何长度；

μ——计算长度系数；

l_0——计算长度。

杆端约束多的构件，μ 取得小一些，则计算长度小一些，承载力大一些。

承载力（临界力）为

$$N_{cr}=\frac{\pi^2 EI}{(\mu l)^2}=\frac{\pi^2 EI}{l_0^2} \tag{4-7}$$

将长细比 $\lambda=\frac{l_0}{i}=\frac{l_0}{\sqrt{\frac{I}{A}}}$ 代入式(4-7)，可得

$$N_{cr}=\frac{\pi^2 EA}{\lambda^2} \tag{4-8}$$

当压力达到临界力，轴压杆即发生失稳，因此可以把临界力理解为稳定承载力。

将式(4-8)除以面积 A，可得临界应力的计算公式为

$$\sigma_{cr}=\frac{N_{cr}}{A}=\frac{\pi^2 E}{\lambda^2} \tag{4-9}$$

从式(4-9)可以看出，长细比越大，临界力越小；长细比越小，临界力越大。但是如果长细比趋近于零，临界力不可能无穷大，即稳定承载力存在上限，即强度承载力。即式(4-7)为柱的稳定承载力的计算公式，若稳定承载力计算结果超过强度承载力，柱的抗压承载力取强度承载力，即柱的抗压承载力为稳定承载力和强度承载力的较小值，如式(4-10)所示，即计算柱的抗压承载力时，可概括为强度破坏和失稳两种破坏形式：长柱破坏形式为失稳，柱的抗压承载力为稳定承载力；短柱破坏形式为强度破坏，柱的抗压承载力为强度承载力。柱的抗压承载力为柱的抗压承载力和长细比的关系曲线如图4-9所示。

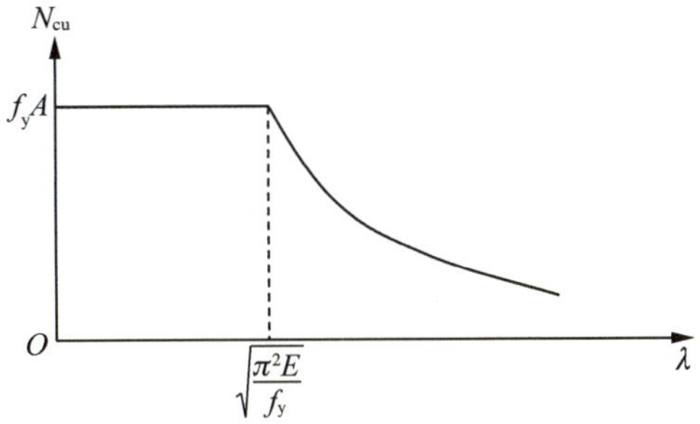

图4-9　柱的抗压承载力和长细比的关系

$$N_{cu}=\min\begin{cases} f_yA & \left(\lambda^2\leqslant\dfrac{\pi^2E}{f_y}\right)\\ \dfrac{\pi^2EI}{l_0^2}=\dfrac{\pi^2EA}{\lambda^2} & \left(\lambda^2\geqslant\dfrac{\pi^2E}{f_y}\right)\end{cases} \tag{4-10}$$

那么长柱和短柱的分界线是什么？当强度承载力和稳定承载力相等时，长细比值即长柱和短柱的分界线$\left(\lambda=\pi\sqrt{\dfrac{E}{f_y}}\right)$。

式(4-10)和图4-9均没有考虑缺陷的影响。考虑缺陷影响的抗压承载力计算将在后续章节阐述。

构件端部约束与构件计算长度系数相对应，其对应关系见表4-3。

表4-3　计算长度系数

				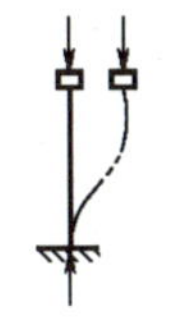		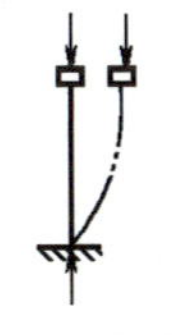
μ的理论值	0.50	0.70	1.0	1.0	2.0	2.0
μ的建议值	0.65	0.80	1.0	1.2	2.1	2.0
端部条件符号	 无转动、无侧移			 无转动、自由侧移		
	 自由转动、无侧移			 自由转动、自由侧移		

注：图中虚线表示柱的屈曲形式。

式(4-4)为悬臂柱的稳定承载力，将其进行变换可得

$$P_E=\frac{\pi^2EI}{4l^2}=\frac{\pi^2EI}{(2l)^2}=\frac{\pi^2EI}{l_0^2},$$

可知 $l_0=2l$，即其计算长度系数 μ 为 2。同样的方法(对其他端部约束的轴压柱进行二阶分析)可以计算其他支座形式的轴压柱对应的计算长度系数 μ，即表 4-3 中的理论值。

考虑杆端实际构造不可能做到完全嵌固(实际支座的刚度介于刚接和铰接之间)，用带有固端支座的计算简图(刚度偏大，即约束偏多)算得的承载力比实际承载力大，偏不安全，因此对其进行修正：将 μ 放大，计算时用建议值；杆端实际构造也不可能做到完全铰接，导致用带有铰支座的计算简图算得的承载力比实际承载力偏小，偏安全，可不修正。

2. 残余应力(初始应力)

施加外荷载以前受到的力称为初始应力或残余应力。

在阐述力学缺陷时，提到过焊接残余应力。焊接时温度很高，焊缝周围材料受热膨胀，受到其他材料的约束，产生压应力。冷却的时候收缩，受到其他位置材料的约束，产生拉应力；反过来也会给其他位置施加压应力，称为焊接残余应力，是作用力和反作用力。因此焊接残余应力是自相平衡的(不会合成横截面上的轴力)。

除了焊接残余应力以外，还有一些因素使构件产生残余应力，如：①型钢在轧制后不同部位冷却不均匀(板件较薄处先冷却，较厚处后冷却)；②构件冷加工后对变形进行冷校正；③板边缘经火焰切割后和焊接有类似的效应(火焰切割处后冷却)。

(1) 残余应力的分布

残余应力的规律：先冷却的位置受压，后冷却的位置受拉。如图 4-10 所示为不同截面形状、不同加工工艺的构件的残余应力分布，其数值都是经过实测得到的数据稍做整理和概括后确定的。应力都是与杆轴线方向一致的纵向应力，压应力取负值，拉应力取正值。

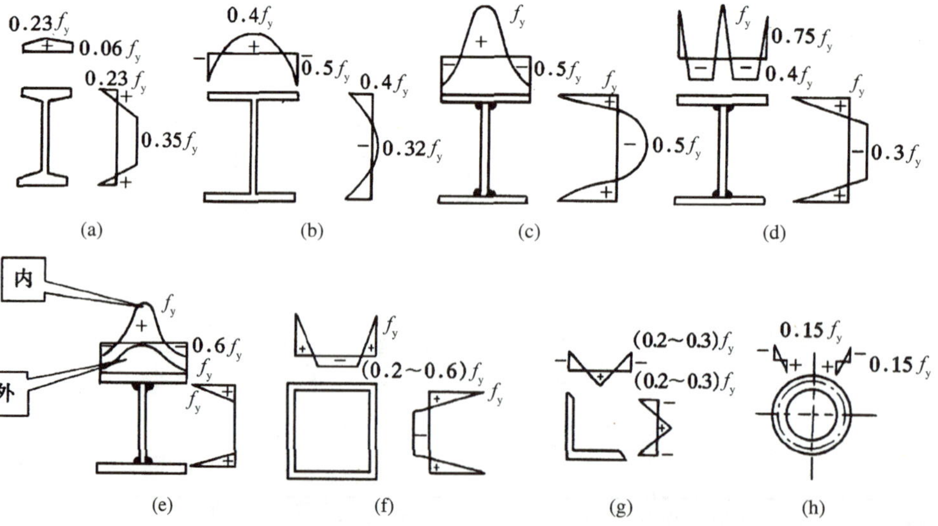

图 4-10　不同截面形式残余应力分布与大小

图 4-10(a)是热轧普通工字钢，翼缘的厚度比腹板的厚度大很多，腹板在型钢热轧后首先冷却，翼缘在冷却的过程中受到与其连接的腹板的约束作用，因此翼缘受到拉应力，同时翼缘给腹板施加一个压应力。图 4-10(b)是热轧 H 型钢的残余应力，由于翼缘的尖端先冷却因此具有较高的残余压应力。图 4-10(c)是翼缘具有轧制边，或火焰切割以后又经过刨边的焊接工字形截面，其残余应力与 H 型钢类似，只是翼缘与腹板连接处的残余拉应力可能达到屈服强度。图 4-10(d)是具有火焰切割翼缘的焊接工字形截面，翼缘切割时的温度场和焊缝施焊时类似，因此边缘产生拉应力，翼缘与腹板连接处的残余拉应力经常达到屈服强度。图 4-10(e)是用较厚的翼缘板组成的焊接工字形截面，沿翼缘的厚度残余应力也有很大变化：外侧先冷却，内侧后冷却。图 4-10(f)(g)(h)分别为焊接箱形截面、热轧角钢和热轧圆管的残余应力分布。

(2) 残余应力对稳定承载力的影响

如图 4-11 所示为两端铰接的轴心受压柱，横截面为热轧 H 型钢。假定：①腹板残余应力忽略不计(腹板厚度较小；腹板残余应力较小；腹板不是受力的关键位置)，翼缘残余应力分布为三角形分布，具有相同的残余压应力和残余拉应力峰值，即 $\sigma_c=\sigma_t=0.4f_y$[在图 4-10(b)的基础上进行简化]；②材料为理想弹塑性体；③压力从零开始逐渐增大。

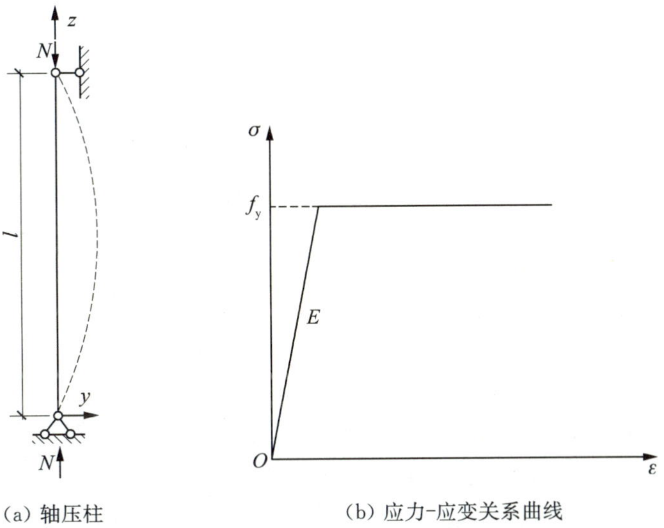

图 4-11 残余应力对两端铰接柱的稳定承载力的影响

构件横截面上的应力包括两部分：①残余应力 σ_{c1}[图 4-12(b)，大小随着时间不变]；②均匀分布的压应力 σ_{c2}(由轴压力产生：随着压力的增大而逐渐增大)。构件横截面上的应力分布计算应将两部分应力进行叠加。

轴压力 N 逐渐增大，当截面平均应力 $\sigma_{c2}\leqslant 0.6f_y$，应力-应变成正比，处于线弹性阶段，弹性模量为常数 E[图 4-12(c)(f)中 OA 段]。当 $\sigma_{c2}>0.6f_y$，翼缘的外侧开始屈服，材料进入弹塑性，弹性模量变小[图 4-12(d)(f)中 AB 段]。此后，随着轴压力 N 的逐渐

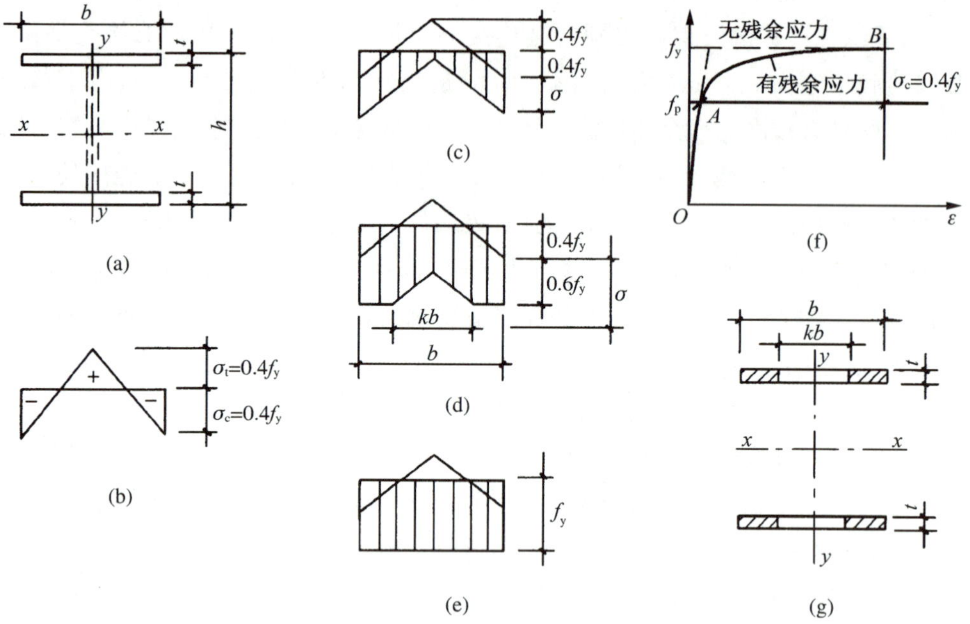

图 4-12　残余应力对短柱段的影响

增大，塑性区域逐渐向内扩展，弹性区域逐渐减小，直至当 $\sigma_{c2}=f_y$ 时全截面屈服[图 4-12(e)(f)中 B 点]。

无残余应力时，横截面只有 σ_{c2}，没有 σ_{c1}。σ_{c2} 在横截面上均匀分布，即当 $\sigma_{c2}<f_y$ 时，全截面处于弹性阶段；当 $\sigma_{c2}=f_y$ 时，整个截面同时进入塑性阶段[图 4-12(f)中虚线]。

现在对两种情况进行分析可知：该例中残余应力的存在让截面提前进入弹塑性阶段。

进入弹塑性阶段后，增加的轴力 dN 只能由截面的弹性区负担(面积为 A_e)，所以切线模量 $E_t=\dfrac{d\sigma}{d\varepsilon}=\dfrac{dN/A}{dN/EA_e}=\dfrac{EA_e}{A}$。与无残余应力的构件相比可以发现：残余应力使柱段受力提前进入弹塑性受力状态，在荷载增大时，塑性区域应力保持不变，这部分区域不能继续提供刚度(有残余应力时，刚度提前变小)。

短柱的破坏形式为强度破坏，强度承载力与刚度无关，因此残余应力不会对承载力产生影响。长柱的破坏形式为失稳，稳定承载力与刚度有关：残余应力的存在导致刚度(抗弯刚度 EI)提前变小，因而必将降低轴心受压长柱的承载能力。

当 $0.6f_y<\sigma_{c2}<f_y$ 时，如没有残余应力，截面处于全截面弹性的状态，其抗弯刚度为 EI；如有残余应力，截面部分弹性[图 4-12(g)中阴影区域]、部分塑性。轴心受压长柱的稳定承载力跟抗弯刚度有关，因此，对于有残余应力的轴心受压长柱，只有弹性区域可以提供抗弯刚度(塑性区域不能提供刚度，认为该区域已失效)，其抗弯刚度应用 EI_e(I_e 为弹性区域对主轴的惯性矩)来代替。有残余应力时，其临界力和临界应力为

临界力：
$$N_{cr}=\frac{\pi^2 EI_e}{l^2}=\frac{\pi^2 EI}{l^2}\cdot\frac{I_e}{I} \tag{4-11}$$

临界应力：
$$\sigma_{cr}=\frac{N_{cr}}{A}=\frac{\pi^2 EI}{l^2 A}\cdot\frac{I_e}{I}=\frac{\pi^2 E}{\lambda^2}\cdot\frac{I_e}{I} \tag{4-12}$$

无残余应力时，全截面有效，对应的临界力和临界应力分别为 $N_{cr}=\frac{\pi^2 EI}{l^2}$ 和 $\sigma_{cr}=\frac{N_{cr}}{A}=\frac{\pi^2 EI}{l^2 A}=\frac{\pi^2 E}{\lambda^2}$。可知 $\frac{I_e}{I}$ 为有残余应力时(相对无残余应力)，轴心受压长柱的临界力(临界应力)的折减系数。

$\frac{I_e}{I}$ 对截面的两个主轴并不相同。绕不同的轴屈曲时，不仅临界应力不同，残余应力对临界应力的影响程度也不相同：

对 y-y 轴屈曲时：
$$\sigma_{cry}=\frac{\pi^2 E}{\lambda_y^2}\cdot\frac{I_{ey}}{I_y}=\frac{\pi^2 E}{\lambda_y^2}\cdot\frac{\frac{2t(kb)^3}{12}}{\frac{2tb^3}{12}}=\frac{\pi^2 E}{\lambda_y^2}k^3 \tag{4-13}$$

对 x-x 轴屈曲时：
$$\sigma_{crx}=\frac{\pi^2 E}{\lambda_x^2}\cdot\frac{I_{ex}}{I_x}=\frac{\pi^2 E}{\lambda_x^2}\cdot\frac{2t(kb)\left(\frac{h}{2}\right)^2}{2tb\left(\frac{h}{2}\right)^2}=\frac{\pi^2 E}{\lambda_x^2}k \tag{4-14}$$

由式(4-13)和式(4-14)可以看出，σ_{cry} 与 k^3 有关，而 σ_{crx} 却只与 k 有关(y 方向的折减系数为 k^3，x 方向的折减系数为 k)，残余应力对弱轴的影响比对强轴严重得多，因为远离弱轴的部分正好是残余压应力的部分，这部分屈曲后对截面抗弯刚度的削弱最为严重。根据惯性矩的定义，惯性矩为面积和距离平方之积，因此远离主轴处的截面可提供较大的惯性矩。而临界力(临界应力和抗弯刚度)与惯性矩直接相关。因此远离主轴处的截面可提供较大的抗弯刚度和稳定承载力，为受力的关键位置(失效会导致承载力大幅度降低)。

σ_{c1} 和 σ_{c2} 叠加后，导致残余应力为压应力的区域提前进入塑性，进入塑性后即不能提供刚度(失效)[图 4-12(b)(g)]。图 4-12(g)中失效区域离 y 轴较远，即提供 y 方向承载力 N_{cuy} 的重要区域全部失效；而提供 x 方向承载力 N_{cux} 的重要区域(离 x 轴较远的两个翼缘)只有部分失效。因此在该例中，残余应力对弱轴的影响较对强轴严重。

式(4-13)和式(4-14)中有 λ 和 k 两个未知量，若要得到临界应力和长细比的关系，需要消去 k，即需要补充一个方程。

仍然对弹塑性阶段进行受力分析，翼缘上的应力分布如图 4-13(b)所示，可求出 2 个翼缘上应力的合力[图 4-13(b)中阴影区域面积与翼缘厚度 $2t$ 的乘积]，即柱轴力(临界力)。

阴影区域的面积为

$$A_e = f_y b - \frac{1}{2} \cdot kb \cdot 0.8 f_y k \tag{4-15}$$

临界力(压应力的合力)为

$$N_{cr} = 2t\left(f_y b - \frac{1}{2} \cdot kb \cdot 0.8 f_y k\right) = 2bt f_y (1 - 0.4k^2) \tag{4-16}$$

$$\sigma_{cr} = \frac{N_{cr}}{2bt} = (1 - 0.4k^2) f_y \tag{4-17}$$

将式(4-13)、式(4-14)与式(4-17)联立，可得与长细比 $\lambda_y(\lambda_x)$ 相对应的 $\sigma_{cry}(\sigma_{crx})$，如图 4-13(c)所示。虚线为没有残余应力时，临界应力与长细比之间的对应关系[图(4-9)无量纲变换之后]；实线为有残余应力时，临界应力与长细比之间的对应关系。热轧 H 型钢的残余压应力分布在离弱轴较远的位置，因此对弱轴方向的影响比较严重，弱轴方向承载力降低较多。

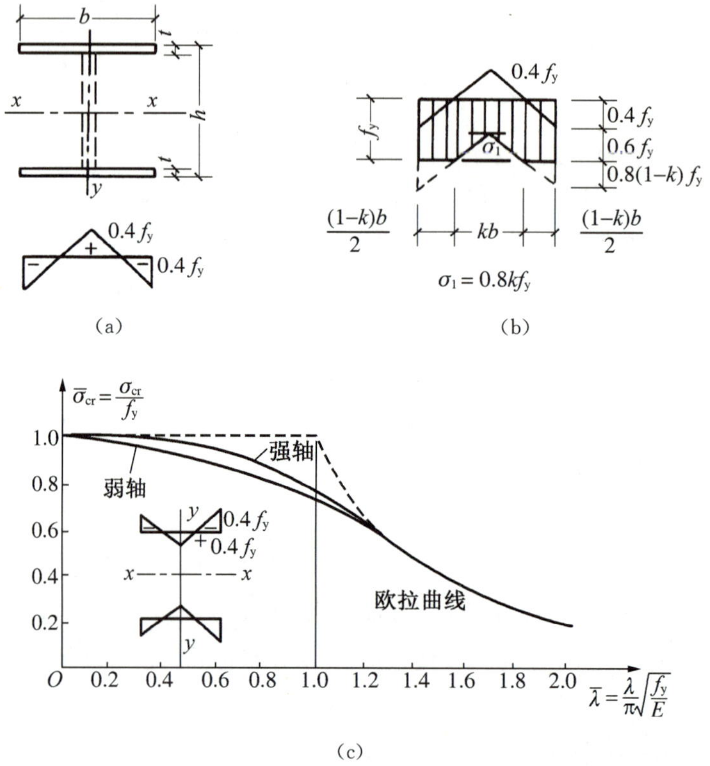

图 4-13　轴心受压柱 σ_{cr}-λ 无量纲曲线

3. 构件初弯曲

实际的轴心受压构件不可能是完全挺直的。在加工制造和运输安装的过程中，杆件不可避免地会存在一定的曲率。

如图 4-14 所示为一两端铰接的压杆，弯曲形式为正弦半波。统计资料表明，杆中点处初弯曲的挠度 v_0 约为杆长 l 的 1/2 000～1/500。

对具有初弯曲的弹性轴心压杆的压力与挠度关系进行分析。

距离杆端 O 点 x 处的具有初弯曲为式(4-18)的压杆：

$$y_0 = v_0 \sin \frac{\pi x}{l} \tag{4-18}$$

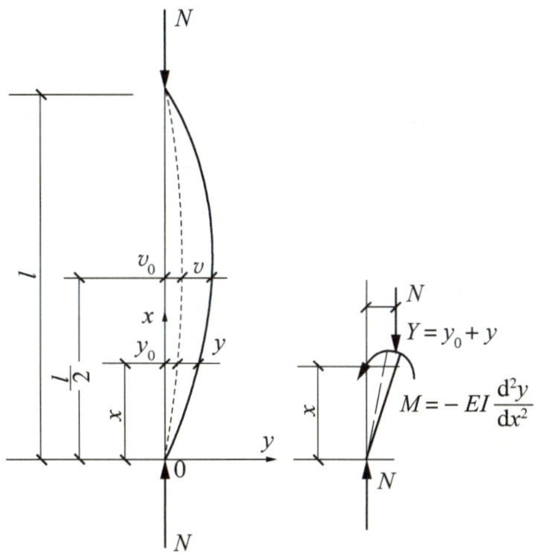

图 4-14　具有初弯曲的轴心压杆

压力 N 作用在构件上之后，挠度 y_0 增长为(y_0+y)。在点 x 处截开，对隔离体进行受力分析，可建立平衡方程：

$$-EI\frac{d^2 y}{dx^2} = N \cdot (y + y_0) \tag{4-19}$$

将式(4-18)代入式(4-19)，可得

$$-EI\frac{d^2 y}{dx^2} = N \cdot \left(y + v_0 \sin \frac{\pi x}{l}\right) \tag{4-20}$$

解式(4-20)，可得 N 作用下 x 处的挠度为

$$\begin{aligned} Y = y_0 + y &= \frac{v_0}{1-\frac{N}{N_E}} \sin \frac{\pi x}{l} = v_0 \sin \frac{\pi x}{l} \cdot \frac{1}{1-\frac{N}{N_E}} \\ &= y_0 \cdot \frac{1}{1-\frac{N}{N_E}} \end{aligned} \tag{4-21}$$

式中　N_E——无初弯曲的两端铰接的轴心受压杆的临界力(稳定承载力)，即 $N_E=\frac{\pi^2 EI}{l^2}$；

$\frac{1}{1-\frac{N}{N_E}}$——施加压力后挠度的放大系数。

杆中央的总挠度(放大系数相同)为

$$v_m = v_0 + v = \frac{v_0}{1-\frac{N}{N_E}} \tag{4-22}$$

对于无残余应力的轴心压杆，以跨中截面开始屈服作为极限状态：即压力产生的正应力和弯矩产生的正应力的总应力达到屈服强度[图 4-15，式(4-23)]：

$$\frac{N}{A}+\frac{M}{W_{ex}}=f_y \tag{4-23}$$

将平衡方程和式(4-22)代入式(4-23)，可得

$$\frac{N}{A}+\frac{Nv_0}{W_{ex}\left(1-\frac{N}{N_E}\right)}=f_y \tag{4-24}$$

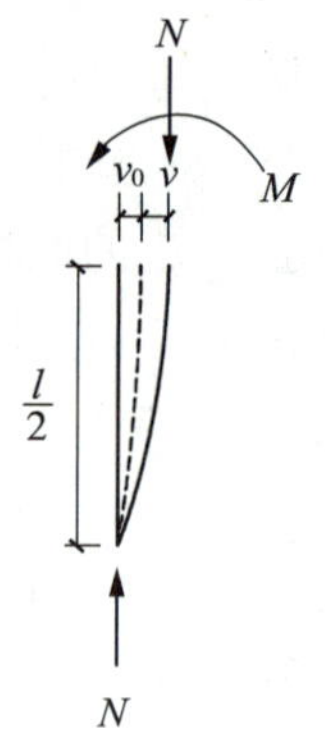

图 4-15　跨中截面内力

将 $\frac{N}{A}$ 提出，可得

$$\frac{N}{A}+\frac{NAv_0}{AW_{ex}\left(1-\frac{N}{N_E}\right)}=f_y \tag{4-25}$$

$$\frac{N}{A}\left[1+\frac{Av_0}{W_{ex}\left(1-\frac{N}{N_E}\right)}\right]=f_y \tag{4-26}$$

截面核心距 $\rho=\frac{W_{ex}}{A}$，则

$$\frac{N}{A}\left[1+\frac{v_0}{\rho\left(1-\frac{N}{N_E}\right)}\right]=f_y \tag{4-27}$$

相对初弯曲 $\varepsilon_0=\frac{v_0}{\rho}$，则

$$\frac{N}{A}\left[1+\frac{\varepsilon_0}{\left(1-\frac{N}{N_E}\right)}\right]=f_y \tag{4-28}$$

根据统计规律，取 $v_0=\frac{l}{1\,000}$，则

$$\varepsilon_0=\frac{l}{1\,000\rho} \tag{4-29}$$

对两端铰接的轴心受压杆为

$$l=l_0=\lambda i \tag{4-30}$$

将式(4-30)代入式(4-29),可得

$$\varepsilon_0=\frac{\lambda i}{1\,000\rho} \tag{4-31}$$

将式(4-31)代入式(4-28),可得

$$\frac{N}{A}\left[1+\frac{\lambda i}{1\,000\rho\left(1-\dfrac{N}{N_E}\right)}\right]=f_y \tag{4-32}$$

将式(4-32)变换一下,可得

$$\frac{N}{A}\left[1+\frac{\lambda}{1\,000}\cdot\frac{i}{\rho}\cdot\frac{1}{1-\dfrac{N}{N_E}}\right]=f_y \tag{4-33}$$

由式(4-33)可知,左侧两项的乘积为常数,即 λ 越大而 N_E 越小,N 越小,即初弯曲的影响越严重;$\frac{i}{\rho}$ 越大,N 越小。$\frac{i}{\rho}$ 与截面形状有关。对矩形截面的 $\frac{i}{\rho}$ 进行分析可得

$$\frac{i}{\rho}=\frac{\sqrt{\dfrac{I}{A}}}{\dfrac{W_{ex}}{A}}=\sqrt{\frac{IA^2}{AW_{ex}^2}}=\sqrt{\frac{hA}{2W_{ex}}} \tag{4-34}$$

即 W_{ex} 越大,$\frac{i}{\rho}$ 越小;即越合理的截面形状,$\frac{i}{\rho}$ 越小。表4-4为几种常见截面 的$\frac{i}{\rho}$。

表4-4 截面回转半径与截面核心距的比值

截面形式			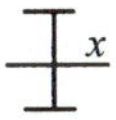			
$\frac{i}{\rho}$	1.41	1.22	1.25	2.50	1.16	2.10
截面形式	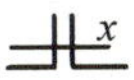		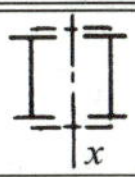			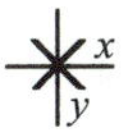
$\frac{i}{\rho}$	2.30	2.25	1.14	2.00	1.73	1.73

从表4-4可以看出,圆管、方管及工字形截面强轴(x 轴)方向,材料集中在离主轴较远处,惯性矩较大,$\frac{i}{\rho}$ 较小,截面的稳定承载力较大,截面形状较合理;而实心圆杆、实心方

杆及工字形截面弱轴（y 轴）方向，惯性矩较小，$\frac{i}{\rho}$ 较大，截面的稳定承载力较小，截面形状偏不合理。

因此，我们在日常生活中看到的钢材制作的构件及生活用品，基本上为管状，不是实心，都是为了得到较高的稳定承载力。钢筋为圆杆状，但是不是单独使用，要跟混凝土共同工作防止失稳。

4. 初偏心

由于构造上的原因和构件截面尺寸的差异，作用于杆端的轴压力实际上不可避免地会偏离截面的形心而形成初偏心 e_0。根据过去的研究资料，可以取 $\frac{e_0}{\rho}=0.05$ 的相对初偏心率来考虑对轴心压杆的影响。

初偏心对压杆的影响本质上和初弯曲是相同的，但影响的程度有差别。因为初偏心的数值很小，除了对短杆稍有影响外，对长杆的影响远不如初弯曲大。

4.1.5 轴心受压构件稳定承载力的计算

1. 弯曲失稳

根据上节所述，轴心受压构件的稳定承载力与四个因素有关。

残余应力使构件提前进入塑性，降低稳定承载力；构件初弯曲和荷载作用点的初偏心都是以附加内力的形式降低稳定承载力。

影响柱子承载力的不利因素有很多，但是其最大值同时出现的概率很小。理论分析表明，考虑初弯曲和残余应力两个主要不利因素比较合理，初偏心不必另外考虑。初弯曲的矢高取柱长度的千分之一，残余应力则根据柱的加工条件确定。

截面形状、加工工艺 → 残余应力

长细比、截面形状 → 初弯曲

杆端约束 → 计算长度 → 长细比

因此计算轴压柱的稳定承载力时，只需要考虑截面形状、加工工艺和长细比三个因素的影响。

将图 4-9 进行无量纲变换（横轴除 $\sqrt{\frac{\pi^2 E}{f_y}}$，纵轴除 f_yA），可得图 4-16。

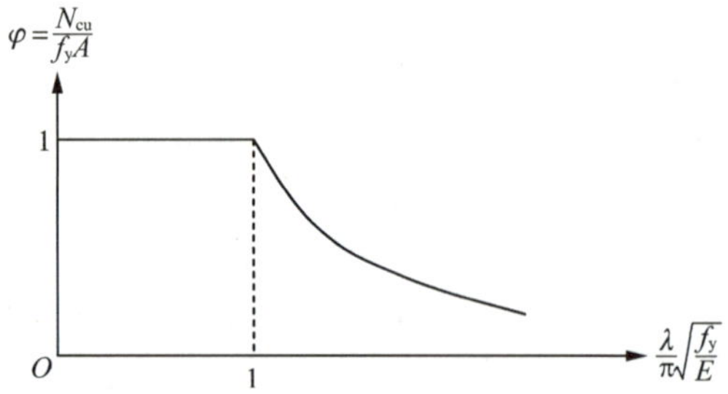

图 4-16 轴压柱稳定系数-长细比关系曲线

如图 4-16 所示为轴心受压柱承载力与长细比之间的关系，纵轴为稳定系数 $\varphi=\dfrac{\sigma_{\mathrm{u}}}{f_{\mathrm{y}}}=\dfrac{N_{\mathrm{u}}}{f_{\mathrm{y}}A}$ $(\varphi\leqslant 1.0)$，横轴为正则化长细比。从图 4-16 可以看出，长细比越大，稳定承载力越小 $(N_{\mathrm{u}}=\varphi f_{\mathrm{y}}A$，短柱 $\varphi=1.0)$。

但是，根据截面形状和加工工艺的不同，长细比相同时，稳定系数的大小不同，稳定承载力不同，分布在一个范围内[图 4-17(a)]，将截面类别分为 a，b，c，d 四类比较合理[图 4-17(b)]，通过截面类别考虑截面形状和加工工艺不同造成的影响。

根据上节所述，不同截面形状和加工工艺的截面：残余应力分布和大小不同；系数 $\dfrac{i}{\rho}$ 不同。上述两个因素都对稳定承载力有影响。

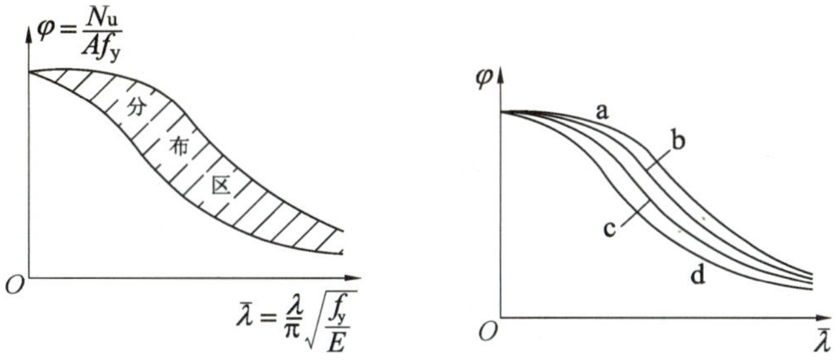

(a)　　　　(b)

图 4-17　截面类别

a，b，c，d 四类截面类别根据残余应力的分布和 $\dfrac{i}{\rho}$ 值是否有利进行划分。

若截面外侧(离主轴较远处，提供较大惯性矩)残余应力为压应力，会导致截面提前进入塑性，刚度提前变小，降低稳定承载力，为不利因素；截面外侧若残余应力为拉应力或量值较小的压应力，则截面会进入塑性较晚，不会降低稳定承载力，为有利因素。若 $\dfrac{i}{\rho}$ 值较小，截面形状更合理，承载力较高，为有利因素；若 $\dfrac{i}{\rho}$ 值较大，截面形状不合理，承载力较低，为不利因素。

2 个有利因素即为 a 类，1 个有利因素即为 b 类，没有有利因素为 c 类，更不利的情况为 d 类，见表 4-5。

表 4-5　截面分类

影响因素	a 类	b 类	b 类	c 类
残余应力	↗	↗	↘	↘
$\dfrac{i}{\rho}$	↗	↘	↗	↘

注：↗表示有利因素，提高承载力；↘表示不利因素，降低承载力。

a 类属于截面外侧残余压应力的峰值较小而 $\frac{i}{\rho}$ 值也较小的截面，如轧制圆管和宽高比小于 0.8 且绕强轴屈曲的热轧工字钢；c 类属于残余压应力峰值较大而 $\frac{i}{\rho}$ 值也较大的截面，如翼缘为轧制边或剪切边的绕弱轴屈曲的焊接工字形截面。大量截面介于 a 类和 c 类之间，属于 b 类，如翼缘为火焰切割边的焊接工字形截面，因为在翼缘的外侧具有较高的残余拉应力，它对轴心压杆承载力的影响较为有利，所以绕强轴和弱轴屈曲都属于 b 类。属于 b 类的截面很多，约占钢结构中轴心压杆的 75%。表 4-6 为对四种截面形式的截面类别进行分析。

表 4-6　截面类别判定

截面形式	宽高比小于 0.8 且绕强轴屈曲的热轧工字钢	翼缘为轧制边或剪切边的绕弱轴屈曲的焊接工字形截面	翼缘为火焰切割边的焊接工字形截面绕强轴屈曲	翼缘为火焰切割边的焊接工字形截面绕弱轴屈曲
残余应力	↗（翼缘残余应力为拉应力）	↘（翼缘两端残余应力为压应力）	→（翼缘残余应力既有拉应力，又有压应力）	↗（翼缘两端残余应力为拉应力）
$\boldsymbol{\frac{i}{\rho}}$	↗ （强轴方向，$\frac{i}{\rho}$ 较小）	↘ （弱轴方向，$\frac{i}{\rho}$ 较大）	↗ （强轴方向，$\frac{i}{\rho}$ 较小）	↘ （弱轴方向，$\frac{i}{\rho}$ 较大）
截面分类	a 类	c 类	b 类	b 类

不同截面形式的截面类别见表 4-7 和表 4-8。

表 4-7　轴压构件的截面分类（板厚 $t<40$ mm）

截　面　形　式		**对 x 轴**	**对 y 轴**
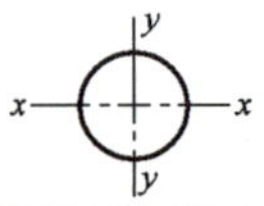 轧制		a 类	a 类
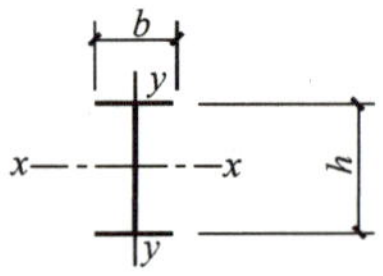 轧制	$\frac{b}{h} \leqslant 0.8$	a 类	b 类
	$\frac{b}{h} > 0.8$	a* 类	b* 类
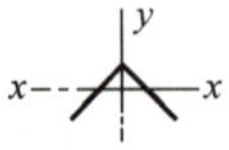 轧制等边角钢		a* 类	a* 类
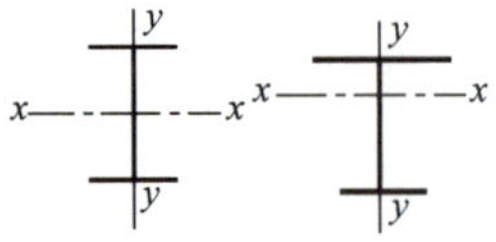 焊接，翼缘为焰切边	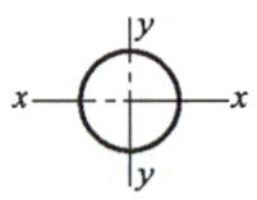 焊接	b 类	b 类

（续表）

截　面　形　式		对 x 轴	对 y 轴
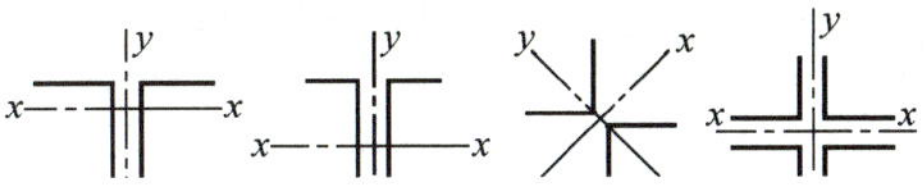 轧制		b 类	b 类
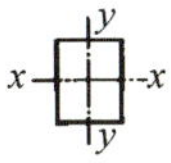 轧制，焊接（板件宽厚比>20）	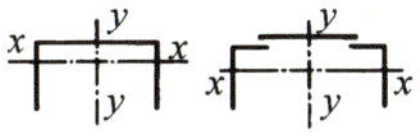 轧制或焊接		
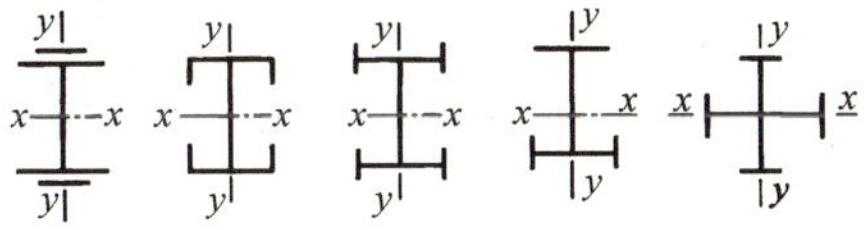 焊接	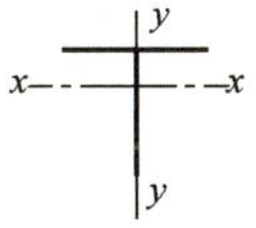 轧制截面和翼缘为焰切边的焊接截面		
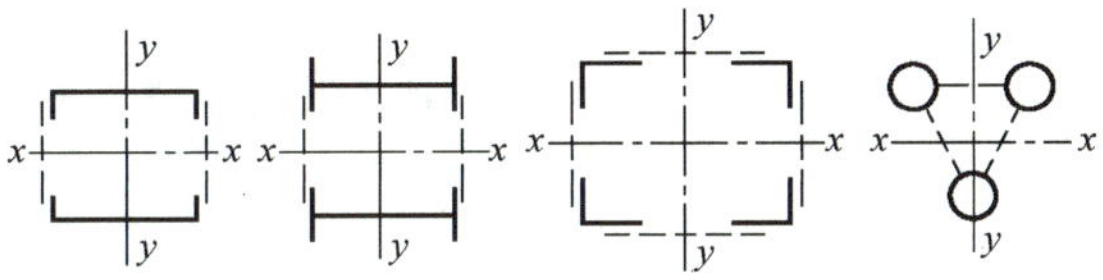 格构式	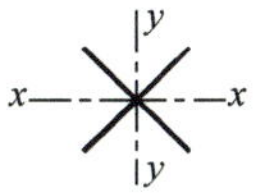 焊接，板件边缘焰切		
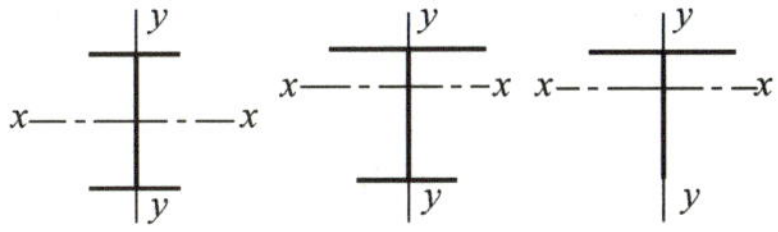 焊接，翼缘为轧制或剪切边		b 类	c 类
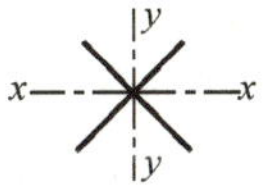 焊接，板件边缘轧制或剪切	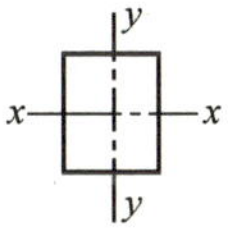 焊接，板件宽厚比≤20	c 类	c 类

注：a*：Q235 取 b 类，Q355、Q390、Q420、Q460 取 a 类；b*：Q235 取 c 类，其他取 b 类。

表 4-8　轴压构件的截面分类（板厚 t>40 mm）

截　面　形　式		对 x 轴	对 y 轴
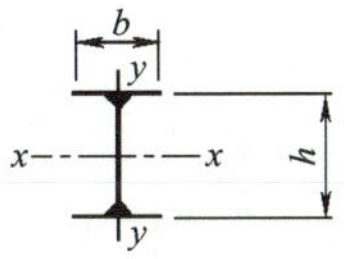 轧制工字形或 H 形截面	t<80 mm	b 类	c 类
	t≥80 mm	c 类	d 类
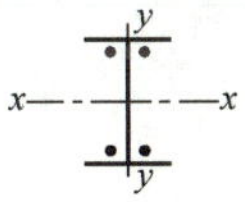 焊接工字形截面	翼缘为焰切边	b 类	b 类
	翼缘为轧制或剪切边	c 类	d 类

（续表）

截面形式		对 x 轴	对 y 轴
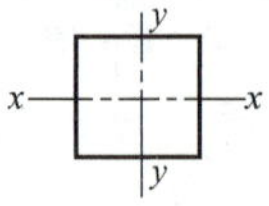 焊接箱形截面	板件宽厚比＞20	b类	b类
	板件宽厚比≤20	c类	c类

轴心受压构件稳定承载力的计算过程：

$$\left.\begin{array}{l}\text{截面形状}\\ \text{加工工艺}\end{array}\right\}\longrightarrow \left.\begin{array}{l}(a,\ b,\ c,\ d)\\ \text{截面类别}(x,\ y)\\ \text{长细比}(\lambda_x,\ \lambda_y)\end{array}\right\}\longrightarrow \text{稳定系数}(\varphi_x,\ \varphi_y)\longrightarrow N_{cu}=\varphi_{min}f_yA$$

【例题 4-5】 某焊接工字形截面轴心受压柱，钢材为 Q355，翼缘板为焰切边，截面尺寸如图 4-18 所示。已知柱轴向压力 $N=$ 1 900 kN，计算长度 $l_{0x}=600$ cm，$l_{0y}=300$ cm。试进行刚度、整体稳定校核。

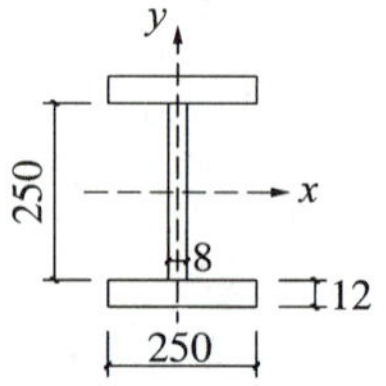

图 4-18　工字形截面尺寸

（1）计算长度：$l_{0x}=6\ 000$ mm；$l_{0y}=3\ 000$ mm。

（2）截面类别：焊接工字形，焰切边翼缘：x 方向，b类；y 方向：b类（表 4-7）。

（3）柱的长细比

截面面积 $A=250\ \text{mm}\times 8\ \text{mm}+250\ \text{mm}\times 12\ \text{mm}\times 2=8\ 000\ \text{mm}^2$

① x 方向

$$\text{截面惯性矩 } I_x=\frac{8\ \text{mm}\times(250\ \text{mm})^3}{12}+\left[\frac{250\ \text{mm}\times(12\ \text{mm})^3}{12}+250\ \text{mm}\times 12\ \text{mm}\times(131\ \text{mm})^2\right]\times 2$$

$$=113\ 454\ 667\ \text{mm}^4$$

$$\text{截面回转半径 } i_x=\sqrt{\frac{I_x}{A}}=\sqrt{\frac{113\ 454\ 666.7\ \text{mm}^4}{8\ 000\ \text{mm}^2}}=119.1\ \text{mm}$$

$$\text{柱的长细比 } \lambda_x=\frac{l_{0x}}{i_x}=\frac{6\ 000\ \text{mm}}{119.1\ \text{mm}}=50.383<[\lambda]=150$$

故 x 方向刚度满足要求。

② y 方向

$$\text{截面惯性矩 } I_y=\frac{250\ \text{mm}\times(8\ \text{mm})^3}{12}+\frac{12\ \text{mm}\times(250\ \text{mm})^3}{12}\times 2$$

$$=31\ 260\ 666.67\ \text{mm}^4$$

截面回转半径 $i_y=\sqrt{\dfrac{I_y}{A}}=\sqrt{\dfrac{31\ 260\ 666.67\ \text{mm}^4}{8\ 000\ \text{mm}^2}}=62.51\ \text{mm}$

柱的长细比 $\lambda_y=\dfrac{l_{0y}}{i_y}=\dfrac{3\ 000\ \text{mm}}{62.51\ \text{mm}}=47.992<[\lambda]=150$

故 y 方向刚度满足要求。

(4) 整体稳定系数

两个方向的截面类别均为 b 类，$\lambda_x>\lambda_y$，则 $\varphi_x<\varphi_y$，只需要验算 x 方向的整体稳定。

钢材为 Q355：$\lambda_x\sqrt{\dfrac{f_{yk}}{235}}=50.383\times\sqrt{\dfrac{355}{235}}=61.925$

b 类截面，查附表 16 得 $\varphi_x=0.797$，则

$N_{cu}=\varphi_{\min}f_yA=\varphi_xf_yA=0.797\times305\ \text{N/mm}^2\times8\ 000\ \text{mm}^2=1\ 944\ 680\ \text{N}$

$=1\ 945\ \text{kN}>N=1\ 900\ \text{kN}$

故该柱整体稳定满足要求。

轴心受压构件的扭转屈曲和弯扭屈曲相关内容请扫右侧二维码。

扭转屈曲和弯扭屈曲

4.1.6　轴心受压构件的局部稳定

为了防止局部失稳，工字形截面板件的宽厚比(图 4-19)应满足式(4-35)和式(4-36)的要求：

翼缘：
$$\frac{b_1}{t}\leqslant(10+0.1\lambda_{\max})\sqrt{\frac{235}{f_{yk}}}\tag{4-35}$$

式中　$\lambda_{\max}$——构件的较大长细比。当 $\lambda_{\max}<30$ 时，取 30；当 $\lambda_{\max}>100$ 时，取 100。

腹板：
$$\frac{h_0}{t_w}\leqslant(25+0.5\lambda_{\max})\sqrt{\frac{235}{f_{yk}}}\tag{4-36}$$

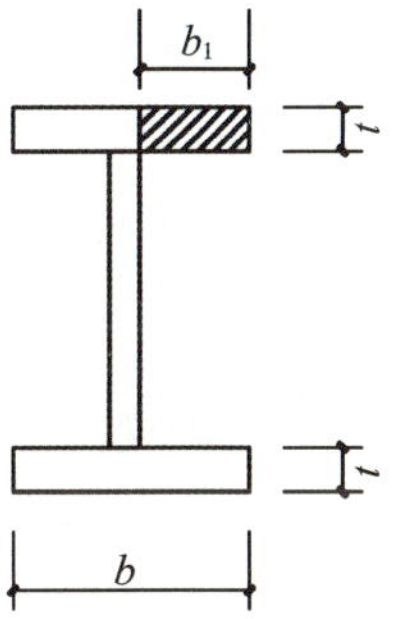

图 4-19　局部稳定

式中　h_0——腹板的净高。焊接工字钢：$h_0=h_w$；热轧工字钢：$h_0=h_w-2r$。

4.1.7　轴心受压杆(实腹式)的设计

- 轴心受压杆的稳定设计
  - 初选截面
    - 热轧型钢
    - 焊接工字钢
  - ↓
  - 安全校核
    - 强度验算
    - 刚度验算
    - 整体稳定验算
    - 局部稳定验算

如截面没有较大削弱，可不进行强度设计，因为强度承载力一定高于稳定承载力(如

整体稳定满足要求，强度一定满足要求）。

安全校核部分在上节中已阐述完毕，本节主要讲述截面选择的思路。

1. 截面选择原则

截面选择应符合下述原则。

(1) 壁薄而宽敞。即在满足局部稳定的前提下，截面宽度和高度尽量大一些，即让材料集中在离主轴较远处：在截面面积一定的前提下，得到更大的惯性矩，提高刚度和稳定承载力。

(2) 等稳定：$\varphi_x=\varphi_y(\lambda_x=\lambda_y)$。若两个方向的稳定系数不同，稳定系数较大的方向存在承载力的浪费，即最合理的情况为两个方向稳定系数相同。但是稳定系数跟截面类别和长细比有关，影响因素较多，不容易控制。因此，若两个方向长细比相等，即使截面类别不同，稳定系数不会相差太大，也可以认为属于等稳定的情况。

(3) 构造简便。

(4) 制作省工。

(5) 便于运输。

常见的轴心压杆的截面形式有热轧普通工字钢、热轧宽翼缘 H 型钢、焊接工字形截面。

热轧普通工字钢虽然有制作省工的优点，但板件较厚，很不经济。因此，很少用于单根压杆。若要用于单根压杆，需要加很多侧向支撑才能实现等稳定（两个主轴方向的回转半径差别较大）。

热轧宽翼缘 H 型钢的宽度和高度大致相同，强轴的回转半径约为弱轴回转半径的 2 倍，中点加侧向支撑容易实现等稳定。

焊接工字形截面可使用自动焊，腹板按局部稳定的要求可做得很薄以节省钢材。为使翼缘与腹板便于焊接，截面的高度和宽度应做得大致相同。工字形截面的回转半径与截面轮廓尺寸的近似关系是 $i_x=0.43h$，$i_y=0.24b$（附表 12）。所以中点加侧向支撑容易实现等稳定。

2. 截面选择的步骤

已知：钢材标号，压力设计值，计算长度，截面形式。

未知：截面尺寸。

$$\left.\begin{array}{l}\text{截面形状}\\ \text{加工工艺}\end{array}\right\}\longrightarrow \text{截面类别}(x,\ y)$$

$$\left.\begin{array}{l}\text{截面类别}(x,\ y)\\ \text{假定长细比}\ \lambda_x=\lambda_y\longrightarrow\left\{\begin{array}{l}i_x=\dfrac{l_{0x}}{\lambda_x}\\ i_y=\dfrac{l_{0y}}{\lambda_y}\end{array}\right.\longrightarrow\left\{\begin{array}{l}h=\dfrac{i_x}{0.43}\\ b=\dfrac{i_y}{0.24}\end{array}\right.\end{array}\right\}\longrightarrow \text{稳定系数}(\varphi_x,\ \varphi_y)\longrightarrow A\geqslant\frac{N}{\varphi_{\min}f_y}$$

【例题4-6】 某一两端铰接的实腹式轴心受压构件，承受压力设计值930 kN，构件计算长度 $l_{0x}=600$ cm，$l_{0y}=300$ cm，钢材为Q235钢，截面无孔洞削弱，容许长细比 $[\lambda]=150$。试设计此构件的截面：热轧普通工字钢；热轧H型钢；焊接工字形截面，翼缘板为焰切边。

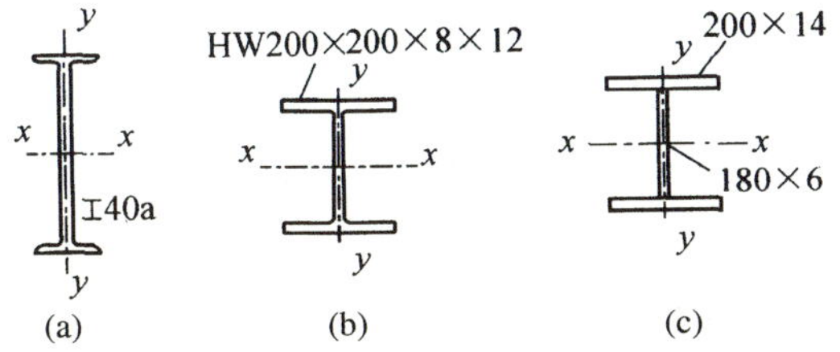

图4-20 不同截面形式

(1) 热轧普通工字钢

① 初选截面

截面类别：

x 方向：a类；y 方向：b类(查表4-7)

假定长细比 $\lambda_x=\lambda_y=100$，查附表16，得 $\varphi_{min}=\varphi_y=0.555<\varphi_x$

$$A\geqslant\frac{N}{\varphi_{min}f_y}=\frac{930\times10^3\ \text{N}}{0.555\times215\ \text{N/mm}^2}=7\,793.84\ \text{mm}^2$$

$$i_x=\frac{l_{0x}}{\lambda_x}=\frac{6\,000\ \text{mm}}{100}=60\ \text{mm}$$

$$i_y=\frac{l_{0y}}{\lambda_y}=\frac{3\,000\ \text{mm}}{100}=30\ \text{mm}$$

选用I40b：$A=94.07\ \text{cm}^2$；$i_x=15.56$ cm；$i_y=2.71$ cm；$t=16.5$ mm。

② 刚度、整体稳定验算

$$\lambda_x=\frac{l_{0x}}{i_x}=\frac{6\,000\ \text{mm}}{155.6\ \text{mm}}=38.56<[\lambda]=150$$

$$\lambda_y=\frac{l_{0y}}{i_y}=\frac{3\,000\ \text{mm}}{27.1\ \text{mm}}=110.7<[\lambda]=150$$

故刚度满足要求。

截面类别：

x 方向：a类；y 方向：b类；且 $\lambda_x<\lambda_y$，则 $\varphi_x>\varphi_y$

b类截面，查附表16，得 $\varphi_y=0.488\,5$

$$N_{cu}=\varphi_{min}f_yA=\varphi_yf_yA=0.488\,5\times205\ \text{N/mm}^2\times9\,407\ \text{mm}^2=942\,040.5\ \text{N}$$
$$=942\ \text{kN}>N=930\ \text{kN}$$

故该柱刚度、整体稳定满足要求。热轧型钢宽厚比较小，不需要进行局部稳定验算。

（2）热轧 H 型钢

① 初选截面

选择宽翼缘 H 型钢。热轧工字钢是 y 方向起控制作用；热轧宽翼缘 H 型钢宽度较大，I_y 较大，i_y 较大，λ_y 较小，假定长细比可适当减小。

截面类别：

x 方向：b 类；y 方向：c 类（查表 4-7）

假定长细比 $\lambda_x=\lambda_y=70$，查附表 17，得 $\varphi_{min}=\varphi_y=0.643<\varphi_x$

$$A\geqslant\frac{N}{\varphi_{min}f_y}=\frac{930\times10^3\ \text{N}}{0.643\times215\ \text{N/mm}^2}=6\ 727.2\ \text{mm}^2=67.27\ \text{cm}^2$$

$$i_x=\frac{l_{0x}}{\lambda_x}=\frac{600\ \text{cm}}{70}=8.571\ \text{cm};\ i_y=\frac{l_{0y}}{\lambda_y}=\frac{300\ \text{cm}}{70}=4.286\ \text{cm}$$

选用 HW200×200×8×12，$A=64.28\ \text{cm}^2$；$i_x=8.61\ \text{cm}$；$i_y=4.99\ \text{cm}$。

② 刚度、整体稳定验算

$$\lambda_x=\frac{l_{0x}}{i_x}=\frac{600\ \text{cm}}{8.61\ \text{cm}}=69.69<[\lambda]=150$$

$$\lambda_y=\frac{l_{0y}}{i_y}=\frac{300\ \text{cm}}{4.99\ \text{cm}}=60.12<[\lambda]=150$$

故刚度满足要求。

x 方向：b 类；$\lambda_x=69.69$，查附表 16，得 $\varphi_x=0.753$

y 方向：c 类；$\lambda_y=60.12$，查附表 17，得 $\varphi_y=0.708<\varphi_x$

$$N_{cu}=\varphi_{min}f_yA=\varphi_yf_yA=0.708\times215\ \text{N/mm}^2\times6\ 428\ \text{mm}^2=978\ 691.3\ \text{N}$$
$$=978.7\ \text{kN}>N=930\ \text{kN}$$

故该柱刚度、整体稳定满足要求。热轧型钢宽厚比较小，不需要进行局部稳定验算。

（3）选用焊接工字型截面，翼缘为焰切边

① 初选截面

截面类别：

x 方向：b 类；y 方向：b 类（查表 4-7）

假定长细比 $\lambda_x=\lambda_y=70$，查附表 16，得 $\varphi_x=\varphi_y=0.751$

$$A\geqslant\frac{N}{\varphi_{min}f_y}=\frac{930\times10^3\ \text{N}}{0.751\times215\ \text{N/mm}^2}=5\ 759.76\ \text{mm}^2$$

$$i_x=\frac{l_{0x}}{\lambda_x}=\frac{6\ 000\ \text{mm}}{70}=85.7\ \text{mm};\ h=\frac{i_x}{0.43}=\frac{85.7\ \text{mm}}{0.43}=199.3\ \text{mm}$$

$$i_y=\frac{l_{0y}}{\lambda_y}=\frac{3\ 000\ \text{mm}}{70}=42.86\ \text{mm};\ b=\frac{i_y}{0.24}=\frac{42.86\ \text{mm}}{0.24}=178.57\ \text{mm}$$

$A \geqslant 5\,759.76\ \text{mm}^2$；$h=199.3\ \text{mm}$；$b=178.57\ \text{mm}$，取 $b=180\ \text{mm}$；$t=14\ \text{mm}$；$h_w=180\ \text{mm}$

$$t_w=\frac{A-2bt}{h_w}=\frac{5\,759.76\ \text{mm}^2-2\times180\ \text{mm}\times14\ \text{mm}}{180\ \text{mm}}=4\ \text{mm}，取\ t_w=6\ \text{mm}$$

② 刚度、整体稳定验算

截面面积 $A=180\ \text{mm}\times6\ \text{mm}+180\ \text{mm}\times14\ \text{mm}\times2=6\,120\ \text{mm}^2$

x 方向：

$$截面惯性矩\ I_x=\frac{6\ \text{mm}\times(180\ \text{mm})^3}{12}+\left[\frac{180\ \text{mm}\times(14\ \text{mm})^3}{12}+180\ \text{mm}\times14\ \text{mm}\times(97\ \text{mm})^2\right]\times2$$
$$=50\,419\,680\ \text{mm}^4$$

$$截面回转半径\ i_x=\sqrt{\frac{I_x}{A}}=\sqrt{\frac{50\,419\,680\ \text{mm}^4}{6\,120\ \text{mm}^2}}=90.77\ \text{mm}$$

$$柱的长细比\ \lambda_x=\frac{l_{0x}}{i_x}=\frac{6\,000\ \text{mm}}{90.77\ \text{mm}}=66.1<[\lambda]=150$$

故 x 方向刚度满足要求。

y 方向：

$$截面惯性矩\ I_y=\frac{180\ \text{mm}\times(6\ \text{mm})^3}{12}+\frac{14\ \text{mm}\times(180\ \text{mm})^3}{12}\times2$$
$$=13\,611\,240\ \text{mm}^4$$

$$截面回转半径\ i_y=\sqrt{\frac{I_y}{A}}=\sqrt{\frac{13\,611\,240\ \text{mm}^4}{6\,120\ \text{mm}^2}}=47.16\ \text{mm}$$

$$柱的长细比\ \lambda_y=\frac{l_{0y}}{i_y}=\frac{3\,000\ \text{mm}}{62.51\ \text{mm}}=47.992<[\lambda]=150$$

故 y 方向刚度满足要求。

$\lambda_x=66.1$；两个方向的截面类别均为 b 类，$\lambda_x>\lambda_y$，则 $\varphi_x<\varphi_y$，只需要验算 x 方向的整体稳定。b 类截面，查附表 16，得 $\varphi_x=0.773\,4$。

$$N_{cu}=\varphi_{min}f_yA=\varphi_xf_yA=0.773\,4\times215\ \text{N/mm}^2\times6\,120\ \text{mm}^2$$
$$=1\,017\,639.72\ \text{N}=1\,017.6\ \text{kN}>N=930\ \text{kN}$$

故该柱刚度、整体稳定满足要求。

③ 局部稳定验算

$\lambda_x=66.1$；$\lambda_y=47.992$

$$\lambda<70\sqrt{\frac{235}{f_{yk}}}：\frac{b_1}{t}=\frac{180\ \text{mm}-6\ \text{mm}}{2\times14\ \text{mm}}=6.2<14\sqrt{\frac{235}{f_{yk}}}=14$$

$$\lambda > 50\sqrt{\frac{235}{f_{yk}}}: \frac{h_w}{t_w} = \frac{180\ \text{mm}}{6\ \text{mm}} = 30 < 21\sqrt{\frac{235}{f_{yk}}} + 0.42\lambda = 48.76$$

故该柱局部稳定满足要求。

4.2 受弯构件的稳定设计

4.2.1 梁的整体失稳

单向弯曲的梁，截面通常设计得窄而高，这样可以更有效地发挥材料的作用。如图4-21所示工字形截面钢梁，在梁的两端作用有弯矩 M_x（纯弯曲），M_x 为绕 x 轴（强轴）的弯矩。

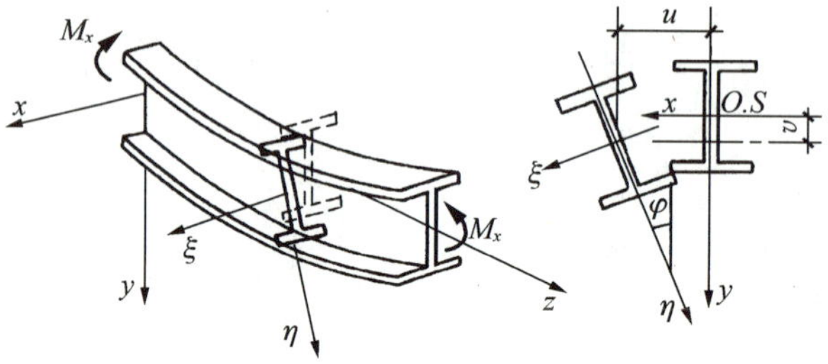

图4-21 丧失整体

当 M_x 较小时，梁仅在弯矩作用平面内（yOz 平面）弯曲，但当 M_x 逐渐增加，达到某一数值时，梁将突然发生侧向弯曲（绕弱轴的弯曲）和扭转，并丧失继续承载的能力。这种现象常称为梁的弯扭屈曲或梁的整体失稳。

失稳原因：上翼缘在压力作用下，类似一根轴心受压杆，在达到临界弯矩之前，仅绕该杆的弱轴弯曲；当弯矩达到临界弯矩，即压力达到临界压力，该杆绕强轴弯曲。对整个工字钢来说，即上翼缘发生侧移（构件绕弱轴弯曲）；上翼缘带动腹板和下翼缘移动，即发生扭转变形，形成整个截面侧弯加扭转。

有横向荷载作用的梁，当荷载 P 增大到某一数值时，同样会丧失整体稳定。这种使梁丧失整体稳定的弯矩或荷载称为临界弯矩或临界荷载。

4.2.2 梁的整体稳定承载力的影响因素

1. 梁的截面形式及其尺寸比例

在主平面内受弯的梁，其整体稳定以侧扭屈曲的形式丧失，抗扭和抗侧弯能力较强的截面有利于提高其临界弯矩。因此，截面的侧向抗弯刚度、抗扭刚度和翘曲刚度越大，临界弯矩越高：箱形截面、工字形截面的形式比较理想；槽形、T形截面次之，L形截面则不宜。

截面各部分尺寸的比例亦影响梁抗扭和侧向抗弯能力，增大受压翼缘的宽度对提高稳定承载力效果明显。

2. 梁端支承条件

梁两端约束程度越高，临界弯矩越高，变形越小。较可靠的方法是将梁的受压翼缘连于支承处。

3. 梁受压翼缘与侧向支承点间的距离

若受压翼缘有可靠的侧向支承，其间距 l_1 越小，临界弯矩越大。可将上翼缘看成有侧向支承的轴心受压杆，侧向支承可减小其计算长度，增大临界力。

4. 荷载类型和沿梁跨分布情况

梁的整体稳定还与荷载种类有关。现在对下列三种荷载（弯矩最大值相等时）作用下的简支梁进行对比：跨中作用集中力，全跨作用均布荷载，两端作用集中力偶（纯弯曲）。

若将上翼缘看出轴心受压杆，其轴力图形状应与整个构件的弯矩图形状相同，即压力最大值相同：纯弯曲各截面轴力均为最大值；跨中受集中力时只有跨中截面轴力达到最大值，向两端线性减小至零；均布荷载作用时介于二者中间。显然纯弯曲时最为不利，集中荷载作用时最为有利，均布荷载作用时介于二者中间。

表 4-9 中 k 的取值与上述规律相符。

表 4-9　双轴对称工字形截面简支梁的弯扭屈曲系数 k

荷载情况	k		说明
	荷载作用于形心	荷载作用于上、下翼缘	
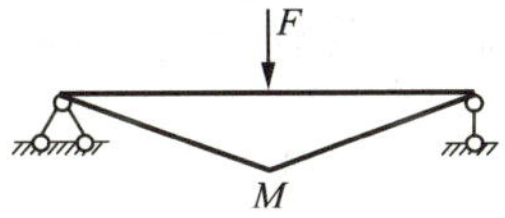	$k=1.35\pi\sqrt{1+10.2\psi}$	$k=1.35\pi\sqrt{1+12.9\psi}\mp1.74\sqrt{\psi}$	“－”用于荷载作用于上翼缘；“＋”用于荷载作用于下翼缘
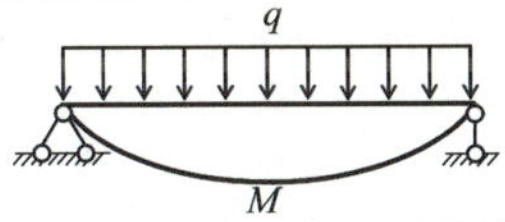	$k=1.13\pi\sqrt{1+10\psi}$	$k=1.13\pi\sqrt{1+11.9\psi}\mp1.44\sqrt{\psi}$	
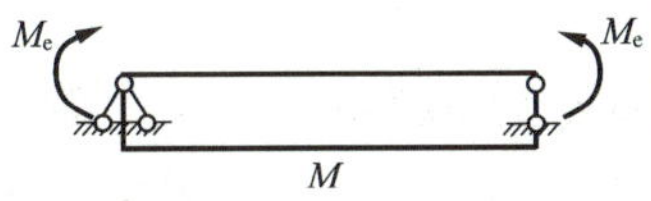	$k=\sqrt{1+\pi^2\psi}$		

$$M_{cr}=k\frac{\sqrt{EI_wGI_t}}{l} \tag{4-37}$$

5. 荷载作用位置

当荷载作用在剪心 S 以上时，构件发生扭转后，荷载会对剪心产生同向附加弯矩，加速构件的弯扭失稳[降低整体稳定临界力，图 4-22(b)]。

当荷载作用在剪心 S 以下时，构件发生扭转后，荷载会对剪心产生反向附加弯矩，延缓构件的弯扭失稳[提高整体稳定临界力，图 4-22(c)]。

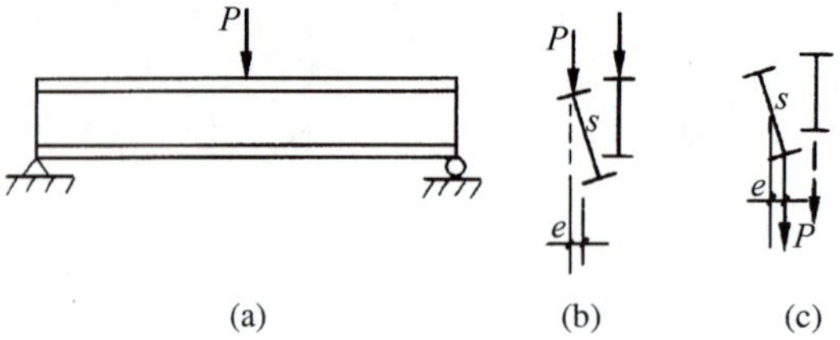

图 4-22　荷载作用位置对整体稳定的影响

4.2.3　受弯构件整体稳定承载力计算

受弯构件的整体稳定验算：

$$M_x \leqslant M_{ux} = \varphi_b W_{ex} f_y \tag{4-38}$$

式(4-38)也可写为

$$\frac{M_x}{\varphi_b W_{ex} f_y} \leqslant 1.0 \tag{4-39}$$

式中　φ_b ——梁的整体稳定系数。φ_b 的计算公式为

$$\varphi_b = \beta_b \cdot \frac{4\,320}{\lambda_y^2} \cdot \frac{Ah}{W_{ex}} \left[\sqrt{1+\left(\frac{\lambda_y t_1}{4.4h}\right)^2} + \eta_b\right] \cdot \frac{235}{f_{yk}} \tag{4-40}$$

式中　β_b ——梁整体稳定的等效弯矩系数，即不同荷载作用下的稳定系数与纯弯曲作用下稳定系数的比值，参见附表 13；

λ_y ——y 方向的长细比，$\lambda_y = \dfrac{l_1}{i_y}$，$l_1$ 为 H 型钢或工字形截面简支梁受压翼缘侧向支承点间的距离；

W_{ex} ——按受压翼缘确定的毛截面模量；

η_b ——截面不对称影响系数：双轴对称截面取 $\eta_b=0$；加强受压翼缘的工字形截面取 $\eta_b=0.8(2\alpha_b-1)$；加强受拉翼缘的工字形截面取 $\eta_b=2\alpha_b-1$，其中 $\alpha_b=\dfrac{I_1}{I_1+I_2}$，$I_1$ 和 I_2 分别为受压翼缘和受拉翼缘对 y 轴的惯性矩。

对加强受压翼缘的工字形截面，η_b 为正值，根据上式算得的整体稳定系数 φ_b 增大；反之，对加强受拉翼缘的工字形截面，η_b 为负值，将使整体稳定系数 φ_b 变小。显然，加强受压翼缘的工字形截面更有利于提高梁的整体稳定性。

上述公式均是按照弹性工作阶段导出的。对于钢梁，当考虑残余应力影响时，可取比

例极限 $f_p=0.6f_{yk}$。因此，当 $\sigma_{cr}>0.6f_{yk}$，即当算得的稳定系数 $\varphi_b>0.6$ 时，梁已进入了弹塑性工作阶段，其临界弯矩有明显的降低。此时，应对稳定系数进行修正：

$$\varphi_b'=1.07-\frac{0.282}{\varphi_b}\leqslant 1.0 \tag{4-41}$$

进而用修正所得系数 φ_b' 代替式(4-40)中的 φ_b 值进行整体稳定计算。

对于热轧普通工字钢简支梁的整体稳定系数 φ_b，可由附表 14 直接查得，当查得的 φ_b 值大于 0.6 时，同样应按式(4-41)进行修正。

对于纯弯曲作用的构件，当 $\lambda_y\leqslant 120\cdot\sqrt{\frac{235}{f_{yk}}}$ 时，其整体稳定系数 φ_b 可按近似公式[式(4-42)—式(4-46)]进行计算。

1. 工字形截面

双轴对称时：
$$\varphi_b=1.07-\frac{\lambda_y^2}{44\,000}\cdot\frac{f_{yk}}{235}\leqslant 1.0 \tag{4-42}$$

单轴对称时：
$$\varphi_b=1.07-\frac{W_{ex}}{(2\alpha_b+0.1)Ah}\cdot\frac{\lambda_y^2}{14\,000}\cdot\frac{f_{yk}}{235}\leqslant 1.0 \tag{4-43}$$

2. T 形截面(弯矩作用在对称轴平面，绕 x 轴弯曲)

(1) 弯矩使翼缘受压时

双角钢组成的 T 形截面

$$\varphi_b=1-0.001\,7\lambda_y\sqrt{\frac{f_{yk}}{235}}\leqslant 1.0 \tag{4-44}$$

部分 T 形钢板组成的 T 形截面

$$\varphi_b=1-0.002\,2\lambda_y\sqrt{\frac{f_{yk}}{235}}\leqslant 1.0 \tag{4-45}$$

(2) 弯矩使翼缘受拉且腹板宽厚比不大于 $18\cdot\frac{235}{f_{yk}}$ 时

$$\varphi_b=1-0.000\,5\lambda_y\sqrt{\frac{f_{yk}}{235}}\leqslant 1.0 \tag{4-46}$$

式(4-42)—式(4-46)中的 φ_b 值已经考虑了非弹性屈曲问题，因此，当算得的 φ_b 值大于 0.6时，不需要再换算成 φ_b' 值。

式(4-39)为梁端不能扭转情况下的计算公式。可通过以下构造措施来阻止梁端截面扭转：①在上翼缘设支撑体系；②把上翼缘和支座结构相连接；③在支点截面处设置支承加劲肋。符合下列任一情况的梁，不会丧失整体稳定，可按强度计算承载力。

- 有铺板密铺在梁的受压翼缘上并与其牢固连接，能阻止梁受压翼缘的侧向位移时。
- 箱形截面简支梁，其截面尺寸满足 $\frac{h}{b_0} \leqslant 6$（图 4-23），且 $\frac{l_1}{b_0} \leqslant 95 \cdot \frac{235}{f_{yk}}$。
- 工字形截面简支梁，侧向支撑之间的长度 $l_1 \leqslant 8b \cdot \frac{235}{f_{yk}}$（焊接梁）或 $l_1 \leqslant 10b \cdot \frac{235}{f_{yk}}$（型钢梁）。

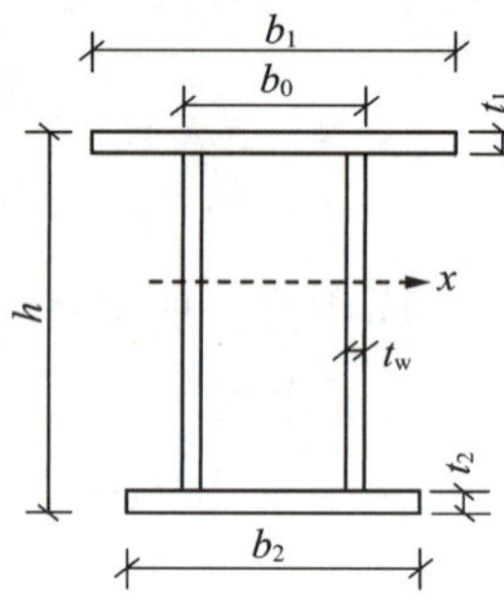

图 4-23　箱形截面

4.2.4　按稳定条件选择梁截面

当不能通过上节所述构造措施防止梁的整体失稳时，应按下式选择梁截面：

$$W_{ex} \geqslant \frac{M_x}{\varphi_b f_y} \tag{4-47}$$

在初选截面时，φ_b 取不设置支撑的梁：$\varphi_b = 0.5 \sim 0.7$；设置支撑的梁：$\varphi_b = 0.9$ 左右。

由于所取 φ_b 系数未必和选出的截面相协调，所选截面时常需要调整。而且，按稳定要求选择梁截面，不只需要考虑 W_{ex}。对于承受纯弯曲的双轴对称简支梁，其弹性阶段的临界弯矩为

$$M_{cr} = \frac{\pi^2 EI_y h}{2l^2}\sqrt{1 + \frac{4l^2 GI_t}{\pi^2 h^2 EI_y}} \tag{4-48}$$

式(4-48)的根号部分略大于 1，变化不是很大。因此，同一跨度的梁，M_{cr} 主要取决于 $I_y h$。

【例题 4-7】 设例题 3-9 中的平台板不能保证次梁的整体稳定，试按梁的整体稳定条件重新选择其次梁截面。

(1) 采用普通工字钢

设型号在 I22—I40 之间，均布荷载作用于上翼缘，梁的自由长度 $l_1 = 6$ m，由附表 14 查得 $\varphi_b = 0.6$，所需截面模量 $W_{ex} \geqslant \frac{M_{Cx}}{\varphi_b f_y} = \frac{137.7 \times 10^6\ \text{N} \cdot \text{mm}}{0.6 \times 215\ \text{N/mm}^2} = 1\,067\,442\ \text{mm}^3$。

选用 I40b，$W_{ex} = 1\,140\ \text{cm}^3$，$t = 16.5$ mm，$m_k = 73.8$ kg/m，$g_k = m_k g = 73.8\ \text{kg/m} \times 9.8\ \text{m/s}^2 = 723$ N/m。

梁自重产生的内力(跨中弯矩)为

$$M_{Cx}=\frac{1}{8}gl^2=\frac{1}{8}\times 1.3g_kl^2=1.3\times\frac{1}{8}\times 723\ \text{N/m}\times(6\ \text{m})^2=4\ 230\ \text{N}\cdot\text{m}$$

跨中总弯矩 $M_{Cx}=137.7\times10^3\ \text{N}\cdot\text{m}+4\ 230\ \text{N}\cdot\text{m}=141.93\times10^3\ \text{N}\cdot\text{m}$

$$\frac{M_{Cx}}{\varphi_b W_{ex} f_y}=\frac{141.93\times10^6\ \text{N}\cdot\text{mm}}{0.6\times1\ 140\times10^3\ \text{mm}^3\times215\ \text{N/mm}^2}=0.965\leqslant1.0$$

故梁的整体稳定满足要求。

(2) 采用热轧 H 型钢

选用 HN400×200×8×13：$h=400$ mm，$b=200$ mm，$t=13$ mm，$A=83.37\ \text{cm}^2$，$i_y=4.56$ cm，$W_{ex}=1\ 170\ \text{cm}^3$，$m_k=65.4$ kg/m，$g_k=m_kg=65.4\ \text{kg/m}\times9.8\ \text{m/s}^2=641$ N/m。

梁自重产生的内力(跨中弯矩)为

$$M_{Cx}=\frac{1}{8}gl^2=\frac{1}{8}\times 1.3g_kl^2=1.3\times\frac{1}{8}\times 641\ \text{N/m}\times(6\ \text{m})^2=3\ 750\ \text{N}\cdot\text{m}$$

跨中总弯矩 $M_{Cx}=137.7\times10^3\ \text{N}\cdot\text{m}+3\ 750\ \text{N}\cdot\text{m}=141.45\times10^3\ \text{N}\cdot\text{m}$

$$\varphi_b=\beta_b\cdot\frac{4\ 320}{\lambda_y^2}\cdot\frac{Ah}{W_{ex}}\left[\sqrt{1+\left(\frac{\lambda_y t_1}{4.4h}\right)^2}+\eta_b\right]$$

$$\eta_b=0;\ \lambda_y=\frac{l_{0y}}{i_y}=\frac{6\ 000\ \text{mm}}{45.6\ \text{mm}}=131.6$$

均布荷载作用在上翼缘，查附表13，可得

$$\xi=\frac{l_1t_1}{b_1h}=\frac{l_{0y}t}{bh}=\frac{6\ 000\ \text{mm}\times13\ \text{mm}}{200\ \text{mm}\times400\ \text{mm}}=0.975\leqslant2$$

$$\beta_b=0.69+0.13\xi=0.69+0.13\times0.975=0.817$$

$$\begin{aligned}\varphi_b&=\beta_b\cdot\frac{4\ 320}{\lambda_y^2}\cdot\frac{Ah}{W_{ex}}\left[\sqrt{1+\left(\frac{\lambda_y t_1}{4.4h}\right)^2}+\eta_b\right]\\&=0.817\cdot\frac{4\ 320}{131.6^2}\cdot\frac{8\ 337\ \text{mm}^2\times400\ \text{mm}}{1\ 170\times10^3\ \text{mm}^3}\left[\sqrt{1+\left(\frac{131.6\times13\ \text{mm}}{4.4\times400\ \text{mm}}\right)^2}+0\right]\\&=0.81>0.6\end{aligned}$$

需要对稳定系数进行修正：

$$\varphi_b'=1.07-\frac{0.282}{\varphi_b}=1.07-\frac{0.282}{0.81}=0.722\leqslant1.0$$

$$\frac{M_{Cx}}{\varphi_b W_{ex} f_y}=\frac{141.45\times10^6\ \text{N}\cdot\text{mm}}{0.722\times1\ 170\times10^3\ \text{mm}^3\times215\ \text{N/mm}^2}=0.779\leqslant1.0$$

由此可见，选用热轧工字钢，钢材用量较大，且稳定承载力较低。也可以将平台板设计为刚性，并与梁可靠连接，以保证梁的整体稳定。

4.3 压弯构件的稳定设计

4.3.1 压弯构件在弯矩作用平面内的稳定性

对于抵抗弯扭变形能力很强的压弯构件，或者在构件的侧向有足够多的支承以阻止其发生弯扭变形的压弯构件，在轴压力 N 和弯矩 M 的共同作用下，可能在弯矩作用的平面内发生整体的弯曲失稳，计算公式为

$$\frac{N}{\varphi_x A f_y}+\frac{\beta_{mx}M_x}{\gamma_x W_{1ex}\left(1-\frac{0.8N}{N'_{ex}}\right)f_y}\leqslant 1 \tag{4-49}$$

$$N'_{ex}=\frac{\pi^2 EA}{\gamma_R\lambda_x^2} \tag{4-50}$$

式中 W_{1ex}——截面对受压翼缘的截面模量，如图 4-24 所示，$W_{1ex}=\frac{I_x}{h_1}$；

γ_R——抗力分项系数，取 1.1；

β_{mx}——等效弯矩系数，非纯弯曲时需要考虑，即作用于两端的弯矩不相等，或承受横向荷载时需要考虑，使非均匀弯矩和均匀弯矩对应的二者弯矩最大值相等，$\beta_{mx}=\frac{M_e}{M_{max}}$，如图 4-25 所示。

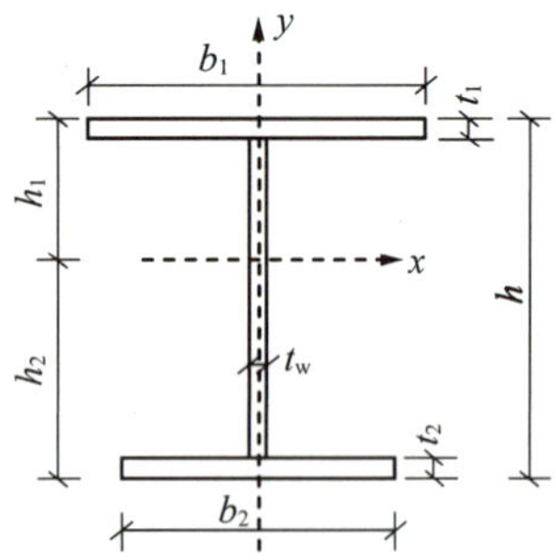

图 4-24 单轴对称工字形截面

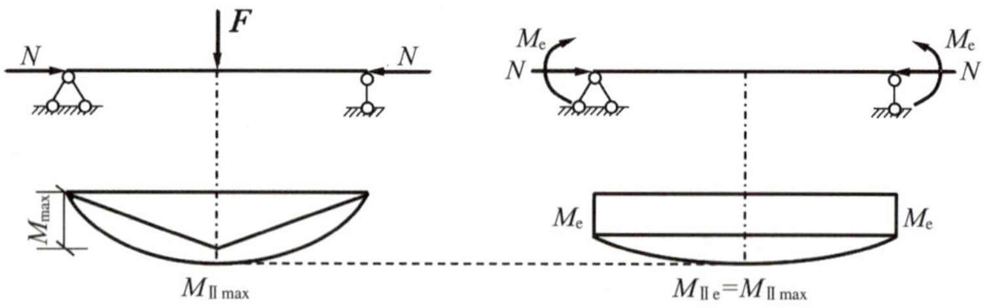

图 4-25 等效弯矩系数示意

表 4-10 给出了三种情况等效弯矩系数的理论计算结果和简化公式。

压弯构件面内稳定计算的等效弯矩系数见表 4-10。

表 4-10　等效弯矩系数

荷载作用简图	β_{mx} 的理论值	β_{mx} 的简化公式	《钢结构设计标准》(GB 50017—2017)公式
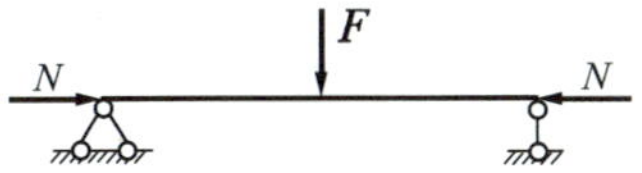	$\dfrac{1-0.18n}{1+0.23n}$	$1-0.36n$	$1-\dfrac{0.36N}{N_{cr}}$
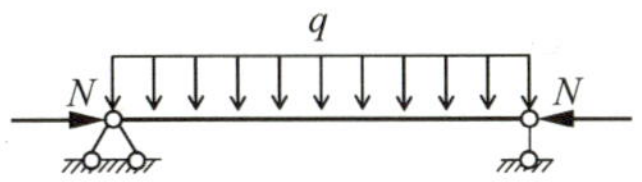	$\dfrac{1-0.03n}{1+0.23n}$	$1-0.18n$	$1-\dfrac{0.18N}{N_{cr}}$
	$\sqrt{\dfrac{1-2m\cos kl+m^2}{2(1-\cos kl)}}$	$0.6+0.4m$	$0.6+0.4m$

注：1. $n=\dfrac{N}{N_E}$，$N_E=N_{cr}=\dfrac{\pi^2 EA}{\lambda^2}$；

2. $m=\dfrac{M_2}{M_1}$，M_1，M_2 为梁的端弯矩，使梁产生同向曲率时 M_1 和 M_2 取同号，产生反向曲率时取异号，$|M_1|\geqslant|M_2|$；

3. $k=\sqrt{\dfrac{N}{EI}}$。

当构件同时受到端弯矩和横向荷载产生的弯矩时，$\beta_{mx}M_x$ 取两种弯矩等效后的代数和，即

$$\beta_{mx}M_x=\beta_{mqx}M_{qx}+\beta_{m1x}M_1 \tag{4-51}$$

式中　M_{qx}——横向荷载在简支梁上产生的最大弯矩；

M_1——端弯矩中绝对值较大者；

β_{mqx}，β_{m1x}——各自的等效弯矩系数。

对于单轴对称截面，弯矩使较大翼缘受压时，对较小翼缘侧，还应补充下式进行计算，防止构件只在受拉一侧出现塑性，塑性区的发展导致构件失稳：

$$\left|\frac{N}{Af}-\frac{\beta_{mx}M_x}{\gamma_x W_{2ex}\left(1-\dfrac{1.25N}{N'_{ex}}\right)f_y}\right|\leqslant 1 \tag{4-52}$$

式中　W_{2ex}——较小翼缘最外纤维的毛截面模量，$W_{2ex}=\dfrac{I_x}{h_2}$。

【例题 4-8】 某 10 号工字钢制作的压弯构件，两端铰接，长度为 3.3 m，在长度的三分点处各有一个侧向支承以保证构件不发生弯扭屈曲。钢材为 Q235 钢。验算如图 4-26(a)(b)(c)所示三种受力情况构件的承载力。构件除承受相同的轴线压力 $N=16\ \mathrm{kN}$ 外，作用的弯矩分别为：图 4-26(a) 在左端腹板的平面内作用着弯矩 $M_x=10\ \mathrm{kN\cdot m}$；图 4-26(b) 在两端同时作用着数量相等并产生同向曲率的弯矩 $M_x=10\ \mathrm{kN\cdot m}$；图 4-26(c) 在构件的两端同时作用着数量相等但产生反向曲率的弯矩 $M_x=10\ \mathrm{kN\cdot m}$。

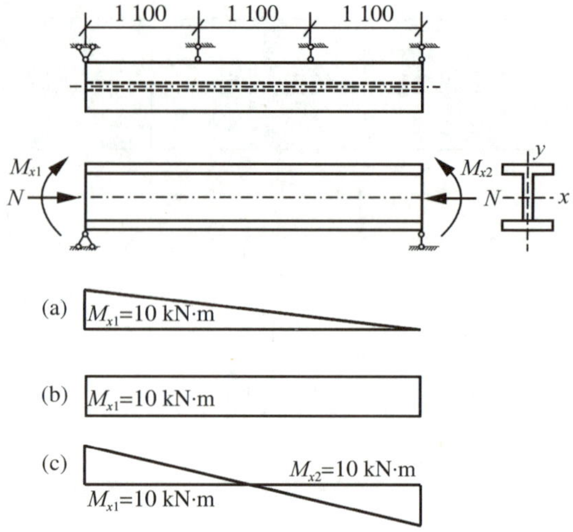

图 4-26　压弯构件平面内失稳

型号为 I10，查附表 4，可得 $A=14.3\ \mathrm{cm^2}$，$W_{ex}=49\ \mathrm{cm^3}$，$i_x=4.14\ \mathrm{cm}$，$t=7.6\ \mathrm{mm}$，$f_y=215\ \mathrm{N/mm^2}$。

(1) 图 4-26(a) 弯矩最大值在构件的端部，先进行强度验算

$A=14.3\ \mathrm{cm^2}$

$$\frac{N}{A}+\frac{M_x}{\gamma_x W_{ex}}=\frac{16\times10^3\ \mathrm{N}}{1\ 430\ \mathrm{mm^2}}+\frac{10\times10^6\ \mathrm{N\cdot m}}{1.05\times49\times10^3\ \mathrm{mm^3}}=205.55\ \mathrm{N/mm^2}<215\ \mathrm{N/mm^2}$$

再验算构件在弯矩作用平面内的稳定性，由图 4-26(a)可知，$M_2=0$，$M_1=10\ \mathrm{kN\cdot m}$，

$$\beta_{mx}=0.6+0.4\ \mathrm{m}=0.6+0.4\frac{M_2}{M_1}=0.6$$

$$\lambda_x=\frac{l_{0x}}{i_x}=\frac{3\ 300\ \mathrm{mm}}{41.4\ \mathrm{mm}}=79.71$$

查附表 15，可得 $\varphi_x=0.785$

$$N'_{ex}=\frac{\pi^2 EA}{\gamma_R\lambda_x^2}=\frac{3.14^2\times206\times10^3\ \mathrm{N/mm^2}\times1\ 430\ \mathrm{mm^2}}{1.1\times(79.71)^2}=415\ 570\ \mathrm{N}=415.6\ \mathrm{kN}$$

$$\frac{N}{\varphi_x Af}+\frac{\beta_{mx}M_x}{\gamma_x W_{ex}\left(1-\frac{0.8N}{N'_{ex}}\right)f_y}=\frac{16\times10^3\ \mathrm{N}}{0.785\times1\ 430\ \mathrm{mm^2}\times215\ \mathrm{N/mm^2}}+$$

$$\frac{0.6\times10\times10^6\ \mathrm{N\cdot m}}{1.05\times49\times10^3\ \mathrm{mm^3}\times\left(1-\frac{0.8\times16\ \mathrm{kN}}{415.6\ \mathrm{kN}}\right)\times215\ \mathrm{N/mm^2}}$$

$$=0.626\leqslant1$$

（2）当图 4-26(b) 两端弯矩相同时，$\beta_{mx}=1.0$

$$\frac{N}{\varphi_x Af}+\frac{\beta_{mx}M_x}{\gamma_x W_{ex}\left(1-\frac{0.8N}{N'_{ex}}\right)f_y}$$

$$=\frac{16\times10^3\ \text{N}}{0.785\times1\ 430\ \text{mm}^2\times215\ \text{N/mm}^2}+$$

$$\frac{1.0\times10\times10^6\ \text{N}\cdot\text{m}}{1.05\times49\times10^3\ \text{mm}^3\times\left(1-\frac{0.8\times16\ \text{kN}}{415.6\ \text{kN}}\right)\times215\ \text{N/mm}^2}$$

$$=0.066\ 3+0.933=0.999\leqslant1$$

（3）当图 4-26(c) 两端作用大小相等的反向弯矩时，端部强度验算同图 4-26(a)。

整体稳定验算：$\beta_{mx}=0.6+0.4\text{m}=0.6+0.4\left(-\frac{M_2}{M_1}\right)=0.2$

$$\frac{N}{\varphi_x Af}+\frac{\beta_{mx}M_x}{\gamma_x W_{ex}\left(1-\frac{0.8N}{N'_{ex}}\right)f_y}$$

$$=\frac{16\times10^3\ \text{N}}{0.785\times1\ 430\ \text{mm}^2\times215\ \text{N/mm}^2}+$$

$$\frac{0.2\times10\times10^6\ \text{N}\cdot\text{m}}{1.05\times49\times10^3\ \text{mm}^3\times\left(1-\frac{0.8\times16\ \text{kN}}{415.6\ \text{kN}}\right)\times215\ \text{N/mm}^2}$$

$$=0.066\ 3+0.2\times0.933=0.253\leqslant1$$

上述三种受力情况的压弯构件，虽然轴压力和弯矩的最大值都是相同的，但是弯矩在整个构件上的分布不同，承载力有区别。第二种情况由稳定承载能力控制构件的截面设计，不必计算强度；另外两种情况由构件端部截面的强度控制承载力。

4.3.2　压弯构件在弯矩作用平面外的稳定性

开口截面压弯构件的抗扭刚度和弯矩作用平面外的抗弯刚度通常都不大，当侧向没有足够支承阻止其产生侧向位移和扭转时，构件可能因弯扭屈曲而破坏，也称为弯矩作用平面外失稳。进行稳定承载力验算：

$$\frac{N}{\varphi_y Af_y}+\frac{\beta_{tx}M_x}{\varphi_b W_{1x}f_y}\leqslant1 \tag{4-53}$$

式中　φ_b——梁的整体稳定系数。对于工字形截面和 T 形截面的非悬臂构件，可按简化方法计算。

β_{tx}——等效弯矩系数。该系数与构件平面外支承及内力情况有关：平面外两相邻支承间的构件段内仅存在端弯矩作用时可取 $\beta_{tx}=0.65+\dfrac{0.35M_2}{M_1}$；平面外两相邻支承间的构件段内横向荷载和端弯矩使构件产生反向曲率时取 $\beta_{tx}=0.85$；其余情形均可偏安全地取 $\beta_{tx}=1.0$。

【例题 4-9】 如图 4-27 所示 Q235 钢焊接工字形截面压弯构件，翼缘为火焰切割边，承受的轴线压力设计值为 800 kN，在构件的中央有一横向集中荷载 160 kN。构件的两端铰接并在中央有一侧向支承点。要求验算构件的整体稳定。

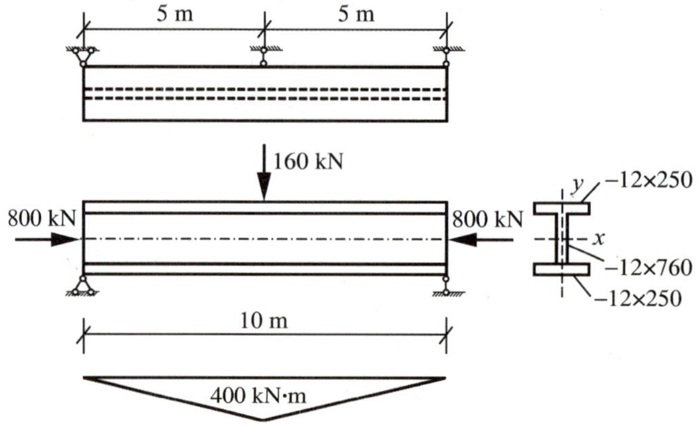

图 4-27 压弯构件

（1）截面几何性质

截面面积：

$A=760\text{ mm}\times12\text{ mm}+250\text{ mm}\times12\text{ mm}\times2=15\ 120\text{ mm}^2$

① x 方向

截面惯性矩：

$$I_x=\frac{12\text{ mm}\times(760\text{ mm})^3}{12}+\left[\frac{250\text{ mm}\times(12\text{ mm})^3}{12}+250\text{ mm}\times12\text{ mm}\times(386\text{ mm})^2\right]\times2$$
$$=1\ 333\ 024\ 000\text{ mm}^4$$

截面回转半径 $i_x=\sqrt{\dfrac{I_x}{A}}=\sqrt{\dfrac{1\ 333\ 024\ 000\text{ mm}^4}{15\ 120\text{ mm}^2}}=296.92\text{ mm}$

截面模量（双轴对称截面）$W_{ex}=\dfrac{I_x}{\dfrac{h}{2}}=\dfrac{1\ 333\ 024\ 000\text{ mm}^4}{392\text{ mm}}=3\ 400\ 571.4\text{ mm}^3$

② y 方向

截面惯性矩 $I_y=\dfrac{760\ \text{mm}\times(12\ \text{mm})^3}{12}+\dfrac{12\ \text{mm}\times(250\ \text{mm})^3}{12}\times 2=31\ 359\ 440\ \text{mm}^4$

截面回转半径 $i_y=\sqrt{\dfrac{I_y}{A}}=\sqrt{\dfrac{31\ 359\ 440\ \text{mm}^4}{15\ 120\ \text{mm}^2}}=45.54\ \text{mm}$

(2) 构件在弯矩作用平面内的稳定

$$\lambda_x=\frac{l_{0x}}{i_x}=\frac{10\ 000\ \text{mm}}{296.92\ \text{mm}}=33.68$$

焊接工字钢，翼缘为焰切边，x 方向截面类别为 b 类，查附表 16，可得 $\varphi_x=0.923$。

$$N'_{ex}=\frac{\pi^2 EA}{\gamma_R\lambda_x^2}=\frac{3.14^2\times 206\times 10^3\ \text{N/mm}^2\times 15\ 120\ \text{mm}^2}{1.1\times 33.68^2}=24\ 611\ 691\ \text{N}$$

$$=24\ 611.69\ \text{kN}$$

$$N_{cr}=\gamma_R N'_{ex}=1.1\times 24\ 611.69\ \text{kN}=27\ 072.86\ \text{kN}$$

跨中受一个集中荷载，因此 $\beta_{mx}=1-\dfrac{0.36N}{N_{cr}}=1-\dfrac{0.36\times 800\ \text{kN}}{27\ 072.86\ \text{kN}}=0.99$

$\dfrac{b_1}{t}=\dfrac{250-12}{2\times 12}=9.9<13$，因此塑性发展系数 $\gamma_x=1.05$。

$$\frac{N}{\varphi_x A f_y}+\frac{\beta_{mx}M_x}{\gamma_x W_{ex}\left(1-\dfrac{0.8N}{N'_{ex}}\right)f_y}$$

$$=\frac{800\times 10^3\ \text{N}}{0.923\times 15\ 120\ \text{mm}^2\times 215\ \text{N/mm}^2}+$$

$$\frac{0.99\times 400\times 10^6\ \text{N}\cdot\text{mm}}{1.05\times 3\ 400\ 571.4\ \text{mm}^3\times\left(1-\dfrac{0.8\times 800\ \text{kN}}{24\ 611.69\ \text{kN}}\right)\times 215\ \text{N/mm}^2}$$

$$=0.796<1$$

故构件在弯矩作用平面内整体稳定满足要求。

(3) 构件在弯矩作用平面外的稳定

$$\lambda_y=\frac{l_{0y}}{i_y}=\frac{5\ 000\ \text{mm}}{45.54\ \text{mm}}=109.79$$

焊接工字钢，翼缘为焰切边，y 方向截面类别为 b 类，查附表 16，可得 $\varphi_y=0.494$。

平面外两相邻支承间的构件段内仅存在端弯矩作用：

$$\beta_{tx}=0.65+\frac{0.35M_2}{M_1}=0.65+\frac{0.35\times 0}{400\ \text{kN}\cdot\text{m}}=0.65$$

跨度中点有一个侧向支撑，受集中荷载作用，$\beta_b=1.75$。

$$\varphi_b=\beta_b\cdot\frac{4\,320}{\lambda_y^2}\cdot\frac{Ah}{W_{ex}}\left[\sqrt{1+\left(\frac{\lambda_y t_1}{4.4h}\right)^2}+\eta_b\right]\cdot\frac{235}{f_{yk}}$$

$$=1.75\times\frac{4\,320}{109.79^2}\times\frac{15\,120\ \text{mm}^2\times784\ \text{mm}}{3\,400\,571.4\ \text{mm}^3}\times\left[\sqrt{1+\left(\frac{109.79\times12\ \text{mm}}{4.4\times784\ \text{mm}}\right)^2}+0\right]\times\frac{235}{235}$$

$$=2.34$$

$$\varphi_b'=1.07-\frac{0.282}{2.34}=0.95\leqslant1.0$$

$$\frac{N}{\varphi_y Af_y}+\frac{\beta_{tx}M_x}{\varphi_b' W_{1x}f_y}$$

$$=\frac{800\times10^3\ \text{N}}{0.494\times15\,120\ \text{mm}^2\times215\ \text{N/mm}^2}+\frac{0.65\times400\times10^6\ \text{N}\cdot\text{mm}}{0.95\times3\,400\,571.4\ \text{mm}^3\times215\ \text{N/mm}^2}$$

$$=0.872<1$$

故构件在弯矩作用平面外整体稳定满足要求。

思政小课堂

1. 安全意识：一个木桶能盛多少水，取决于最短的一块木板；一个结构能承受多大的内力，取决于最弱的方向。极限状态有很多个，哪个极限状态才是结构实际的极限状态？先达到哪个极限状态，这就是它的极限状态。承载力有很多个，实际的承载力是多少？先达到哪个承载力，这就是它的承载力（所有承载力的最小值，即最弱的方向，相当于木桶的短板）。在实际工程中应严谨认真，防止由于结构存在薄弱层导致的工程安全问题。

2. 学以致用：用专业知识解释生活中的现象。如纸能否站立？如何让纸站立？

3. 工程伦理：轴心受压构件的破坏形式为失稳，而稳定承载力与构件的长细比有关，即与截面形状有关，即面积一定时，惯性越大（材料集中在离两个主轴较远处）的形状越合理，即成本一定的前提下，结构的承载力越高，越能实现可靠和经济的平衡。

本章习题

1. 简述刚度、抗弯刚度、抗压刚度、线刚度、稳定性、几何非线性、材料非线性、残余应力的定义。

2. 轴心受压构件稳定承载力的影响因素有哪些，如何影响？

3. 验算图 4-28 的结构中两端铰接的轴心受压柱 AB 的整体稳定。柱所承受的压力设计值 $N=1\,000$ kN，柱的长度为 4.2 m。在柱截面的强轴平面内有支撑系统以阻止柱的中点在 $ABCD$ 平面内产生侧向位移。柱截面为焊接工字形，具有轧制边翼缘，柱由

Q355钢制作。

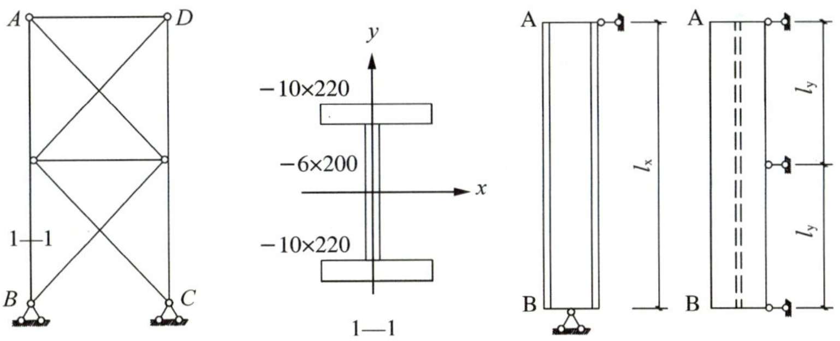

图4-28 第3题图

4. 如图4-29所示Q355钢的热轧普通工字钢。此工字钢用于上下端均为铰接的带支撑的支柱。支柱长度为9 m,在两个三分点处均有侧向支撑,以阻止柱在弱轴方向过早失稳。构件承受的最大设计压力$N=250$ kN,容许长细比取$[\lambda]=150$。试对该柱进行安全校核。

5. 如图4-30所示上端铰接,下端固定的轴心受压柱,承受的压力设计值为$N=900$ kN,柱的长度为5.25 m,钢材标号Q355。要求选择柱的截面。

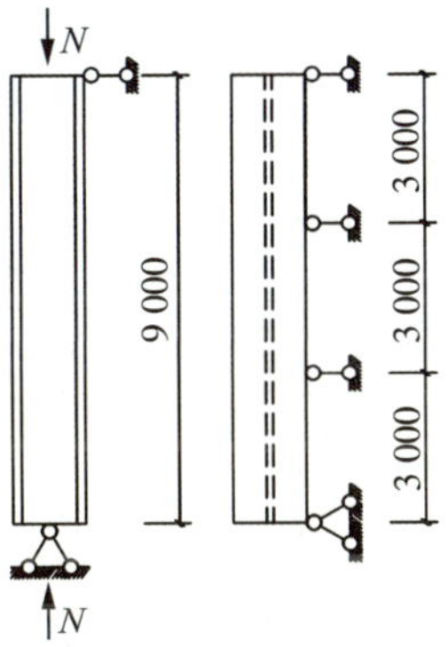

图4-29 第4题图

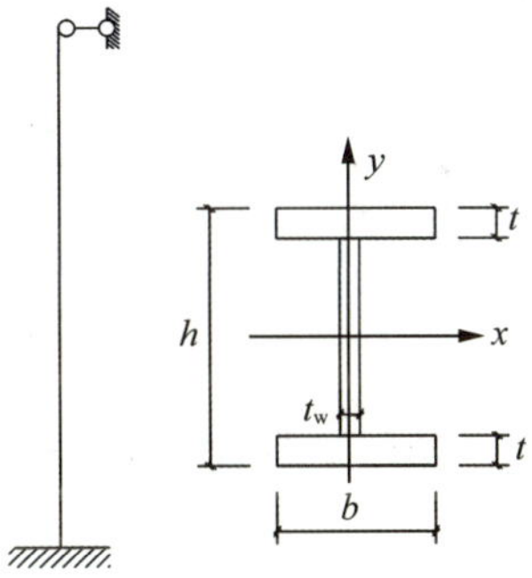

图4-30 第5题图

6. 简述梁的整体失稳的过程和原因。

7. 简述梁的整体稳定承载力的影响因素。

第 5 章

钢结构的连接

本章要求

掌握钢结构的连接方式及各种连接方式的特点；掌握轴心受拉、受压构件对接正焊缝的计算，轴心受拉、受压构件对接斜焊缝的计算，矩形截面受弯构件对接焊缝的计算，工字形截面及 T 形截面受弯构件对接焊缝的计算；基本掌握角焊缝的构造要求；掌握正应力、切应力、正应力和切应力组合作用下角焊缝的计算公式；掌握拼接板连接受轴向力时角焊缝的计算；掌握角钢连接受轴向拉力或压力时的角焊缝的计算；掌握 M，V，N 共同作用下角焊缝的计算；了解螺栓的排列和构造要求；掌握抗剪螺栓的破坏形式及承载力计算，抗拉螺栓的承载力计算；掌握螺栓群的抗剪计算及抗拉计算。

本章重点

钢结构的连接方式；焊接连接的构造与计算；螺栓连接的构造与计算。本章思维导图请扫右侧二维码。

思维导图 5

5.1 钢结构连接方法及其相关要求

在钢结构设计中，合理选定连接方案和节点构造至关重要。钢结构由钢板、型钢等材料，通过必要的连接组成构件，这些构件再通过一定的安装连接形成整体结构。为确保结构的稳定性和功能性，连接部位必须具备足够的强度、刚度及延性，以承受各种荷载和内力的作用。同时，被连接的构件之间应保持合理的位置关系，这样才能有效地传递内力，满足结构的使用要求。

然而，连接的加工和安装过程相对复杂且费工。若连接设计不合理，不仅会增加结构的造价，还可能影响结构的安全性和使用寿命。因此，在设计过程中，必须充分考虑连接部位的力学性能和施工可行性，精心选择合适的连接方式和节点构造，以确保整个钢结构的质量和性能。

在设计钢结构连接节点时，需依据节点位置、强度与刚度要求，确定合理的连接方式、细部构造及计算方法，并注意以下要点：

(1) 设计与结构内力分析假定一致。

(2) 荷载、内力组合反映连接最不利受力工况。

(3) 构造要传力直接、受力明确，避免严重应力集中。

(4) 计算模型考虑不同刚度零件的变形协调。

(5) 尽量避免节点偏心，无法避免时考虑偏心影响。

(6) 防止结构内产生过大残余应力，避免焊缝过度密集。

(7) 注意厚钢板沿厚度方向受力易出现层间撕裂问题。

(8) 连接构造要便于制作、安装，且综合造价低。

钢结构连接方式主要有三种：焊缝连接、铆钉连接、螺栓连接(图 5-1)。

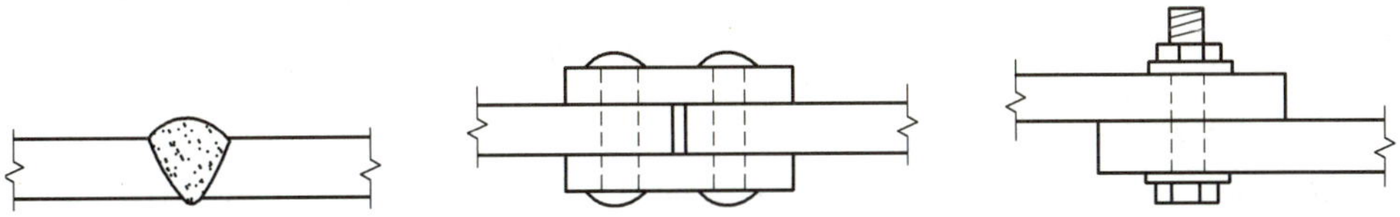

(a) 焊缝连接　(b) 铆钉连接　(c) 螺栓连接

图 5-1　钢结构连接方式

焊缝连接在钢结构中占据核心地位，具有诸多优势，如构造简单、不减少构件截面尺寸、节省材料、便于加工且易于实现自动化作业，同时具备良好的密封性能和较高的刚度。然而，它也存在一些不足，比如焊接过程产生的残余应力和变形会对结构性能产生负面影响，且焊接结构在低温环境下易出现冷脆现象。尽管如此，除了少数直接承受动力荷载的结构连接因使用场景限制不宜采用焊缝连接外，焊缝连接在工业与民用建筑钢结构以及桥梁钢结构等领域都有着广泛的应用。

铆钉连接以良好的塑性和韧性著称，能确保可靠的传力效果，且便于质量检查，特别适合用于承受动力荷载的结构连接。不过，其构造相对复杂，用钢量较大，如今已鲜少被采用。

普通螺栓连接的优势在于施工便捷、易于拆装，但同样存在用钢量大的问题。它主要适用于安装连接以及需要频繁拆装的结构。普通螺栓分为 C 级和 A、B 级。A、B 级螺栓的区别仅在于尺寸，其中 A 级包括特定尺寸的螺栓，B 级则包括另一些尺寸的螺栓(此处具体尺寸未给出，以“螺杆直径”和“螺杆长度”为例)。A、B 级螺栓需经机械加工，尺寸精确，要求使用Ⅰ类孔，栓径与孔径的公称尺寸相同，允许有 0.18～0.25 mm 的间隙。这种螺栓连接在传递剪力方面性能较好，变形小，但制造和安装过程较为复杂，成本较高，因此在钢结构中的应用逐渐减少。

C 级螺栓加工精度较低，尺寸不够准确，只需满足Ⅱ类孔的要求，成本低廉。栓径与孔径之间的差值，设计规范未明确规定，一般取 1.5～2.0 mm。由于螺栓杆与螺孔之间存在较大间隙，在传递剪力时连接容易发生滑移，但在传递拉力方面性能尚可。因此，C 级螺栓被广泛应用于承受拉力的安装连接、非关键性连接或作为安装过程中的临时固定。

Ⅰ类孔的精度要求为：连接板组装时，孔口需精确对准，孔壁应平滑，孔轴线要与板面垂直。凡质量未达到Ⅰ类孔标准的，均归为Ⅱ类孔。

普通螺栓连接与高强度螺栓连接的主要区别在于：普通螺栓在拧紧螺帽时产生的预拉力较小，由板面挤压力产生的摩擦力几乎可以忽略。普通螺栓连接抗剪主要依靠孔壁承压和栓杆抗剪来实现传力。而高强度螺栓除了材料强度高之外，在施工时通过拧紧螺帽对连接板件接触面施加巨大的挤压力，使得板面间垂直于螺栓杆方向受剪时存在较大的摩擦力。正是依靠接触面间的摩擦力来阻止相互滑移，从而传递外力，且变形较小。高强度螺栓抗剪连接分为摩擦型连接和承压型连接，摩擦型连接以滑移作为承载能力的极限状态，承压型的极限状态则与普通螺栓连接相同。

高强度螺栓摩擦型连接仅利用摩擦传力这一阶段，具备连接紧密、受力均匀、耐疲劳、可拆换、安装简便，以及在动力荷载作用下不易松动等诸多优点，在桥梁、工业与民用建筑等领域得到广泛应用。高强度螺栓承压型连接初始阶段依靠摩擦传力，后期则转为栓杆抗剪和孔壁承压传力。它的承载能力高于摩擦型，且能够节省钢材，同样具有连接紧密、可拆换、安装方便等优点。但该连接方式在摩擦力被克服后剪切变形较大，因此相关规范明确指出高强度螺栓承压型连接不得用于直接承受动力荷载的结构。

5.2 焊缝连接的特性

5.2.1 常用焊接方法

钢结构常用焊接方法包括电弧焊、电渣焊、气体保护焊和电阻焊。当采用手工电弧焊时，焊条选择应与焊件金属强度相匹配：Q235 钢焊件用 E43 系列焊条，Q355 钢焊件用 E50 系列焊条，Q390 钢焊件用 E55 系列焊条。不同钢种连接时，宜选用与低强度钢相适应的焊条。

5.2.2 焊缝连接的优缺点

焊缝连接与螺栓连接、铆钉连接比较，具备下列优点：

(1) 不需要在钢材上打孔钻眼，既省工，又不减损钢材截面，使材料可以充分利用。

(2) 任何形状的构件都可以直接相连，不需要辅助零件，构造简单。

(3) 焊缝连接的密封性好，结构刚度大。

但是焊缝连接也存在下列问题：

(1) 由于施焊时的高温作用，形成焊缝附加的热影响区，使这个区域内钢材的金属组织和力学性能发生变化，材质变脆。

(2) 焊接的残余应力使焊接结构发生脆性破坏的可能性增大，残余变形使其尺寸和形状发生变化,矫正费工。

(3) 焊接结构对整体性不利的一面是,局部裂缝出现后很容易扩展到整体。焊接结构低温冷脆问题比较突出。

5.2.3 焊缝缺陷

焊缝中可能存在裂纹、气孔、烧穿和未焊透等缺陷,如图 5-2 所示。

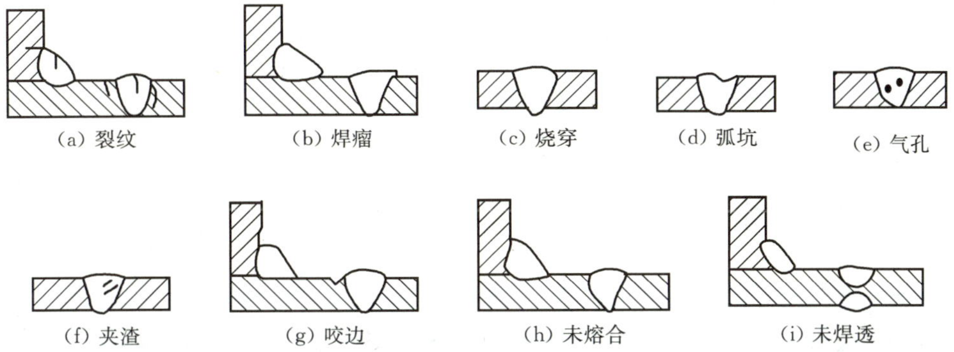

图 5-2 焊缝缺陷

裂纹是焊缝连接中最严重的缺陷,根据产生时间可分为热裂纹和冷裂纹。热裂纹在焊接过程中形成,而冷裂纹则在焊缝冷却时产生。裂纹产生的原因多种多样,包括钢材化学成分不当、焊接参数(如电流、弧长、施焊速度)设置不合理、焊条选择错误以及施焊次序不当等。合理安排施焊次序可有效降低裂纹出现的风险。

气孔缺陷通常是由于空气侵入、受潮药皮熔化产生气体,或是焊接金属表面的油污、锈迹、污垢等引起的。

此外,焊缝还可能出现烧穿、夹渣、未焊透、咬边、焊瘤等其他缺陷。这些焊缝缺陷会减少焊缝的有效受力面积,并在缺陷部位引发应力集中。裂缝往往从应力集中处开始产生,并逐渐扩展,最终可能导致连接破坏,对结构安全构成严重威胁。因此,对焊缝质量的检查至关重要,以确保焊缝连接的可靠性和结构的整体性能。

焊缝质量检查标准依据结构重要性分为三个等级。三级检查仅需检查外观,确认焊缝尺寸是否达标及有无明显裂纹、咬边等缺陷。对于关键结构或需焊缝强度等同于母材的对接焊缝,应执行一级或二级检查。二级检查在外观检查后,用超声波检测每条焊缝 20%的长度;一级检查则需采用超声波检测每条焊缝的全长,以全面排查焊缝内部缺陷。

5.2.4 焊缝连接形式及焊缝形式

焊缝连接形式按被连接构件间的相对位置分为平接、搭接、T 形连接和角接,如图 5-3所示。对接焊缝分为对接正焊缝[图 5-4(a)]和对接斜焊缝[图 5-4(b)];角焊缝分为正面角焊缝和侧面角焊缝[图 5-4(c)中的 3 和 4]。

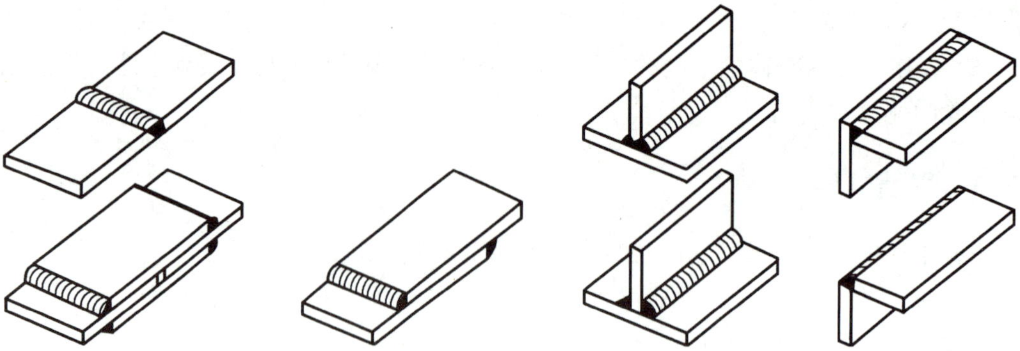

(a) 平接　(b) 搭接　(c) T 形连接　(d) 角接

图 5-3　焊缝连接形式

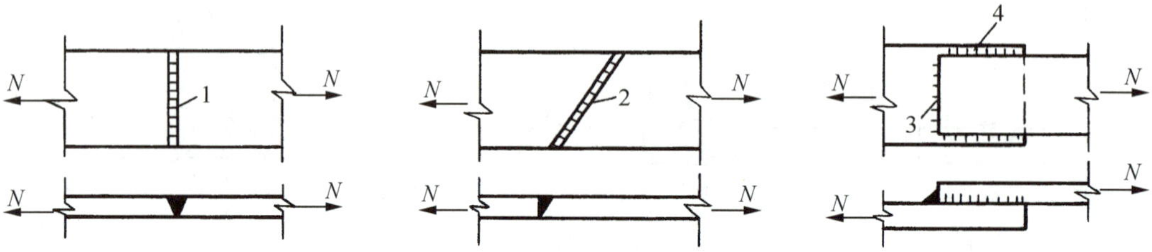

(a) 对接正焊缝　(b) 对接斜焊缝　(c) 角焊缝

图 5-4　焊缝形式

焊缝根据施焊位置可分为俯焊、立焊、横焊和仰焊,如图 5-5 所示。

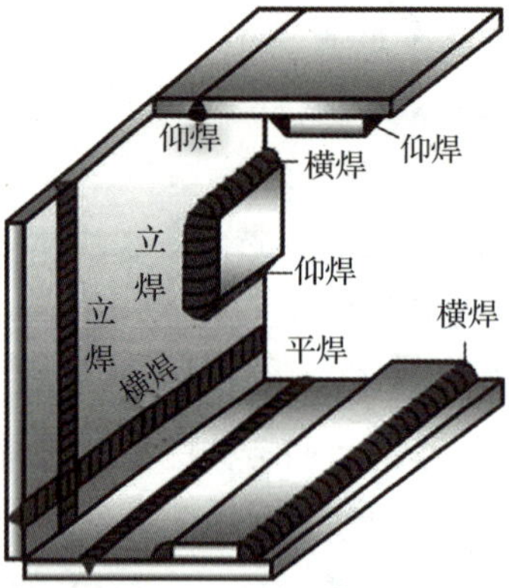

图 5-5　焊缝位置

5.3　对接焊缝的构造和计算

5.3.1　对接焊缝的构造

对接焊缝依据坡口形状可分为多种类型,包括 I 形缝、带钝边单边 V 形缝、带钝边 V

形缝(即 Y 形缝)、带钝边 U 形缝、带钝边双单边 V 形缝以及双 Y 形缝等。过去,带钝边双单边 V 形缝和双 Y 形缝分别被称为 K 形缝和 X 形缝,如图 5-6 所示。

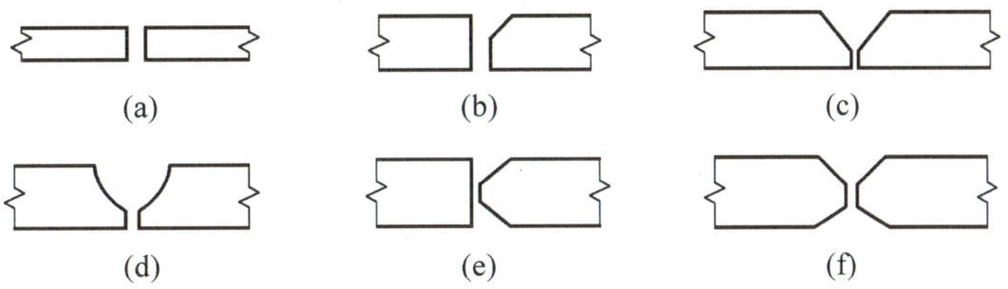

图 5-6　对接焊缝坡口形式

当焊件厚度 $t \leqslant 10$ mm 时,可采用不切坡口的 I 形缝;

当焊件厚度 $t = 10 \sim 20$ mm 时,可采用有斜坡口的带钝边单边 V 形缝或 Y 形缝;

当焊件厚度 $t > 20$ mm 时,可采用带钝边 U 形缝或带钝边双单边 V 形缝,或双 Y 形缝。

对接焊缝在起弧点和落弧点处,由于可能无法完全熔透,容易产生类似裂纹的缺陷和应力集中现象。为了消除这些缺陷的影响,在焊接过程中,可以将焊缝的起始端和结束端延伸至引弧板上。焊接完成后,将引弧板切割掉,并使用砂轮将表面打磨平整。引弧板和引出板如图 5-7 所示。

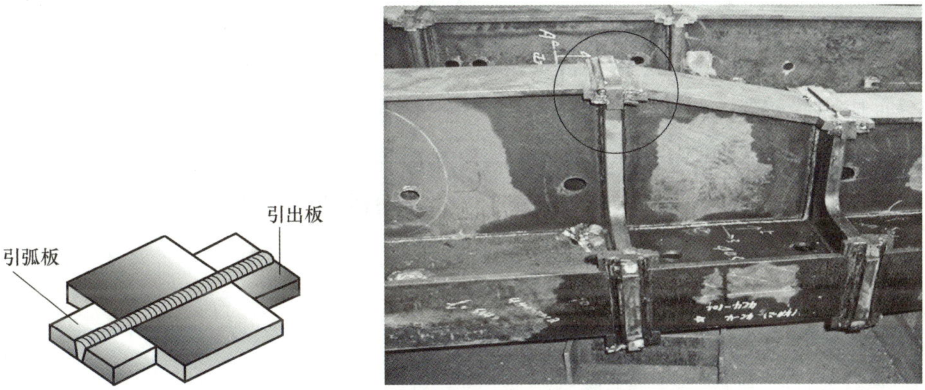

(a) 示意　　(b) 工程实例

图 5-7　引弧板和引出板

5.3.2　对接焊缝的计算

焊缝强度:

一级、二级:$f_t^w = f_c^w = f_y$;

三级:$f_t^w = 0.85 f_c^w = 0.85 f_y$;

三级焊缝,当承受拉应力时,需要进行强度验算,其他情况不必另行计算。

1. 轴心受拉构件的对接焊缝

(1) 对接正焊缝

在对接焊缝连接中,垂直于轴拉力的对接焊缝的计算公式为

$$\sigma=\frac{N}{l_{w}t}\leqslant f_{t}^{w} \tag{5-1}$$

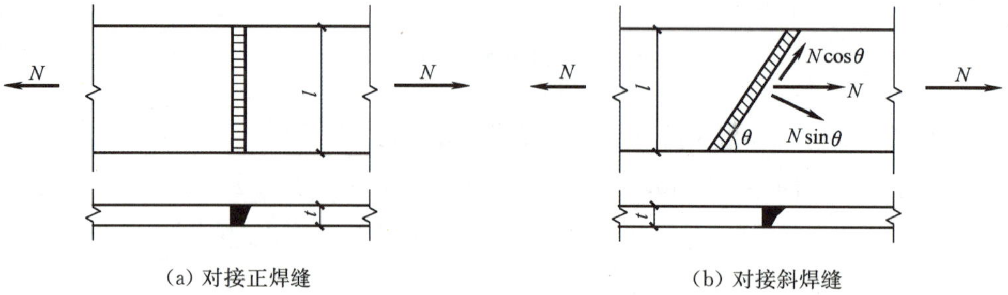

图 5-8　轴力作用下对接焊缝连接

式中　N——轴拉力设计值;

l_{w}——焊缝计算长度,有引弧板:$l_{w}=L$;无引弧板:$l_{w}=L-2t$;

t——连接件的较小厚度;

f_{t}^{w}——对接焊缝的抗拉强度设计值。

如果对接正焊缝的强度验算不满足要求,可改用对接斜焊缝。

(2) 对接斜焊缝

当正缝连接的强度低于焊件的强度时,为了提高连接的承载能力,可改为对接斜焊缝[图 5-8(b)],但用斜缝时焊件较费材料。对接斜焊缝的计算公式为

$$\sigma=\frac{N\sin\theta}{l_{w}t}\leqslant f_{t}^{w} \tag{5-2}$$

$$\tau=\frac{N\cos\theta}{l_{w}t}\leqslant f_{v}^{w} \tag{5-3}$$

有引弧板:$l_{w}=\dfrac{L}{\sin\theta}$

无引弧板:$l_{w}=\dfrac{L}{\sin\theta}-2t$

规范规定,当斜缝和作用力间夹角符合 $\tan\theta\leqslant1.5$ 时,可不计算焊缝强度。

2. 受弯受剪的对接焊缝

矩形截面的对接焊缝,其正应力与切应力的分布分别为三角形与抛物线形(图 5-9),

应分别计算正应力和切应力：

$$\sigma_{\max}=\frac{M}{W_{\mathrm{w}}}\leqslant f_{\mathrm{t}}^{\mathrm{w}} \tag{5-4}$$

$$\tau_{\max}=\frac{VS_{\mathrm{w}}}{I_{\mathrm{w}}t}\leqslant f_{\mathrm{v}}^{\mathrm{w}} \tag{5-5}$$

式中　W_{w}——焊缝截面的截面模量；

I_{w}——焊缝截面对其中和轴的惯性矩；

S_{w}——焊缝截面在计算切应力处以外部分对中和轴的静矩；

$f_{\mathrm{v}}^{\mathrm{w}}$——对接焊缝的抗剪强度设计值，查附表 2。

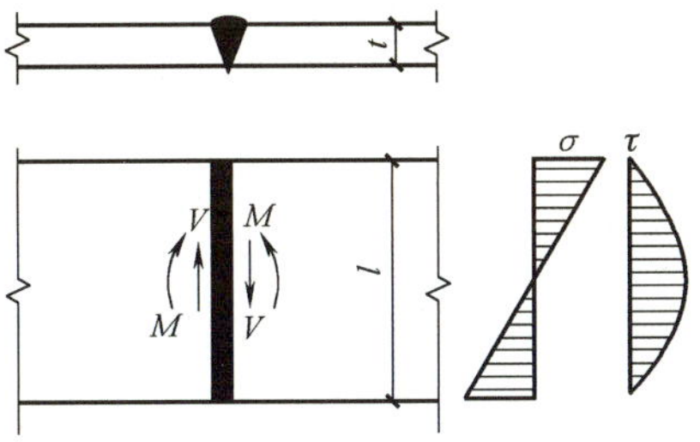

图 5-9　受弯受剪的对接焊缝

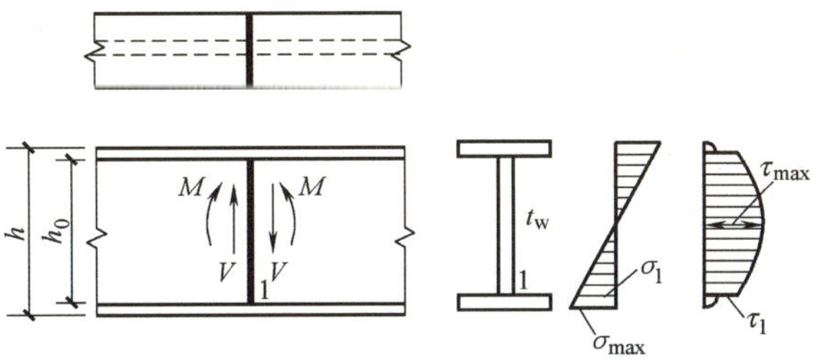

图 5-10　受弯受剪的工字形截面对接焊缝

工字形截面构件的对接焊缝，在腹板与翼缘交界处，正应力和切应力均较大(图 5-10)，验算折算应力：

$$\sqrt{\sigma_1^2+3\tau_1^2}\leqslant 1.1f_{\mathrm{t}}^{\mathrm{w}} \tag{5-6}$$

轴心受拉构件对接焊缝设计例题

轴心受拉构件的对接焊缝设计例题请扫右侧二维码。

【例题 5-1】　计算如图 5-11 所示对接焊缝，已知牛腿翼缘宽度为 130 mm、厚度为 12 mm，腹板高 200 mm、厚 10 mm。牛腿承受竖向力设计值 $V=150$ kN，$e=150$ mm，钢材为 Q355，焊条为 E50 型，施焊时无引弧板，焊缝质量标准为三级。

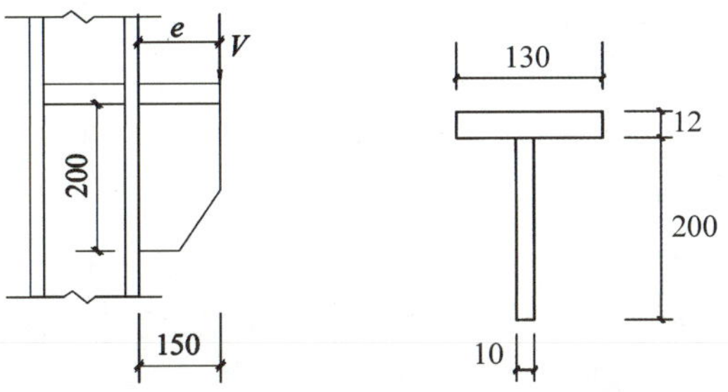

(a) 侧立面　　(b) 横截面

图 5-11　T 形牛腿对接焊缝连接

（1）对接焊缝有效截面尺寸

因施焊时无引弧板，焊缝计算长度为

翼缘：$l_{w1}=b-2t=130\ \text{mm}-2\times12\ \text{mm}=106\ \text{mm}$

腹板：$l_{w2}=h_w-t_w=200\ \text{mm}-10\ \text{mm}=190\ \text{mm}$

焊缝的有效截面如图 5-12 所示。

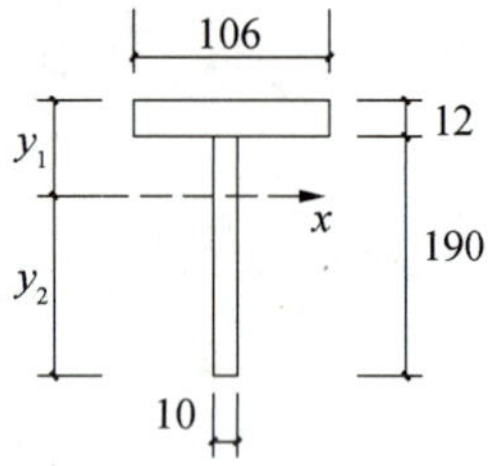

图 5-12　对接焊缝有效截面

（2）中和轴（形心）位置

$$y_1=\frac{106\ \text{mm}\times12\ \text{mm}\times6\ \text{mm}+190\ \text{mm}\times10\ \text{mm}\times107\ \text{mm}}{106\ \text{mm}\times12\ \text{mm}+190\ \text{mm}\times10\ \text{mm}}=66.5\ \text{mm}$$

$$y_2=190\ \text{mm}+12\ \text{mm}-66.5\ \text{mm}=135.5\ \text{mm}$$

（3）强度验算

① 截面几何性质

$$\text{焊缝有效截面惯性矩 } I_x=\frac{106\ \text{mm}\times(12\ \text{mm})^3}{12}+106\ \text{mm}\times12\ \text{mm}\times(60.5\ \text{mm})^2+\frac{10\ \text{mm}\times(190\ \text{mm})^3}{12}+10\ \text{mm}\times190\ \text{mm}\times(40.5\ \text{mm})^2=13\ 503\ 410\ \text{mm}^4$$

$$\text{中和轴以外截面对中和轴的惯性矩 } S^*_{x,\max}=10\ \text{mm}\times135.5\ \text{mm}\times\frac{135.5\ \text{mm}}{2}=91\ 801.25\ \text{mm}^3$$

② 内力计算

剪力：$V=150\ \text{kN}$

弯矩：$M=Ve=150\ \text{kN}\times150\ \text{mm}=22\ 500\ \text{kN}\cdot\text{mm}=22.5\ \text{kN}\cdot\text{m}$

③ 强度验算

对接焊缝有效截面的应力分布如图 5-13 所示。

a. 验算翼缘上边缘处焊缝拉应力：

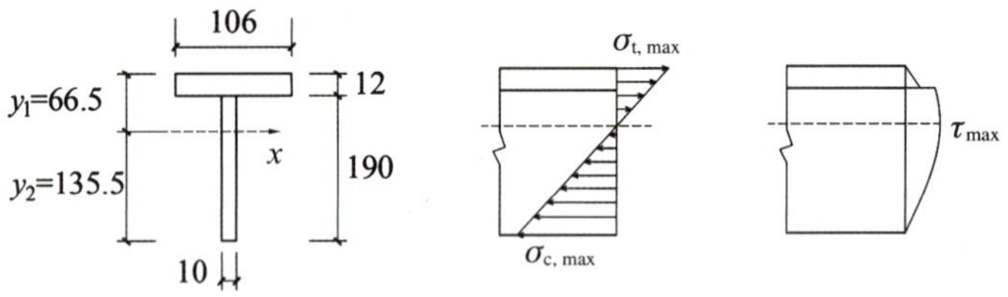

（a）横截面　　（b）正应力　　（c）切应力

图 5-13　对接焊缝强度验算

$$\sigma_{t,\max}=\frac{My_1}{I_x}=\frac{22.5\times10^6\ \text{N}\cdot\text{mm}\times66.5\ \text{mm}}{13\ 503\ 410\ \text{mm}^4}=110.8\ \text{N/mm}^2<f_t^w=260\ \text{N/mm}^2$$

b. 验算腹板下端焊缝压应力：

$$\sigma_{c,max}=\frac{My_2}{I_x}=\frac{22.5\times10^6\ \text{N}\cdot\text{mm}\times135.5\ \text{mm}}{13\ 503\ 410\ \text{mm}^4}=225.78\ \text{N/mm}^2<f_c^w$$
$$=305\ \text{N/mm}^2$$

c. 中和轴处的切应力：

$$\tau_{max}=\frac{VS^*_{x,max}}{I_x t_w}=\frac{150\times10^3\ \text{N}\times91\ 801.25\ \text{mm}^3}{13\ 503\ 410\ \text{mm}^4\times10\ \text{mm}}=101.97\ \text{N/mm}^2<f_v^w$$
$$=175\ \text{N/mm}^2$$

d. 翼缘与腹板交界处的折算应力(图 5-14)：

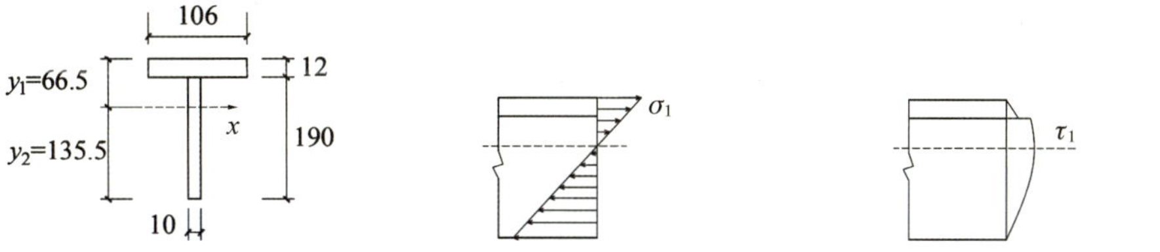

(a) 横截面　(b) 正应力(翼缘腹板交界)　(c) 切应力(翼缘腹板交界)

图 5-14　对接焊缝强度验算(折算应力)

$$\sigma_1=\frac{My_1}{I_x}=\frac{22.5\times10^6\ \text{N}\cdot\text{mm}\times54.5\ \text{mm}}{13\ 503\ 410\ \text{mm}^4}=90.81\ \text{N/mm}^2$$

$$S_x^*=12\ \text{mm}\times106\ \text{mm}\times60.5\ \text{mm}=76\ 956\ \text{mm}^3$$

$$\tau_1=\frac{VS_x^*}{I_x t_w}=\frac{150\times10^3\ \text{N}\times76\ 956\ \text{mm}^3}{13\ 503\ 410\ \text{mm}^4\times10\ \text{mm}}=85.5\ \text{N/mm}^2$$

$$\sqrt{\sigma_1^2+3\tau_1^2}=\sqrt{(90.81\ \text{N/mm}^2)^2+3(85.5\ \text{N/mm}^2)^2}=173.7\ \text{N/mm}^2$$
$$\leqslant1.1f_t^w=1.1\times260\ \text{N/mm}^2=286\ \text{N/mm}^2$$

故焊缝强度满足要求。

5.4 角焊缝的构造和计算

5.4.1 角焊缝的构造

角焊缝可分为直角角焊缝[5-15(a)(b)(c)]和斜角角焊缝[5-15(d)(e)(f)]。各种角焊缝的焊脚尺寸 h_f 如图 5-15 所示。

侧面角焊缝主要承受剪力。在弹性阶段，其应力沿长度方向分布不均，两端应力大，中间应力小，且焊缝越长，切应力分布越不均匀。

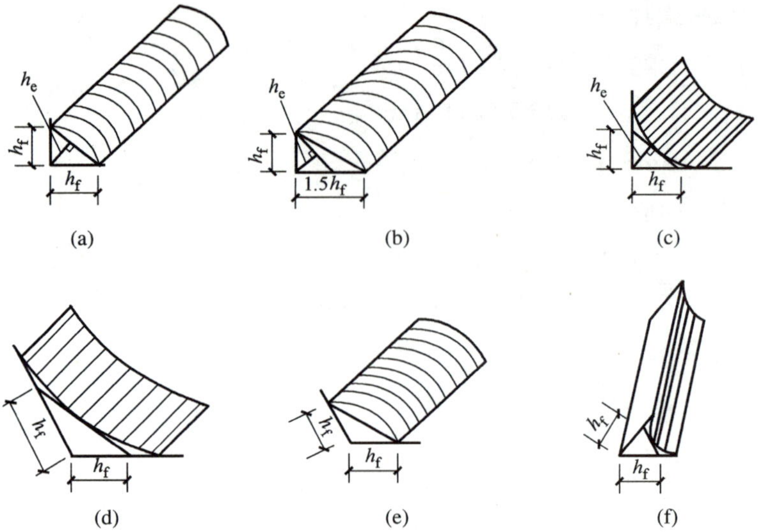

图 5-15 角焊缝截面

注：h_f—焊脚尺寸

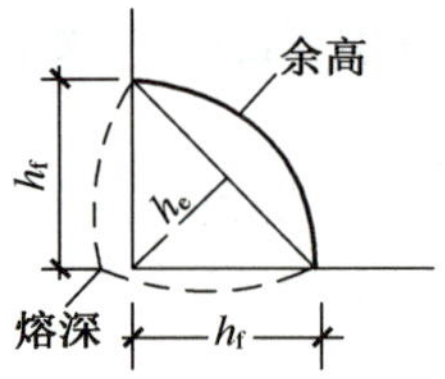

图 5-16 余高和熔深示意

不过，侧面角焊缝塑性良好，两端出现塑性变形后，应力会重新分布，在规范规定的长度范围内，应力分布可趋于均匀，如图 5-17 所示。

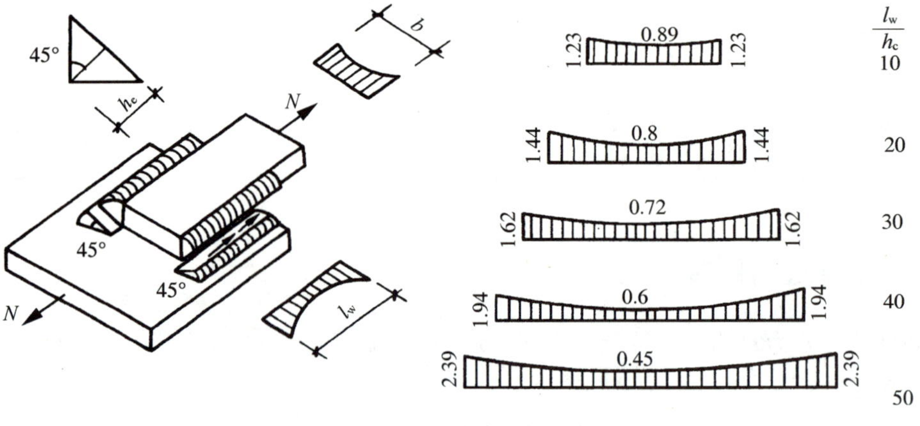

图 5-17 侧面角焊缝应力分布

正面角焊缝(图 5-18)的应力状态比侧面角焊缝复杂,其破坏强度比侧面角焊缝的要高,但塑性变形要差一些(图 5-19)。

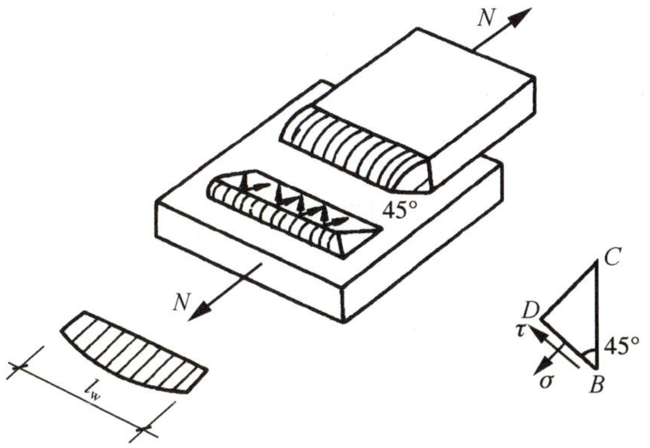

图 5-18 正面角焊缝

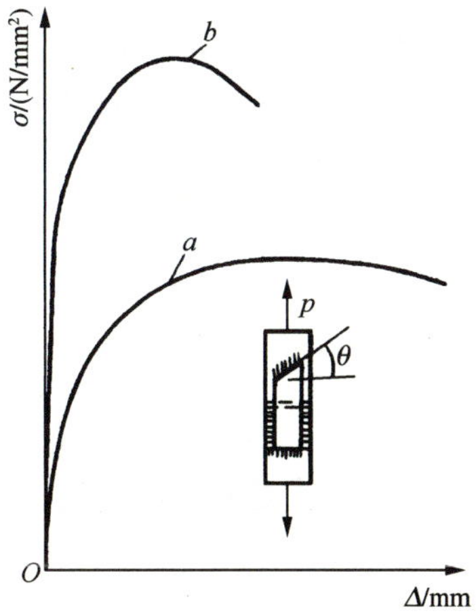

a—侧面角焊缝;b—正面角焊缝

图 5-19 角焊缝应力-位移曲线

等边角焊缝的最小截面和两边焊脚成 $\alpha/2$ 角(直角角焊缝为 45°)称为有效截面或计算截面,不计入余高和熔深(图 5-16)。实验证明,多数角焊缝破坏都发生在这一截面。计算时假定有效截面上应力均匀分布,并且不分抗拉、抗压或抗剪都采用同一强度设计值 f_f^w。 h_e 为角焊缝的有效厚度,$h_e=\dfrac{\sqrt{2}}{2}h_f=0.7h_f$。

在直接承受动力荷载的结构中,为了减缓应力集中,角焊缝表面应做成直线形或凹形。焊缝直角边的比例:对正面角焊缝宜为 1∶1.5(长边顺内力方向);侧面角焊缝为 1∶1[图 5-20(a)]。

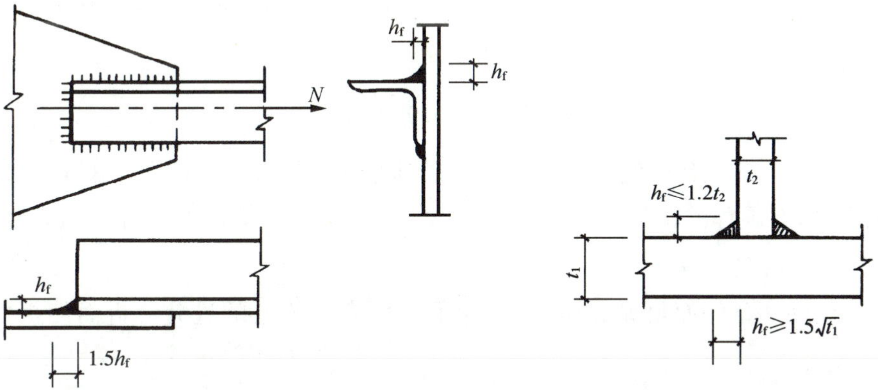

(a) 焊缝直角边比例　　(b) 焊脚尺寸

图 5-20 角焊缝焊脚尺寸要求

角焊缝的焊脚尺寸 h_f 不应过小[图 5-20(b)]，以保证焊缝的最小承载能力，并防止焊缝因冷却过快而产生裂纹。焊缝的冷却速度和焊件的厚度有关，焊件越厚则焊缝冷却越快，在焊件刚度较大的情况下，焊缝也容易产生裂纹。因此，规范规定：$h_f \geqslant 1.5\sqrt{t_{max}}$。

角焊缝的焊脚尺寸 h_f 也不能太大[图 5-21(a)]，否则，焊缝收缩时将产生较大的焊接变形，且热影响区扩大，容易产生脆裂，较薄焊件容易烧穿。因此，规范规定：$h_f \leqslant 1.2t_{min}$。

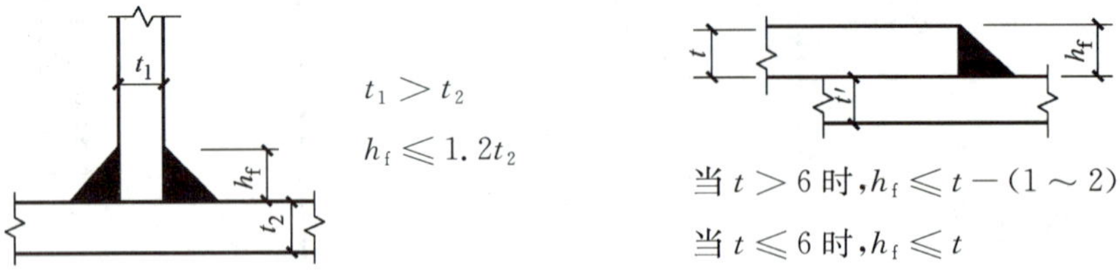

(a) 角焊缝　　(b) 边缘角焊缝

图 5-21　角焊缝焊脚尺寸最大值

如果是边缘角焊缝[图 5-21(b)]，还要满足：当 $t \leqslant 6$ mm 时，$h_f \leqslant t$；当 $t > 6$ mm 时，$h_f = t-(1\sim2)$ mm。

角焊缝长度 l_w，也有最大和最小的限制：

角焊缝的计算长度 l_w 不能太小，如 l_w 太小，会使焊件局部加热严重，且起弧点和落弧点相距太近，加上一些可能产生的缺陷，使焊缝不够可靠，即

$$l_{w,min} \geqslant \max\begin{cases}8h_f \\ 40\ \text{mm}\end{cases}$$

侧面角焊缝的计算长度 l_w 不能太大。侧面角焊缝的应力沿其长度分布并不均匀，两端大，中间小；当比值过大时，焊缝端部应力就会达到极值而破坏，同时中部焊缝还未充分发挥其承载能力，即

$$l_{w,max} \leqslant 60h_f$$

杆件与节点板的连接焊缝，一般采用两面侧焊，也可采用三面围焊，对角钢杆件也可用 L 形围焊，所有围焊的转角处必须连续施焊。当角焊缝的端部在构件转角处时，可连续地作长度为 $2h_f$ 的绕角焊。

当板件仅用两条侧面角焊缝连接时，为了避免应力传递的过分弯折而使板件应力过分不均，宜使

$$l_w \geqslant b$$

同时，为了避免因焊缝横向收缩时引起板件拱曲太大(图 5-22)，应满足：当 $t_{min} > 12$ mm 时，$b \leqslant 16t$；当 $t_{min} \leqslant 12$ mm 时，$b \leqslant 190$ mm。

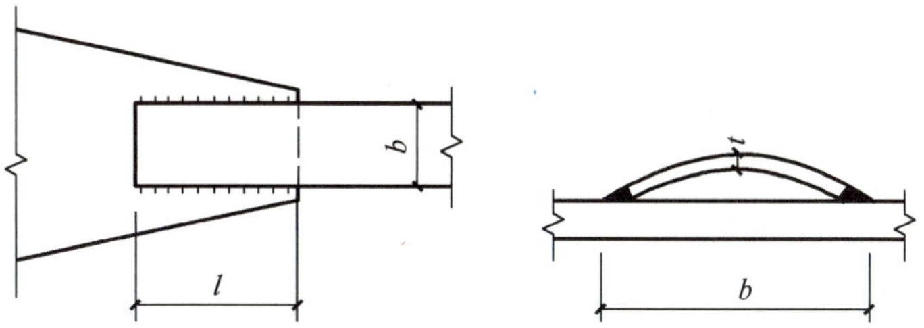

(a) 平面图　　(b) 横截面

图 5-22　角焊缝两面侧焊构造要求

当 b 不满足上述规定时，应加正面角焊缝，或加槽焊[图 5-23(b)]或塞焊[图 5-23(c)]。

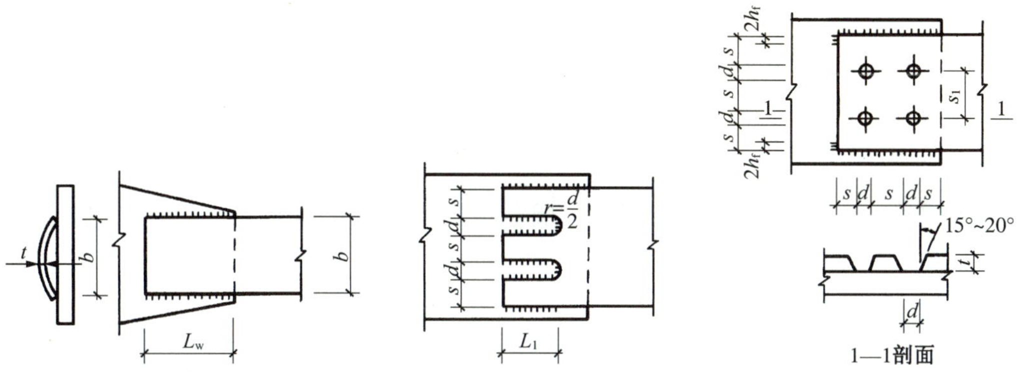

(a) 板件搭接　　(b) 槽焊　　(c) 塞焊

图 5-23　槽焊、塞焊

搭接连接不能只用一条正面角焊缝传力，并且搭接长度不能太小(图 5-24)。

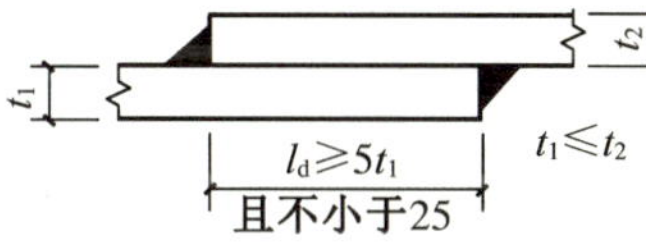

图 5-24　搭接连接要求

5.4.2　角焊缝的计算

侧面角焊缝的设计公式为

$$\tau_f = \frac{N}{h_e \sum l_w} \leqslant f_f^w \tag{5-7}$$

正面角焊缝的设计公式为

$$\sigma_f = \frac{N}{h_e \sum l_w} \leqslant \beta_f f_f^w \tag{5-8}$$

式中　h_e——角焊缝的有效厚度；

$\sum l_w$ ——两焊件间角焊缝的计算长度之和，每条焊缝取实际长度减去 $2h_f$，以考虑扣除施焊时起弧点和落弧点处的焊口缺陷；

f_f^w ——角焊缝的强度设计值；

β_f ——正面角焊缝的强度设计值增大系数。对承受静力荷载和间接承受动力荷载的直角角焊缝，取 $\beta_f=1.22$；对于直接承受动力荷载的直角角焊缝，由于正面角焊缝的刚度较大，变形性能较差，跟侧面角焊缝一样，取 $\beta_f=1.0$。

当角焊缝既受正应力，又受切应力时，设计公式为

$$\sqrt{\left(\frac{\sigma_f}{\beta_f}\right)^2+\tau_f^2}\leqslant f_f^w \tag{5-9}$$

1. 拼接板连接受轴向力

（1）侧面角焊缝

如图 5-25(a)所示为矩形拼接板，侧面角焊缝连接。可按式(5-7)计算：$\tau_f=\frac{N}{h_e\sum l_w}\leqslant f_f^w$，式中，$\sum l_w$ 为连接一侧角焊缝的计算长度之和。无绕角焊：$\sum l_w=4(l_1-2h_f)$；有绕角焊：$\sum l_w=4(l_1-h_f)$。

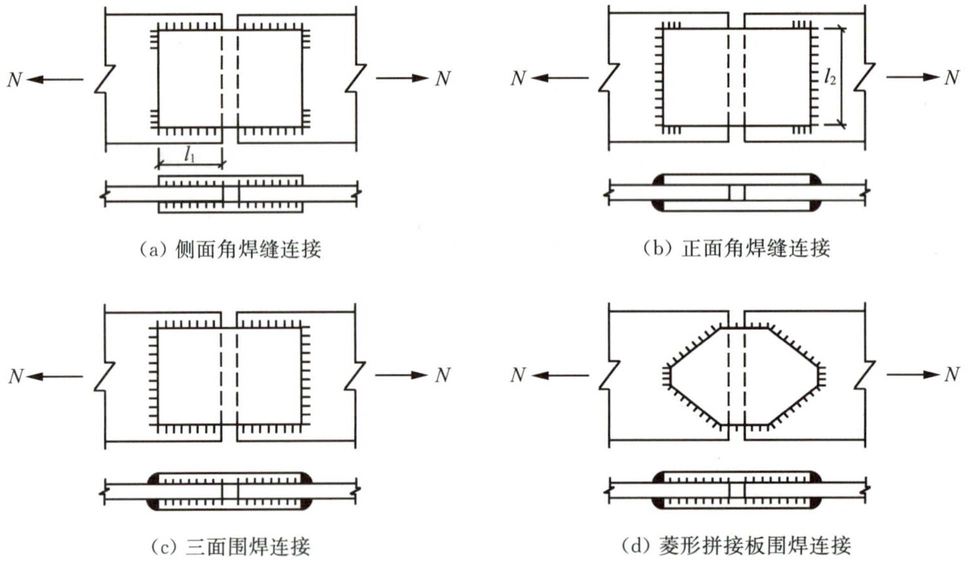

图 5-25　轴心力焊件拼接板连接

（2）正面角焊缝

如图 5-25(b)所示为矩形拼接板，正面角焊缝连接。可按式(5-8)计算：$\sigma_f=\frac{N}{h_e\sum l_w}\leqslant \beta_f f_f^w$，式中，$\sum l_w$ 为连接一侧角焊缝的计算长度之和。无绕角焊：$\sum l_w=$

$2(l_2-2h_f)$；有绕角焊：$\sum l_w=2l_2$。

(3) 三面围焊

如图5-25(c)所示为矩形拼接板，三面围焊连接。先计算正面角焊缝所承担的内力N_1，再由$N-N_1$计算侧面角焊缝。根据式(5-8)可得N_1：

$$N \leqslant \beta_f f_f^w h_e \sum l_w = N_{tu}$$

$$N_1 = \beta_f f_f^w h_e \sum l_{w1}$$

侧面角焊缝强度验算：
$$\tau_f = \frac{N-N_1}{h_e \sum l_{w2}} \leqslant f_f^w$$

(4) 三面围焊直接承受动力荷载

如三面围焊直接承受动力荷载，由于$\beta_f=1.0$，则按轴力由连接一侧角焊缝有效截面面积平均承担计算：

$$\frac{N}{h_e \sum l_w} \leqslant f_f^w \tag{5-10}$$

式中　$\sum l_w$——连接一侧所有角焊缝的计算长度之和。

(5) 菱形拼接板

为了使传力平缓过渡，减小矩形拼接板转角处的应力集中，可改用菱形拼接板[图5-25(d)]。

菱形拼接板正面角焊缝长度较小，为了简化计算，可忽略正面角焊缝及斜焊缝的β_f增大系数，无论承受什么荷载，均按式(5-10)计算。

2. 角钢和节点板连接受轴向力

(1) 侧面角焊缝

当用侧面角焊缝[图5-26(a)]连接角钢和节点板时，虽然轴向力通过角钢截面的形心，但肢背焊缝和肢尖焊缝到形心的距离$e_1 \neq e_2$，受力大小不等。设肢背焊缝受力为N_1，肢尖焊缝受力为N_2，由平衡条件得

$$\begin{cases} N_1+N_2=N \\ N_1e_1=N_2e_2 \end{cases}$$

解得

$$N_1 = N\frac{e_2}{e_1+e_2} = K_1N \tag{5-11}$$

$$N_2 = N\frac{e_1}{e_1+e_2} = K_2N \tag{5-12}$$

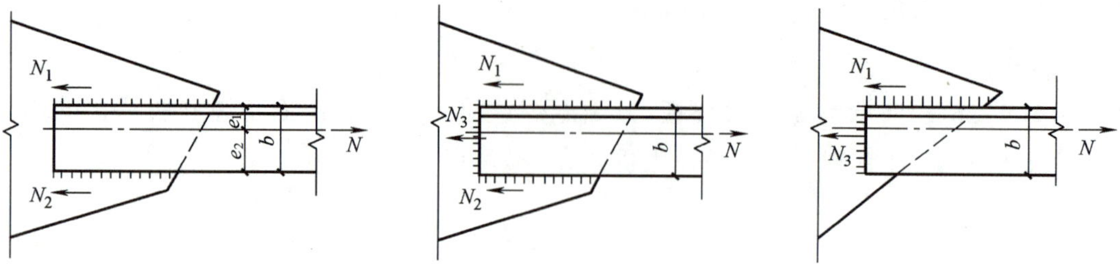

(a) 两面侧焊　　(b) 三面围焊　　(c) L形围焊

图 5-26　角钢与节点板搭接受力分配

角钢角焊缝的内力分配系数见表 5-1。

表 5-1　角钢角焊缝的内力分配系数

连接情况	连接形式	分配系数	
		K_1	K_2
等肢角钢一肢连接		0.7	0.3
不等肢角钢短肢连接		0.75	0.25
不等肢角钢长肢连接		0.65	0.35

按式(5-7)验算肢背、肢尖焊缝强度：

肢背焊缝强度验算：$\dfrac{N_1}{h_{e1}\sum l_{w1}} \leqslant f_f^w$

肢尖焊缝强度验算：$\dfrac{N_2}{h_{e2}\sum l_{w2}} \leqslant f_f^w$

式中　h_{e1}，h_{e2}——肢背、肢尖焊缝的有效厚度；

$\sum l_{w1}$，$\sum l_{w2}$——肢背、肢尖焊缝计算长度之和。

(2) 三面围焊

当采用三面围焊[图 5-26(b)]时，可选定正面角焊缝的焊脚尺寸 h_f，并算出它所承担的内力：

$$N_3 = h_e \beta_f f_f^w \sum l_{w3}$$

由平衡条件得

$$\begin{cases} N_1+N_2+N_3=N \\ N_1(e_1+e_2)+N_3\dfrac{e_1+e_2}{2}=Ne_2 \end{cases}$$

解得

$$N_1=N\frac{e_2}{e_1+e_2}-\frac{N_3}{2}=K_1N-\frac{N_3}{2} \tag{5-13}$$

$$N_2=N\frac{e_1}{e_1+e_2}-\frac{N_3}{2}=K_2N-\frac{N_3}{2} \tag{5-14}$$

(3) L 形围焊

对于 L 形围焊[图 5-26(c)],先选定正面角焊缝的焊脚尺寸 h_f,并算出它所承担的内力为

$$N_3=0.7h_f\beta_f f_f^w\sum l_{w3}$$

再求出 N_1,按式(5-7)计算侧面角焊缝为

$$N_1=N-N_3$$

$$\frac{N_1}{h_{e1}\sum l_{w1}}\leqslant f_f^w$$

3. 弯矩作用下角焊缝计算

当力矩作用平面与焊缝群所在平面垂直时,焊缝受弯(图 5-27)。弯矩在焊缝有效截面上产生正应力 σ_f,正应力呈三角形分布,边缘应力最大,计算公式为

$$\sigma_f=\frac{M}{W_w}\leqslant\beta_f f_f^w \tag{5-15}$$

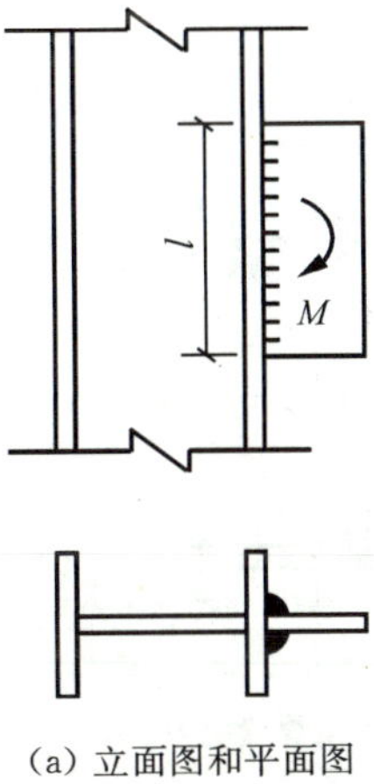

(a) 立面图和平面图

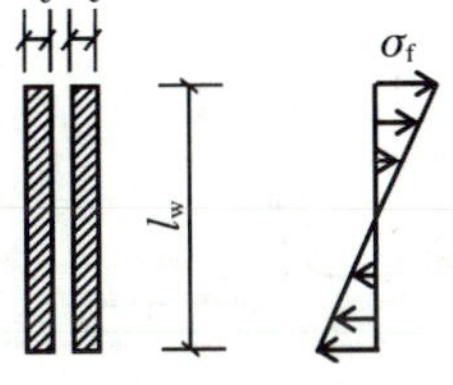

(b) 角焊缝有效截面及应力分布

图 5-27　弯矩作用下角焊缝应力

4. 扭矩作用下的角焊缝计算

当力矩作用平面与焊缝所在平面平行时，焊缝群受扭(图 5-28)。计算时假定：被连接件在扭矩作用下绕焊缝有效截面的形心 O 旋转，焊缝有效截面上任一点的应力方向垂直于该点与形心 O 的连线，应力大小与其到形心距离 r 成正比。按上述假定，焊缝有效截面上距形心最远点 A 应力最大，为

$$\tau_A = \frac{Tr}{J} \tag{5-16}$$

式中 $J = I_x + I_y$——焊缝有效截面绕形心 O 的极惯性矩，I_x，I_y 分别为焊缝有效截面绕 x、y 轴的惯性矩；

r——A 点到形心的距离；

T——扭矩。

式(5-16)给出的应力与焊缝长度方向呈斜角，暂时记为 τ_A，将它分解到 x 轴方向(沿焊缝长度方向)和 y 轴方向(垂直于焊缝长度方向)的分应力为

$$\tau_A^T = \tau_A \cos\varphi = \frac{Tr_y}{J},$$

$$\sigma_A^T = \tau_A \sin\varphi = \frac{Tr_x}{J}$$

r_x，r_y 如图 5-28 所示。将 $\tau_f = \tau_A^T$，$\sigma_f = \sigma_A^T$ 代入式(5-9)，得设计公式为

$$\sqrt{\left(\frac{\sigma_A^T}{\beta_f}\right)^2 + (\tau_A^T)^2} \leqslant f_f^w \tag{5-17}$$

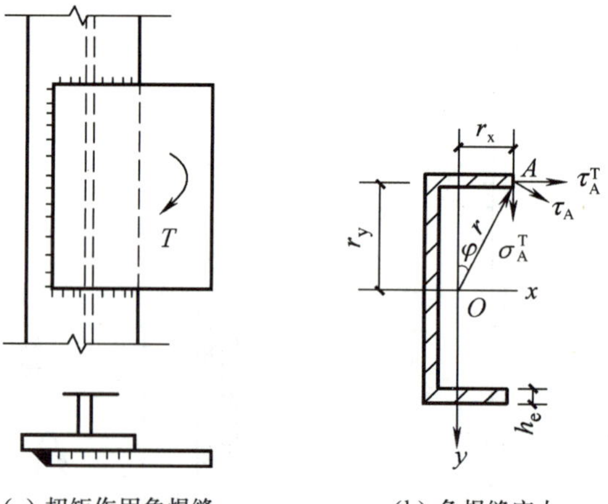

(a) 扭矩作用角焊缝　　(b) 角焊缝应力

图 5-28　扭矩作用下角焊缝应力

5. 弯矩、剪力、轴力作用下的角焊缝计算

将连接所示水平力 N、垂直力 V 平移到焊缝群形心，得到一弯矩 $M=Ve$，剪力 V 和轴力 N。弯矩作用下，焊缝有效截面上的正应力为三角形分布，方向与焊缝长度方向垂直。

剪力 V 在焊缝有效截面上产生沿焊缝长度方向均匀分布的切应力。N 力产生垂直于焊缝长度方向均匀分布的正应力。三种应力状态叠加后，点 A 的受力状态如图 5-29 所示。

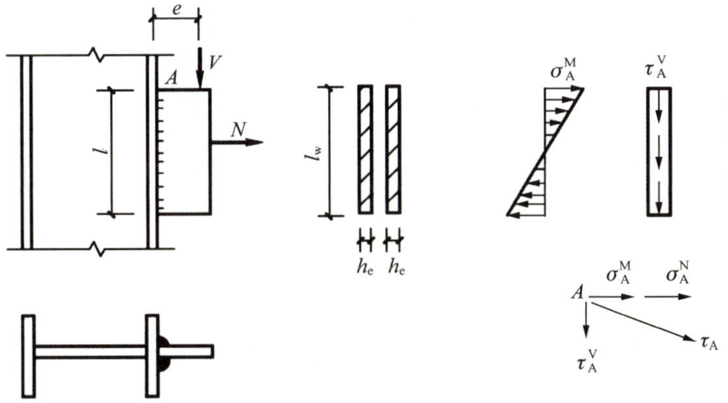

图 5-29　受弯、受剪、受轴心力的角焊缝应力

$$\sigma_A^M=\frac{M}{W_w},\quad \tau_A^V=\frac{V}{h_e\sum l_w},\quad \sigma_A^N=\frac{N}{h_e\sum l_w}$$

在式(5-9)中代入 $\sigma_f=\sigma_A^M+\sigma_A^N$ 和 $\tau_f=\tau_A^V$，则焊缝计算公式为

$$\sqrt{\left(\frac{\sigma_A^M+\sigma_A^N}{\beta_f}\right)^2+(\tau_A^V)^2}\leqslant f_f^w \tag{5-18}$$

6. 扭矩、剪力、轴力作用下的角焊缝计算

计算步骤如下。

(1) 确定焊缝的有效截面，求出焊缝有效截面的形心 O(图 5-30)。

(2) 将连接所受外力平移到形心 O，得一扭矩 $T=V(a+e)$，剪力 V，轴力 N。

(3) 判断危险点，计算 T，V，N 单独作用下点 A 的应力为

$$\tau_A^V=\frac{V}{h_e\sum l_w},\quad \tau_A^N=\frac{N}{h_e\sum l_w},\quad \tau_A^T=\frac{Tr_y}{J},\quad \sigma_A^T=\frac{Tr_x}{J}$$

(4) 验算危险点焊缝强度：

$$\sqrt{\left(\frac{\sigma_A^T+\sigma_A^V}{\beta_f}\right)^2+(\tau_A^T+\tau_A^N)^2}\leqslant f_f^w \tag{5-19}$$

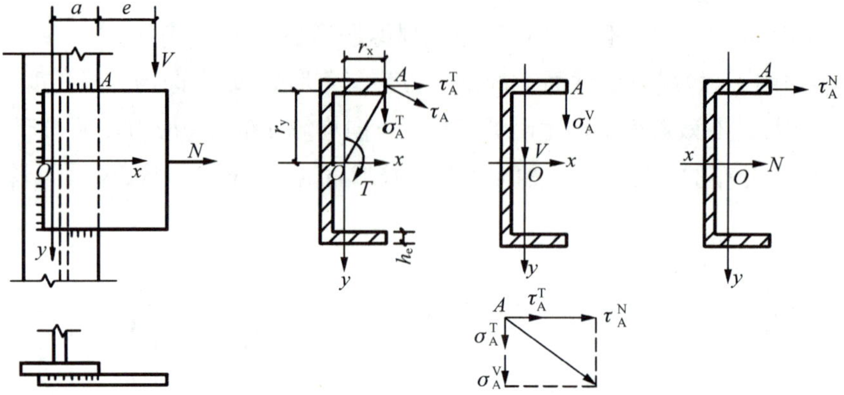

图 5-30　受扭、受剪、受轴心力的角焊缝应力

7. 塞焊(图 5-31)

塞焊设计公式为

$$\frac{4N}{n\pi d^2} \leqslant f_f^w \tag{5-20}$$

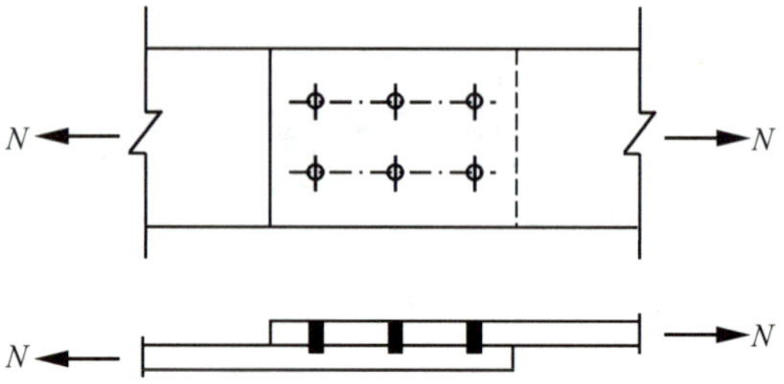

图 5-31　塞焊

式中　f_f^w——角焊缝强度设计值；

n——塞焊点数；

d——孔径。

上述焊缝的各种受力情况，受弯矩或扭矩作用时，只有一点应力最大。这种计算方法属于传统的弹性设计方法，焊缝并未达到承载能力的极限状态。如果允许利用塑性性能，焊缝还可承受更大的荷载。

【例题 5-2】　如图 5-32 所示为用拼接板的角焊缝连接，主板截面尺寸为 14 mm × 400 mm，承受轴向拉力设计值 N=920 kN（静力荷载），钢材为 Q235，采用 E43 型焊条，采用手工焊接。试确定焊脚尺寸 h_f 并设计拼接板长度：用侧面角焊缝；用三面围焊。

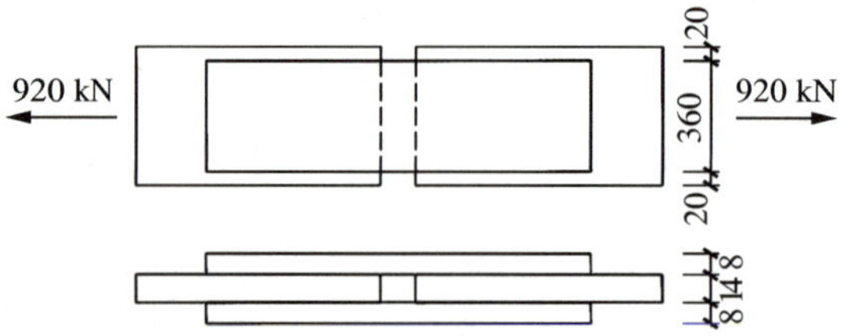

图 5-32　拼接板角焊缝连接

(1) 确定焊脚尺寸 h_f

$h_f \geqslant 1.5\sqrt{t_{max}} = 1.5 \times \sqrt{14\ \text{mm}} = 5.6\ \text{mm}$；$h_f \leqslant 1.2t_{min} = 1.2 \times 8\ \text{mm} = 9.6\ \text{mm}$

边缘角焊缝：$t > 6\ \text{mm}$，$h_f = t - (1 \sim 2)\ \text{mm} = 8\ \text{mm} - (1 \sim 2)\ \text{mm} = 6 \sim 7\ \text{mm}$

焊脚尺寸取 $h_f=6$ mm，角焊缝的有效厚度 $h_e=0.7h_f=0.7\times6$ mm $=4.2$ mm

(2) 用侧面角焊缝

所需角焊缝长度 $l_w\geqslant\dfrac{N_1}{4h_ef_f^w}+2h_f=\dfrac{920\times10^3\ \text{N}}{4\times0.7\times6\ \text{mm}\times160\ \text{N/mm}^2}+2\times6\ \text{mm}=$ 354.3 mm

被拼接板间留出缝隙 10 mm，拼接板长度 $l=2l_w+10\ \text{mm}=2\times354.3\ \text{mm}+10\ \text{mm}=$ 718.6 mm

(3) 用三面围焊

正面角焊缝的承载力 $N_1=\beta_f f_f^w h_e\sum l_w=1.22\times160\ \text{N/mm}^2\times4.2\ \text{mm}\times360\ \text{mm}\times2=590\,284.8\ \text{N}$

侧面角焊缝 $l_w\geqslant\dfrac{N-N_1}{4h_ef_f^w}+h_f=\dfrac{920\times10^3\ \text{N}-590\,284.8\ \text{N}}{4\times0.7\times6\ \text{mm}\times160\ \text{N/mm}^2}+6\ \text{mm}=$ 128.7 mm

拼接板长度 $l=2l_w+10\ \text{mm}=2\times128.7\ \text{mm}+10\ \text{mm}=267.4\ \text{mm}$

【例题 5-3】 有一焊接连接如图 5-33 所示，钢材为 Q235 钢，焊条为 E43 系列，采用手工焊接，承受的静力荷载设计值 $N=600$ kN，角钢为 ∟ 100×63×10，长肢与节点板相连，试确定焊脚尺寸并计算所需角焊缝的长度。已知角焊缝的强度设计值 $f_f^w=160\ \text{N/mm}^2$。

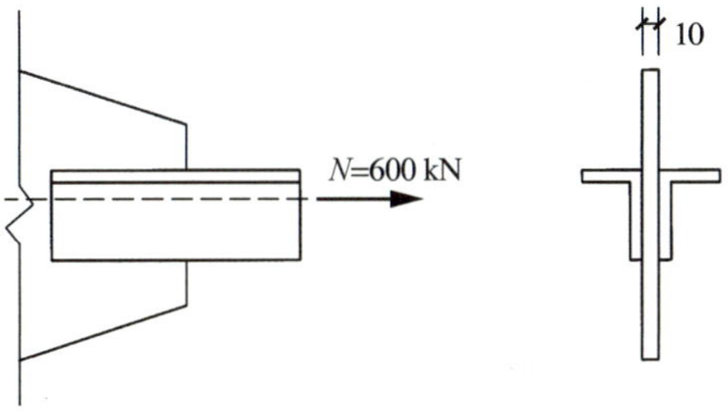

图 5-33　角钢节点板连接

(1) 确定焊脚尺寸 h_f

$h_f\geqslant1.5\sqrt{t_{max}}=1.5\times\sqrt{10\ \text{mm}}=4.74\ \text{mm}$；

$h_f\leqslant1.2t_{min}=1.2\times10\ \text{mm}=12\ \text{mm}$。

边缘角焊缝：$t>6$ mm，$h_f=t-(1\sim2)\ \text{mm}=10-(1\sim2)\ \text{mm}=8\sim9\ \text{mm}$

角钢肢尖和肢背都取 $h_f=8$ mm，角焊缝的有效厚度 $h_e=0.7h_f=0.7\times8\ \text{mm}=$ 5.6 mm

(2) 采用侧面角焊缝连接

不等边角钢，长肢与节点板相连：

肢背：$N_1=K_1N=0.65\ \text{N}=0.65\times600\ \text{kN}=390\ \text{kN}$

肢尖：$N_2=K_2N=0.35\ \text{N}=0.35\times600\ \text{kN}=210\ \text{kN}$

肢背所需角焊缝长度 $l_{w1}\geqslant\dfrac{N_1}{2h_ef_f^w}=\dfrac{390\times10^3\ \text{N}}{2\times5.6\ \text{mm}\times160\ \text{N/mm}^2}=217.6\ \text{mm}$

肢背焊缝实际长度 $l_1=l_{w1}+2h_f=217.6\ \text{mm}+2\times8\ \text{mm}=233.6\ \text{mm}$

肢尖所需角焊缝长度 $l_{w2}\geqslant\dfrac{N_2}{2h_ef_f^w}=\dfrac{210\times10^3\ \text{N}}{2\times5.6\ \text{mm}\times160\ \text{N/mm}^2}=117.2\ \text{mm}$

肢尖焊缝实际长度 $l_2 = l_{w2} + 2h_f = 117.2\ \text{mm} + 2 \times 8\ \text{mm} = 133.2\ \text{mm}$

(3) 采用三面围焊

正面角焊缝的承载力 $N_3 = \beta_f f_f^w h_e \sum l_w$

$$= 1.22 \times 160\ \text{N/mm}^2 \times 5.6\ \text{mm} \times 100\ \text{mm} \times 2 = 218\ 624\ \text{N} = 218.6\ \text{kN}$$

肢背侧面角焊缝 $N_1 = K_1 N - \dfrac{N_3}{2} = 390\ \text{kN} - \dfrac{218.6\ \text{kN}}{2} = 280.7\ \text{kN}$

肢尖侧面角焊缝 $N_2 = K_2 N - \dfrac{N_3}{2} = 210\ \text{kN} - \dfrac{218.6}{2}\text{kN} = 100.7\ \text{kN}$

肢背所需角焊缝长度 $l_{w1} \geqslant \dfrac{N_1}{2h_e f_f^w} = \dfrac{280.7 \times 10^3\ \text{N}}{2 \times 5.6\ \text{mm} \times 160\ \text{N/mm}^2} = 156.64\ \text{mm}$

肢背焊缝实际长度 $l_1 = l_{w1} + h_f = 156.64\ \text{mm} + 8\ \text{mm} = 164.64\ \text{mm}$

肢尖所需角焊缝长度 $l_{w2} \geqslant \dfrac{N_2}{2h_e f_f^w} = \dfrac{100.7 \times 10^3\ \text{N}}{2 \times 5.6\ \text{mm} \times 160\ \text{N/mm}^2} = 56.19\ \text{mm}$

肢尖焊缝实际长度 $l_2 = l_{w2} + h_f = 56.19\ \text{mm} + 8\ \text{mm} = 64.19\ \text{mm}$

(4) 采用 L 形围焊

正面角焊缝的承载力 $N_3 = \beta_f f_f^w h_e \sum l_w$

$$= 1.22 \times 160\ \text{N/mm}^2 \times 5.6\ \text{mm} \times (100\ \text{mm} - 8\ \text{mm}) \times 2 = 201\ 134\ \text{N} = 201\ \text{kN}$$

肢背侧面角焊缝 $N_1 = N - N_3 = 600\ \text{kN} - 201\ \text{kN} = 399\ \text{kN}$

肢背所需角焊缝长度 $l_{w1} \geqslant \dfrac{N_1}{2h_e f_f^w} = \dfrac{399 \times 10^3\ \text{N}}{2 \times 5.6\ \text{mm} \times 160\ \text{N/mm}^2} = 222.66\ \text{mm}$

肢背焊缝实际长度 $l_1 = l_{w1} + h_f = 222.66\ \text{mm} + 8\ \text{mm} = 230.66\ \text{mm}$

侧面角焊缝和 L 形围焊也可以采用绕角焊。

5.5 普通螺栓连接的构造和计算

5.5.1 螺栓的排列和构造要求

螺栓在构件上的排列方式有并列和错列(图 5-34)。

1. 受力要求

为防止钢板端部被剪断,螺栓端距应不小于 2 倍螺栓孔径($2d_0$)。对于受拉构件,各排螺栓的栓距和线距不宜过小,以免因应力集中相互影响及截面削弱过多而降低承载能力；对于受压构件，沿力作用方向的栓距不宜过大，防止板件间出现凸曲。铆钉排列要求与螺栓相似。

2. 构造要求

若栓距及线距过大，构件接触面紧密性降低，易使潮气侵入缝隙导致锈蚀。

3. 施工要求

应留有足够的空间以便转动螺栓扳手。

根据以上要求，规范规定钢板上的螺栓的最大和最小净距如图 5-34 和表 5-2 所示。角钢、普通工字钢、槽钢上螺栓的线距应满足图 5-35、图 5-36 及表 5-3—表 5-5。

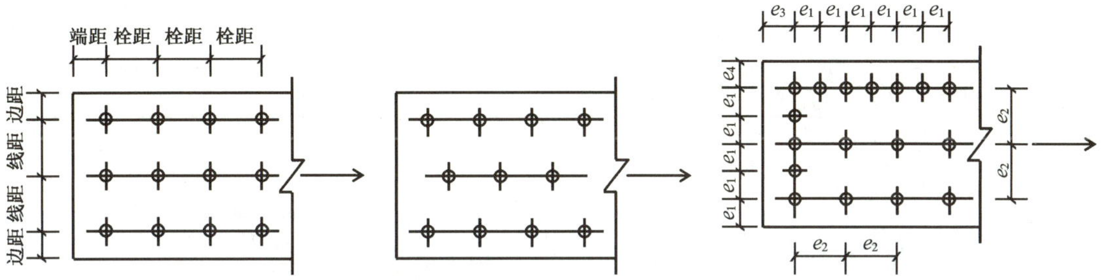

(a) 并列　　(b) 错列　　(c) 容许距离

图 5-34　钢板上的螺栓排列

表 5-2　螺栓和铆钉的最大、最小容许距离

名称	位置和方向			最大容许距离 (取二者的较小值)	最小容许距离
中心间距	任意方向	外排		$8d_0$ 或 $12t$	$3d_0$
		中间排	构件受压力	$12d_0$ 或 $18t$	
			构件受拉力	$16d_0$ 或 $24t$	
中心至构件边缘的距离	顺内力方向			$4d_0$ 或 $8t$	$2d_0$
	垂直内力方向	切割边			$1.5d_0$
		轧制边	高强度螺栓		
			其他螺栓或铆钉		$1.2d_0$

注：1. d_0 为螺栓孔或铆钉孔的直径，t 为外层较薄板件厚度；

2. 钢板边缘与刚性构件(如角钢、槽钢等)相连的螺栓或铆钉的最大间距，可按中间排的数值采用。

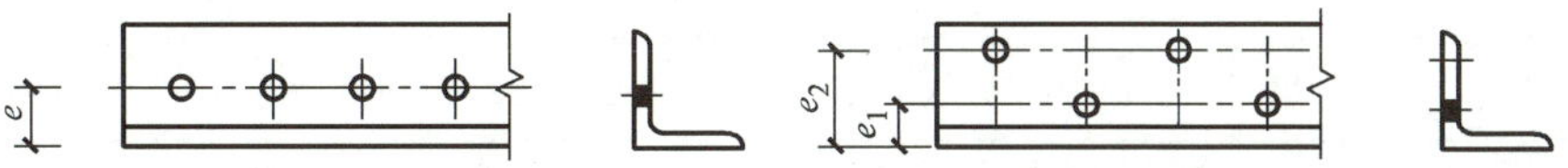

(a) 单排螺栓　　(b) 双排螺栓错列

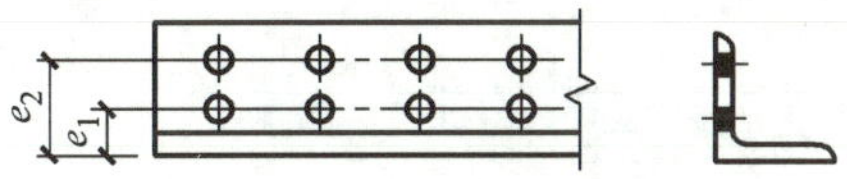

(c) 双排螺栓并列

图 5-35　角钢上的螺栓排列

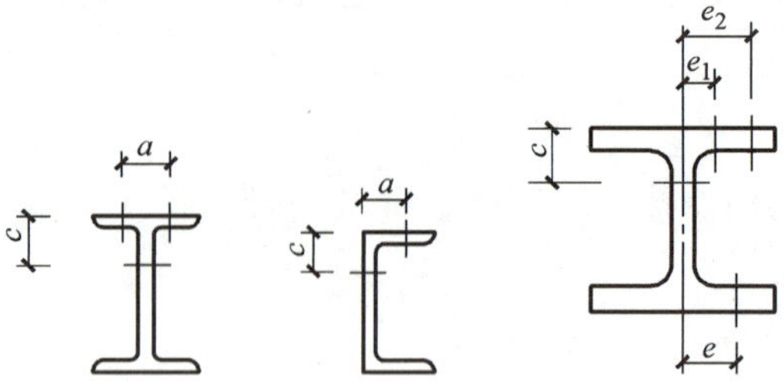

(a) 工字钢　　(b) 槽钢　　(c) H 形钢

图 5-36　型钢上的螺栓排列

表 5-3　角钢上螺栓或铆钉线距(mm)

<table>
<tr><td rowspan="3">单行排列</td><td>角钢肢宽</td><td>40</td><td>45</td><td>50</td><td>56</td><td>63</td><td>70</td><td>75</td><td>80</td><td>90</td><td>100</td><td>110</td><td>125</td></tr>
<tr><td>线距 e</td><td>25</td><td>25</td><td>30</td><td>30</td><td>35</td><td>40</td><td>40</td><td>45</td><td>50</td><td>55</td><td>60</td><td>70</td></tr>
<tr><td>钉孔最大直径</td><td>11.5</td><td>13.5</td><td>13.5</td><td>15.5</td><td>17.5</td><td>20</td><td>22</td><td>22</td><td>24</td><td>24</td><td>26</td><td>26</td></tr>
<tr><td rowspan="4">双行错排</td><td>角钢肢宽</td><td>125</td><td>140</td><td>160</td><td>180</td><td>200</td><td rowspan="4">双行并列</td><td>角钢肢宽</td><td>160</td><td>180</td><td>200</td></tr>
<tr><td>e_1</td><td>55</td><td>60</td><td>70</td><td>70</td><td>80</td><td>e_1</td><td>60</td><td>70</td><td>80</td></tr>
<tr><td>e_2</td><td>90</td><td>100</td><td>120</td><td>140</td><td>160</td><td>e_2</td><td>130</td><td>140</td><td>160</td></tr>
<tr><td>钉孔最大直径</td><td>24</td><td>24</td><td>26</td><td>26</td><td>26</td><td>钉孔最大直径</td><td>24</td><td>24</td><td>26</td></tr>
</table>

表 5-4　工字钢和槽钢腹板上的螺栓线距(mm)

工字钢型号	12	14	16	18	20	22	25	28	32	36	40	45	50	56	63
线距 c_{min}	40	45	45	45	50	50	55	60	60	65	70	75	75	75	75
槽钢型号	12	14	16	18	20	22	25	28	32	36	40	—	—	—	—
线距 c_{min}	40	45	50	50	55	55	55	60	65	70	75	—	—	—	—

表 5-5　工字钢和槽钢翼缘上的螺栓线距(mm)

工字钢型号	12	14	16	18	20	22	25	28	32	36	40	45	50	56	63
线距 a_{min}	40	40	50	55	60	65	65	70	75	80	80	85	90	95	95
槽钢型号	12	14	16	18	20	22	25	28	32	36	40	—	—	—	—
线距 a_{min}	30	35	35	40	40	45	45	45	50	56	60	—	—	—	—

5.5.2　普通螺栓连接受剪、受拉时的工作性能

普通螺栓连接依据螺栓的传力方式,分为抗剪和抗拉两种类型。图 5-37(a)展示的是抗剪螺栓,其通过孔壁承压和栓杆抗剪传递力;图 5-37(b)为抗拉螺栓;而图 5-37(c)中的

螺栓则同时承受拉力和剪力。根据规范要求，C 级螺栓仅适用于次要连接和临时性连接中的抗剪用途。

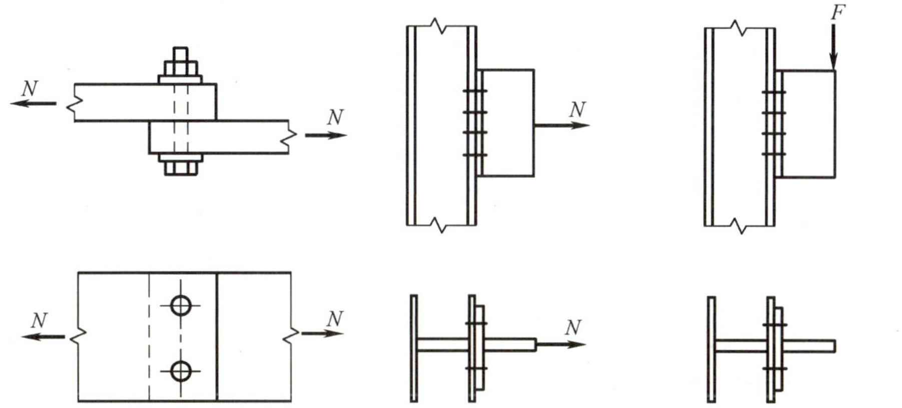

(a) 抗剪螺栓　　(b) 抗拉螺栓　　(c) 同时受拉和受剪的螺栓

图 5-37　抗剪螺栓和抗拉螺栓

1. 抗剪螺栓连接

抗剪螺栓连接在承受外力时，起初依靠构件间的摩擦力来抵抗，但由于摩擦力相对较小，构件间很快就会发生滑移。随后，螺栓杆与螺栓孔壁开始接触，螺栓杆受到剪切力作用，同时螺栓杆与孔壁之间产生相互挤压。

如图 5-38 所示为螺栓连接的五种可能破坏情况。其中对螺栓杆被剪断、孔壁挤压以及钢板被拉断，要进行计算。而对于钢板被剪断和螺杆弯曲破坏两种形式，可以通过限制

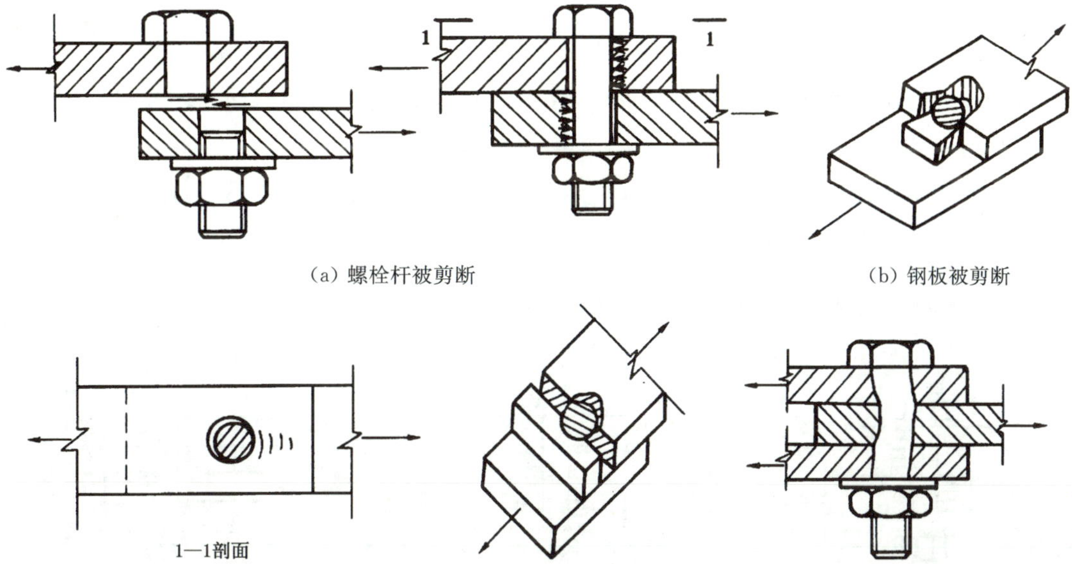

(a) 螺栓杆被剪断　　(b) 钢板被剪断

(c) 孔壁挤压　　(d) 钢板被拉断　　(e) 螺杆弯曲

图 5-38　螺栓连接的破坏形式

端距 $e_3 \geqslant 2d_0$，避免板因受螺栓杆挤压而被剪断；限制板叠厚度不超过 $5d$，以避免螺杆弯曲过大而影响承载能力。在弹性阶段，螺栓群中各螺栓受力不均，两端螺栓受力大，中间受力小(图 5-39)。进入塑性变形阶段后，内力重新分布使各螺栓受力逐渐均匀。然而，若构件节点或拼接缝一侧螺栓过多，且沿受力方向的连接长度 l_1 过大，端部螺栓可能因受力过大而率先破坏，随后破坏依次向内扩展，形成所谓的“解纽扣”现象。因此，设计规范规定，当 $l_1>15d_0$ 时，需将螺栓承载力乘以折减系数 $\beta=1.1-\dfrac{l_1}{150d_0}$；当 $l_1>60d_0$ 时，折减系数为 0.7，其中 d_0 为螺栓孔径。据此，在设计中，当外力作用于螺栓群中心时，可假设所有螺栓受力相等。

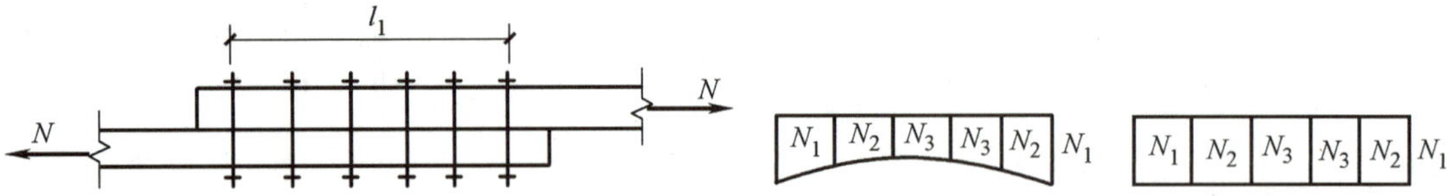

(a) 受剪螺栓　(b) 弹性阶段受力状态　(c) 塑性阶段受力状态

图 5-39　螺栓受剪力状态

一个抗剪螺栓的设计承载能力计算：

栓杆抗剪承载力设计值为

$$N_v^b = n_v \cdot \frac{\pi d^2}{4} \cdot f_v^b \tag{5-21}$$

孔壁承压承载力设计值为

$$N_c^b = d \sum t f_c^b \tag{5-22}$$

式中　n_v——螺栓受剪面数(图 5-40)，单剪 $n_v=1$，双剪 $n_v=2$，四剪面 $n_v=4$ 等；

d——螺栓杆直径；

$\sum t$——在同一方向承压的构件较小总厚度，图 5-40(c)中，$\sum t$ 取$(a+c+e)$和$(b+d)$的较小值；

f_v^b，f_c^b——螺栓的抗剪、孔壁承压强度设计值。

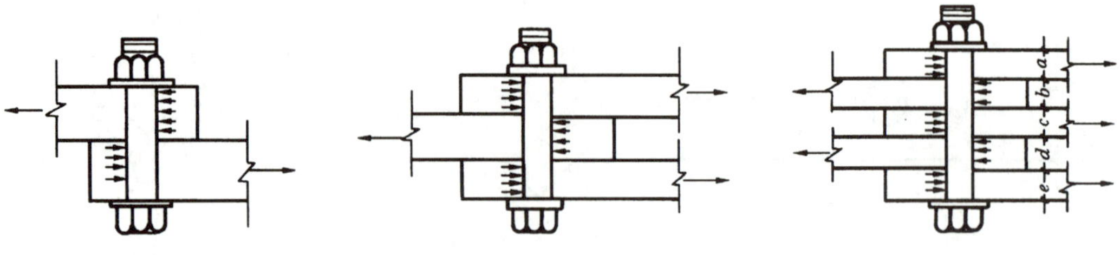

(a) 单剪　(b) 双剪　(c) 四剪面

图 5-40　抗剪螺栓连接

一个抗剪螺栓的承载力设计值应该取 N_v^b 和 N_c^b 的较小值 N_{min}^b。

2. 抗拉螺栓连接

一个抗拉螺栓的承载力设计值为

$$N_t^b = \frac{\pi d_e^2}{4} \cdot f_t^b \tag{5-23}$$

式中　f_t^b——普通螺栓的抗拉强度设计值；

d_e——普通螺栓螺纹处的有效直径，见附表 10。

5.5.3　螺栓群的计算

1. 螺栓群在轴向力作用下的抗剪计算

当外力通过螺栓群形心时，假定各螺栓平均分担剪力，接头一边所需要的螺栓数目为

$$n = \frac{N}{N_{min}^b} \tag{5-24}$$

螺栓连接中，力的传递可由图 5-41 说明，左边板件所承担的 N，通过左边螺栓传至两块拼接板，再由两块拼接板通过右边螺栓传至右边板件，这样左右板件内力平衡。在力的传递过程中，各部分承力情况，如图 5-41(c)所示，板件在截面 1—1 处承受全部 N 力，在截面 1—1 和 2—2 之间则只承受 $2/3N$，因为 $1/3N$ 已经通过第一列螺栓传给拼接板。

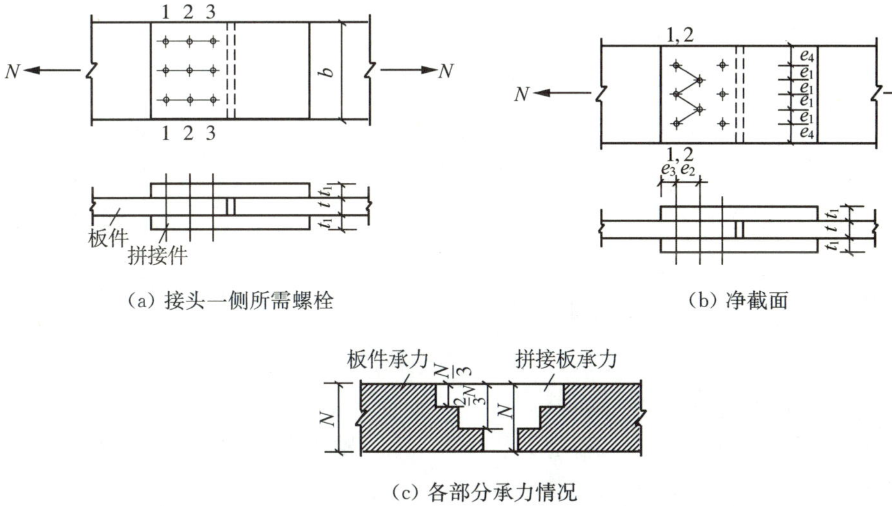

图 5-41　力的传递及净截面面积计算

由于螺栓孔削弱了板件的截面，为防止板件在净截面上被拉断，需要验算净截面的强度：

$$\sigma = \frac{N}{A_n} \leqslant f \tag{5-25}$$

上图所示的并列螺栓排列，以左半部分来看：截面 1—1，2—2，3—3 的净截面面积均相同。

对于板件来说，根据传力情况，截面 1—1 受力为 N，截面 2—2 受力为 $N-\frac{n_1}{n}N$，截面 3—3 受力为 $N-\frac{n_1+n_2}{n}N$，以截面 1—1 受力最大。其净截面面积为

$$A_n=t(b-n_1d_0) \tag{5-26}$$

对于拼接板来说，以截面 3—3 受力最大，其净截面面积为

$$A_n=2t_1(b-n_3d_0) \tag{5-27}$$

式中 n——左半部分螺栓总数；

n_1，n_2，n_3——分别为截面 1—1、2—2、3—3 上螺栓数；

d_0——螺栓孔径。

如图 5-41(b)所示的错列螺栓排列，对于板件不仅需要考虑沿截面 1—1(正交截面)破坏的可能，还需要考虑沿截面 2—2(折线截面)破坏的可能。其净截面面积为

$$A_n=t\left[2e_4+(n_2-1)\sqrt{e_1^2+e_2^2}-n_2d_0\right] \tag{5-28}$$

式中 n_2——折线截面 2—2 上的螺栓数。

2. 螺栓群在扭矩作用下的抗剪计算

承受扭矩的螺栓连接，一般都是先布置好螺栓，再计算受力最大螺栓所承受的剪力，再和一个抗剪螺栓的承载力设计值 N_{min}^b 进行比较。计算时假定：被连接构件是刚性的，而螺栓则是弹性的；各螺栓绕螺栓群形心 O 旋转，其受力大小与其至螺栓群形心的距离成正比，力的方向与其和螺栓群形心的连线相垂直。

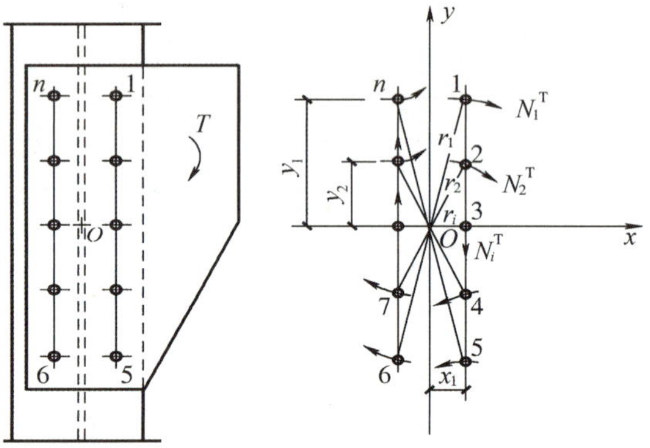

图 5-42 螺栓群受扭矩计算

如图 5-42 所示连接，螺栓群承受扭矩 T，而使每个螺栓受剪。设各螺栓至其形心的距离分别为 r_1，r_2，…，r_n，所承受的剪力分别为 N_1^T，N_2^T，…，N_n^T。

各螺栓的剪力对螺栓群形心 O 的力矩总和应等于外扭矩 T，故有

$$T=N_1^Tr_1+N_2^Tr_2+\cdots+N_n^Tr_n \tag{5-29a}$$

$$\frac{N_1^T}{r_1}=\frac{N_2^T}{r_2}=\cdots=\frac{N_n^T}{r_n} \tag{5-29b}$$

则

$$T=\frac{N_1^{\mathrm{T}}}{r_1}(r_1^2+r_2^2+\cdots+r_n^2)=\frac{N_1^{\mathrm{T}}}{r_1}\sum r_i^2 \tag{5-29c}$$

$$N_1^{\mathrm{T}}=\frac{Tr_1}{\sum r_i^2}=\frac{Tr_1}{\sum x_i^2+\sum y_i^2} \tag{5-29d}$$

当螺栓布置成狭长带时，式(5-29d)可简化为

$$N_1^{\mathrm{T}}=\frac{Ty_1}{\sum y_i^2} \tag{5-30}$$

设计时，受力最大的一个螺栓所承受的设计剪力 N_1^{T} 应不大于螺栓的抗剪承载力设计值 $N_{\min}^{\mathrm{b}}$，即

$$N_1^{\mathrm{T}}\leqslant N_{\min}^{\mathrm{b}} \tag{5-31}$$

3. 螺栓群在扭矩、剪力、轴力共同作用下的抗剪计算

如图 5-43 所示的螺栓群，承受扭矩 T、剪力 V、轴心力 N 的共同作用。设计时，通常先布置好螺栓，再进行验算。计算步骤如下：

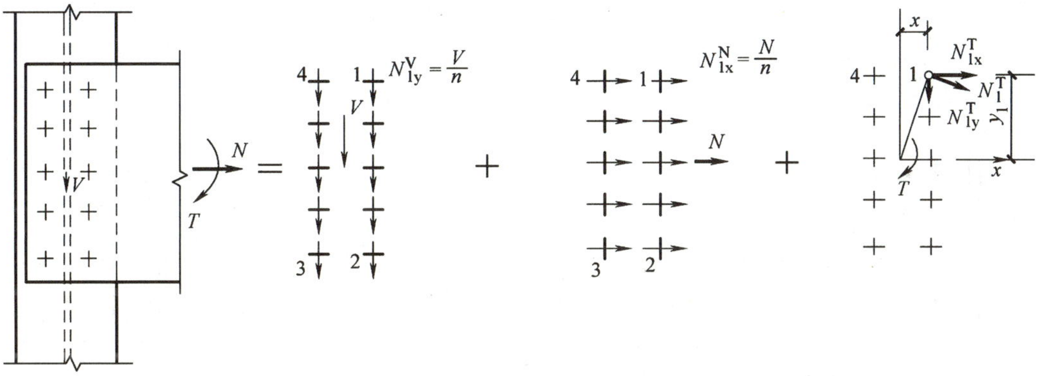

图 5-43　螺栓群受扭、受剪、受轴心力的计算

(1) 将连接所受外力向螺栓群形心平移，得到扭矩、剪力、轴力；

(2) 判断危险螺栓；

(3) 计算危险螺栓在各力单独作用下的剪力；

(4) 将危险螺栓的各剪力分量按矢量合成，验算危险螺栓。

在扭矩 T 作用下，螺栓 1，2，3，4 受力最大，为 N_1^{T}，其在 x，y 两个方向的分力为

$$N_{1x}^{\mathrm{T}}=N_1^{\mathrm{T}}\cdot\frac{y_1}{r_1}=\frac{Ty_1}{\sum x_i^2+\sum y_i^2}$$

$$N_{1y}^{\mathrm{T}}=N_1^{\mathrm{T}}\cdot\frac{x_1}{r_1}=\frac{Tx_1}{\sum x_i^2+\sum y_i^2}$$

在剪力 V 和轴心力 N 作用下，螺栓均匀受力，每个螺栓受力为

$$N_{1y}^{V}=\frac{V}{n},\quad N_{1x}^{N}=\frac{N}{n}$$

以上各力对螺栓来说都是剪力，故受力最大螺栓 1 承受的合力 N_1，应满足：

$$N_1=\sqrt{(N_{1x}^{T}+N_{1x}^{N})^2+(N_{1y}^{T}+N_{1y}^{V})^2}\leqslant N_{\min}^{b} \tag{5-32}$$

4. 螺栓群在轴拉力作用下的抗拉计算

当设计拉力 N 通过螺栓群形心时，所需要的螺栓数量为

$$n=\frac{N}{N_t^b} \tag{5-33}$$

5. 螺栓群在弯矩作用下的抗拉计算

普通 C 级螺栓群在如图 5-44 所示弯矩 M 作用下，上部螺栓受拉。与螺栓群拉力相平衡的压力产生于牛腿和柱的接触面上，精确确定中和轴位置的计算比较复杂。通常近似地假定在最下边一排螺栓轴线上，并且忽略压力所提供的力矩（力臂很小）。

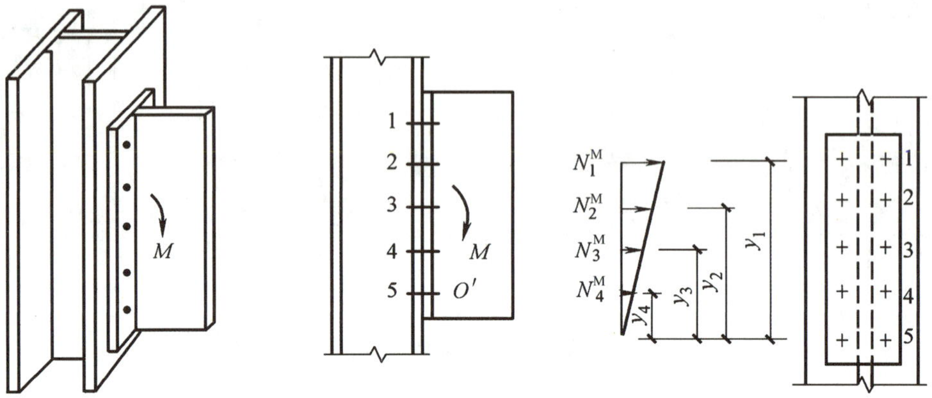

(a) 螺栓群受弯矩　　(b) 中和轴位置

图 5-44　螺栓群受扭矩计算

$$M=m(N_1^M y_1+N_2^M y_2+\cdots+N_n^M y_n)$$

从而可得螺栓最大内力为

$$N_1^M=\frac{My_1}{m\sum y_i^2}\leqslant N_t^b \tag{5-34}$$

式中　m——螺栓排列的纵列数，图 5-44 中 $m=2$。

6. 螺栓群同时承受剪力和拉力的计算

如图 5-45 所示连接，螺栓群承受剪力和拉力，这种连接可以有两种算法。

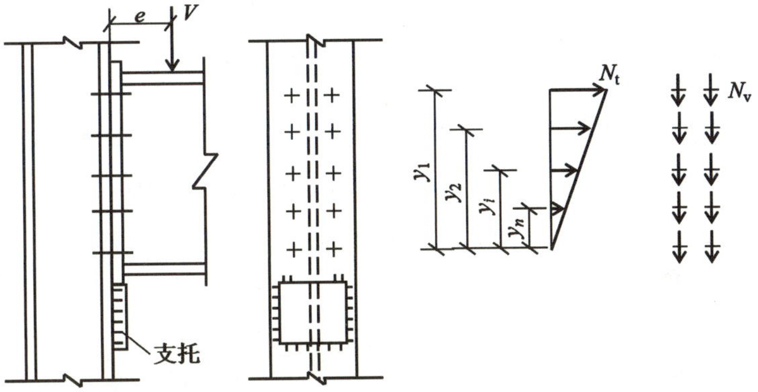

图 5-45　螺栓群同时承受剪力和拉力

(1) 假定支托仅在安装横梁时起临时支承作用，剪力 V 不通过支托传递。此时螺栓承受弯矩和剪力。在弯矩作用下，按式(5-34)求得

$$N_t = N_1^M = \frac{My_1}{m\sum y_i^2}$$

在剪力作用下，螺栓受力为

$$N_v = \frac{V}{n}$$

螺栓在拉力和剪力共同作用下，应满足：

$$\sqrt{\left(\frac{N_v}{N_v^b}\right)^2 + \left(\frac{N_t}{N_t^b}\right)^2} \leqslant 1 \tag{5-35}$$

满足式(5-35)时，说明螺栓不会因受拉和受剪破坏，但当板较薄时，可能承压破坏，还应满足：

$$N_v \leqslant N_c^b \tag{5-36}$$

式中　N_v ——一个螺栓承受的剪力；

　　N_c^b ——一个螺栓的承载力设计值。

(2) 假定剪力 V 由支托承受，弯矩 $M=Ve$ 由螺栓承受，并按式(5-37)计算。支托和柱翼缘用角焊缝连接，按下式计算：

$$\tau_f = \frac{\alpha V}{h_e \sum l_w} \leqslant f_f^w \tag{5-37}$$

5.6 高强度螺栓连接的构造和计算

5.6.1 高强度螺栓连接的性能

高强度螺栓的性能等级有10.9级和8.8级。级别划分的小数点前数字是螺栓热处理后的最低抗拉强度，小数点后数字是屈强比（屈服强度 f_y 与抗拉强度 f_u 的比值），如8.8级钢材的最低抗拉强度是 800 N/mm²，屈服强度是 $0.8\times800=640$ N/mm²。表5-6为高强度螺栓的设计预拉力。

表5-6 高强度螺栓的设计预拉力 P 值(kN)

螺栓的强度等级	螺栓的公称直径/mm					
	M16	M20	M22	M24	M27	M30
8.8级	80	125	150	175	230	280
10.9级	100	155	190	225	290	355

高强度螺栓摩擦型连接完全依靠被连接构件间的摩擦阻力传力，而摩擦阻力的大小除了螺栓的预拉力外，与被连构件材料及其接触面的表面处理所确定的摩擦面抗滑移系数 μ 有关。规范规定的摩擦面抗滑移系数 μ 值见表5-7。

表5-7 摩擦面的抗滑移系数 μ 值

连接处构件接触面的处理方法	构件的钢号		
	Q235钢	Q355钢或Q390钢	Q420钢或Q460钢
喷硬质石英砂或铸钢棱角砂	0.45	0.45	0.45
抛丸（喷砂）	0.40	0.40	0.40
钢丝刷清除浮锈或未经处理的干净轧制面	0.30	0.35	—

5.6.2 高强度螺栓的抗剪承载力设计值

1. 高强度螺栓摩擦型连接

高强度螺栓摩擦型连接承受剪力时的设计准则是外力不得超过摩擦阻力。每个螺栓的摩擦阻力应该是 $n_f\mu P$，但是考虑到整个连接中各个螺栓受力未必均匀，乘以系数 α_R，故一个高强度螺栓的抗剪承载力设计值为

$$N_v^b=\alpha_R n_f \mu P \tag{5-38}$$

式中 n_f——一个螺栓的传力摩擦面数目；

μ ——摩擦面的抗滑移系数；

P ——高强度螺栓预拉力；

α_R ——抗力分项系数的倒数，一般取 0.9。

2. 高强度螺栓承压型连接

计算方法和普通螺栓相同。

5.6.3　高强度螺栓群的抗剪计算

1. 轴向力作用时

(1) 螺栓数与普通螺栓计算公式相同。

(2) 构件净截面强度验算：对承压型连接，构件净截面强度验算和普通螺栓连接的相同。对摩擦型连接，要考虑由于摩擦阻力作用，一部分剪力由孔前接触面传递(图 5-46)，按照规范规定，孔前传力占螺栓传力的 50%。这样截面 1—1 处净截面传力为

$$N' = N\left(1 - \frac{0.5n_1}{n}\right) \tag{5-39}$$

式中　n_1——计算截面上的螺栓数；

n ——连接一侧的螺栓总数。

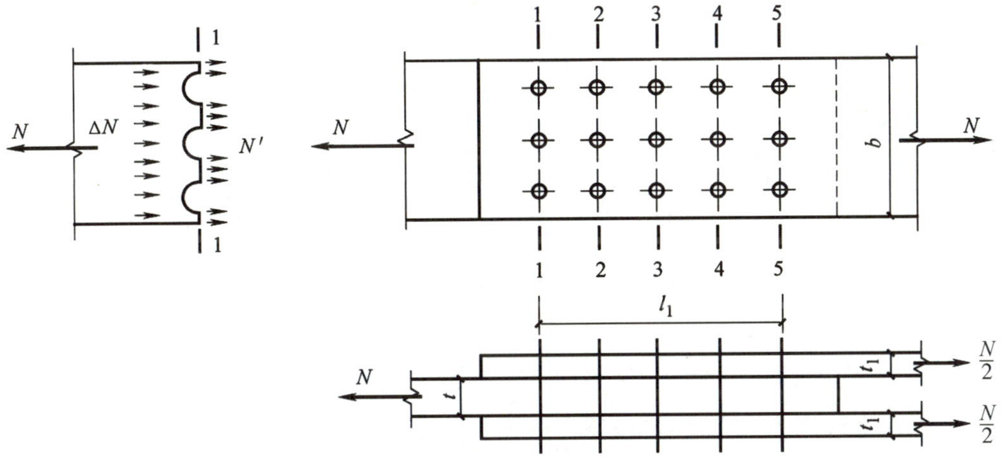

图 5-46　摩擦型高强度螺栓连接孔前传力

2. 扭矩作用时

扭矩、剪力、轴力共同作用时的抗剪高强度螺栓所受剪力的计算，其方法与普通螺栓相同，单个螺栓所受剪力应不超过高强度螺栓的承载力设计值。

5.6.4　高强度螺栓的抗拉连接

图 5-47 为高强度螺栓受拉连接。摩擦型连接中，一个抗拉高强度螺栓的承载力设计值为

$$N_t^b = 0.8P \tag{5-40}$$

承压型连接中,单个高强度螺栓的承载力设计值 N_t^b 的计算方法与普通螺栓相同。

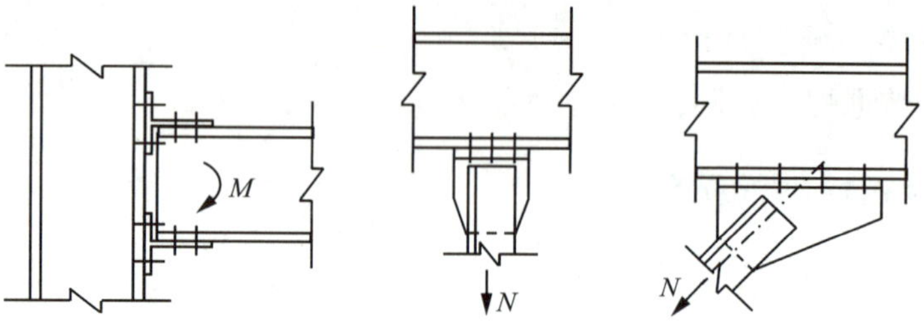

(a) 连接一　(b) 连接二　(c) 连接三

图 5-47　高强度螺栓承受拉力的连接

连接所需的螺栓数为

$$n = \frac{N}{N_t^b} \tag{5-41}$$

如图 5-48 所示连接,在弯矩 M 作用下,当受力最大的高强度螺栓的拉力没有达到使板被拉开的值时,被连接构件的接触面一直保持紧密贴合。中和轴像梁一样位置在截面高度中央,可以认为在螺栓群形心轴线上。

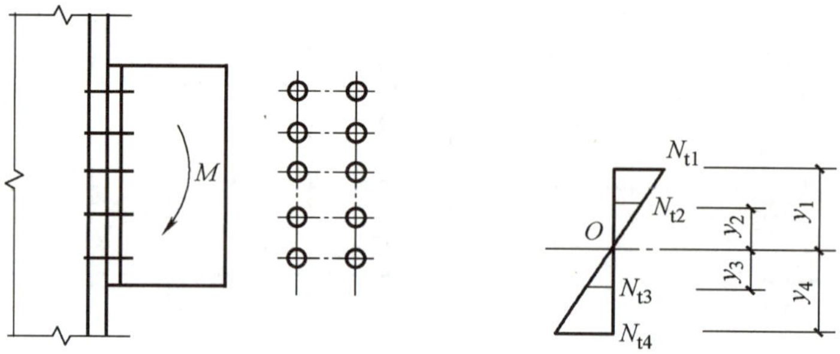

(a) 受弯连接　(b) 中和轴位置

图 5-48　高强度螺栓受弯连接

如果以板不被拉开为承载能力的极限,最上端的螺栓拉力应满足:

$$N_1^M = \frac{My_1}{m\sum y_i^2} \leqslant 0.8P \tag{5-42}$$

承压型连接中,应该和普通螺栓一样,假定中和轴在最下面。

5.6.5　同时承受剪力和拉力的高强度螺栓连接计算

1. 高强度螺栓摩擦型连接

对同时承受剪力和拉力的高强度螺栓摩擦型连接,每个螺栓的承载力按下式验算:

$$\frac{N_{\mathrm{v}}}{N_{\mathrm{v}}^{\mathrm{b}}}+\frac{N_{\mathrm{t}}}{N_{\mathrm{t}}^{\mathrm{b}}}\leqslant 1 \tag{5-43}$$

式中　N_{v}，N_{t}——一个高强度螺栓所承受的剪力和拉力；

$N_{\mathrm{v}}^{\mathrm{b}}$，$N_{\mathrm{t}}^{\mathrm{b}}$——单个高强度螺栓的受剪、受拉承载力设计值。

2. 高强度螺栓承压型连接

以承压形式传递剪力的连接，应满足式(5-35)和式(5-44)：

$$N_{\mathrm{v}}\leqslant\frac{N_{\mathrm{c}}^{\mathrm{b}}}{1.2} \tag{5-44}$$

式中　$N_{\mathrm{c}}^{\mathrm{b}}$——每个高强度螺栓的承压承载力设计值；

1.2——折减系数。

思政小课堂

1. 团队协作：构件通过节点连接组成结构。在解决实际工程问题时，应能够在多学科背景下的团队中承担个体、团队成员的角色，利于团队发挥协同效应。

2. 文化自信：钱塘江大桥为铆钉连接的早期钢桁架桥，由我国桥梁专家茅以升主持设计，1937 年建成，是中国自行设计、建造的第一座双层铁路、公路两用钢结构桥梁，也是中国桥梁建筑史上的一座里程碑。由于大桥为自主设计、建造，且技术先进，比国外方案节省 200 万银圆。

本章习题

1. 钢结构连接方式有哪几种？并说明其各自的优缺点。

2. 计算工字形截面牛腿连接焊缝的对接焊缝强度。$V=150$ kN，$e=150$ mm，钢材为 Q235B，焊条为 E43 系列，施焊时上、下翼缘加引弧板施焊，焊缝质量标准为三级。

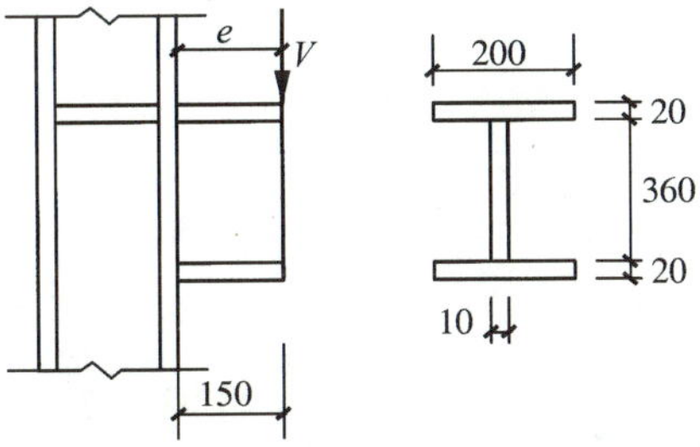

图 5-49　工字形截面牛腿对接焊缝连接

3. 有一焊接连接如图 5-50 所示，钢材为 Q235 钢，焊条为 E43 系列，采用手工焊接，承受的静力荷载设计值 $N=600$ kN，角钢为 2 ∟ 110×10，试确定焊脚尺寸 h_{f} 并计算角焊缝的实际长度。

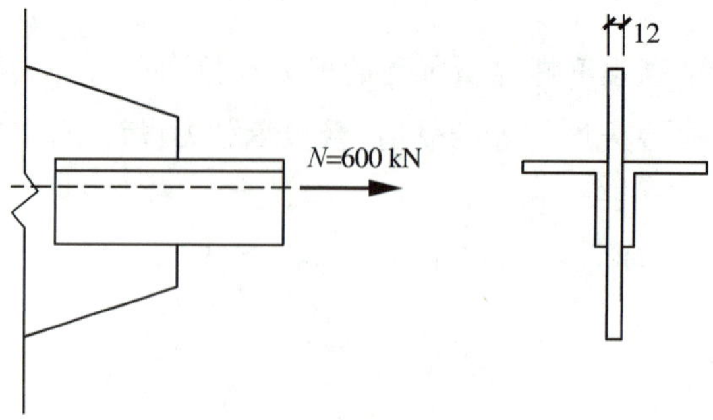

图 5-50 角钢节点板角焊缝连接

4. 简述普通螺栓连接和高强度螺栓连接的区别。
5. 简述承压型高强度螺栓和摩擦型高强度螺栓的区别。
6. 简述高强度螺栓 10.9 级的含义。
7. 普通螺栓的破坏形式有哪几种?
8. 焊缝质量检查标准有几类?
9. 焊缝缺陷有哪些?

第6章 钢结构安装施工

本章要求

掌握钢结构安装施工的准备事宜；了解钢结构安装涉及的机具设备；熟悉钢结构施工的特点；深刻理解钢结构施工中结构吊装的特点及施工要点；了解轻型门式刚架房屋钢结构安装、多高层钢结构安装、大跨度网架钢结构安装流程及要点。

本章重点

钢结构安装准备事宜；钢结构吊装的机具设备及施工要点。本章思维导图请扫右侧二维码。

思维导图6

6.1 概述

钢结构安装施工是一项复杂的工程，涉及多种生产要素，如劳动力、资金、机械设备和材料的协调。在整个施工过程中，结构吊装是关键环节，具有以下特点。

1. 构件种类繁多

吊装的结构构件种类丰富，包括柱、梁、板、屋架、支撑等，每种构件的质量不同，且同类构件中存在多个品种，如空心板、槽形板、大型屋面板和墙板等。

2. 露天作业和大流动性

结构吊装通常在露天进行，受天气条件影响较大，施工环境恶劣。由于吊装作业周期短，常需调整施工位置，因此安全管理和各项准备工作尤为重要。

3. 施工环境变化多端

各种外部环境条件差异较大，施工环境不断变化，给操作和安全管理带来挑战。

4. 劳动强度大，频繁高处作业

尽管吊装施工的机械化程度逐步提高，但依然需要较大的人工劳动，且高处作业较为频繁，劳动强度大，安全风险较高。

5. 安装复杂

机械安装法、土法安装法及土、洋结合安装法是钢结构安装的主要方法。

6.1.1 钢结构安装施工的一般要求

1. 现场布置

应设置适合运输车辆通行的专用构件堆场，并采取措施避免构件变形和表面污染。

2. 进场核对

安装前，按构件明细表核对进场构件，并检查产品合格证。对于工厂预拼装的构件，现场组装时应遵循预拼装记录。

3. 准备工作

吊装前要清理构件表面的油污、冰雪、泥沙及灰尘等杂物，并做好轴线和标高标记。

4. 施工顺序

根据结构特点合理安排安装顺序，确保形成稳固的空间刚度单元，必要时增加临时支撑。

5. 变形控制

校正过程中应分析温度、日照、焊接变形等因素对结构变形的影响。温度和日照引起的变形属可恢复性变形，施工时应在类似天气和时间段内测量验收，确保一致性。

6. 吊装准备

在构件上应设置专用吊装耳板或吊装孔，以便钢丝绳绑扎，提升效率并确保安全。

7. 吊装限制

吊装作业应在起重设备额定起重范围内进行，避免采用抬吊操作。双机吊装时，每台起重设备的吊装质量不得超过其额定起重量的 80%，并应编制专项作业指导书。

8. 吊具检查

钢丝绳、吊装带、卸扣、吊钩等吊具必须经过检查，确认合格，并在额定许用荷载范围内使用。

6.1.2 钢结构安装常用的起重设备和吊具

在钢结构安装中，应优先选用塔式起重机、履带式起重机和汽车式起重机等标准型号。选择起重设备时需要综合考虑其性能、结构特点、现场环境和作业效率等因素。安装机械的选择至关重要，必须遵循“切实需要、实际可能、经济合理”的原则。在选择时，必须确保设备能满足钢构件的安装要求，设备供应要有保障，并考虑工期的可行性。

1. 履带式起重机

履带式起重机是一种全回转、自行式起重设备，通常由行走系统、回转机构、主体结构和起重臂等部分组成(图 6-1)。其底盘装有全回转的回转机构，能使主体结构实现 360°回转，内部配有动力装置，卷扬机也配有操控系统，操作简便。起重臂可以分节延伸，但其稳定性较差,因此不建议进行超负荷吊装,需根据经验进行计算。履带式起重机广泛应用于单层工业厂房的结构安装。

履带式起重机的主要技术参数包括起重量(Q)、起重高度(H)和起重半径(R)。

当起重臂长度固定时,随着仰角增加,起重量和起重高度会增加,而起重半径则减小;当仰角保持不变时,增加起重臂长度会使起重半径和起重高度增加,而起重量则会减小。

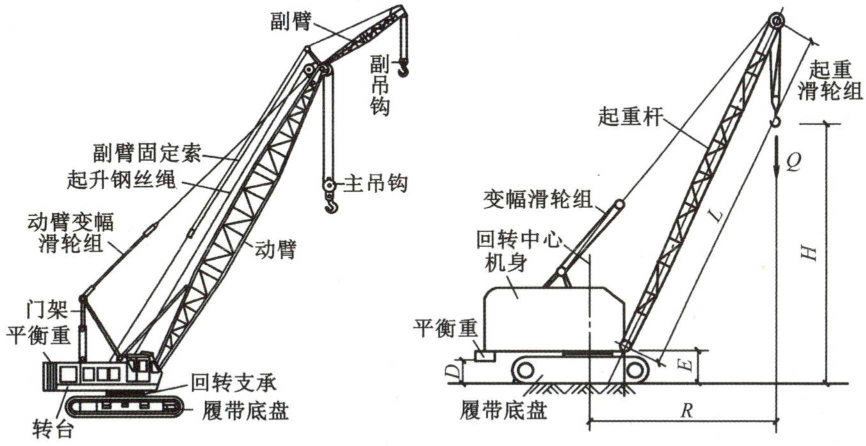

图 6-1 履带式起重机及主要工作参数

常见的履带式起重机型号包括全回转伸缩臂式液压起重机,如 QUY-100、QUY-150、QUY-220、QUY-300 等。

2. 汽车式起重机

汽车式起重机的起重机构和回转平台安装在载重汽车或专用底盘上,配有四个支腿以增强稳定性。其伸缩式吊臂采用箱形结构设计,便于快速调节臂架的长度。由于具有较高的机动性和灵活性,汽车式起重机能够迅速移动,且不会对道路造成损害,特别适合需要频繁变更作业位置的任务。然而,这种起重机不适合带负荷行驶,并且对工作场地的要求较为严格。起重机的驾驶室与操纵室分开设计,起重臂可以是桁架式或伸缩式。

例如,QY20 型汽车式起重机的最大额定起重量为 20 t,起重半径为 3 m(基本臂长 10.2 m),其外形尺寸如图 6-2 所示。

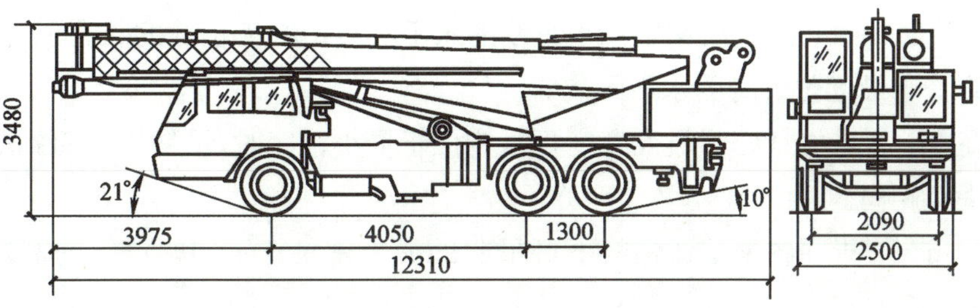

图 6-2 QY20 型汽车式起重机外形尺寸

在进行作业前,必须将汽车式起重机的四个支腿完全伸出,并在支撑板下铺设木方。支腿的调整应在没有负载的情况下进行。进行起吊作业时,应避免人员在驾驶室内,且吊物不得超过驾驶室上方或进行前方吊装。若发现起重机倾斜或支腿不稳,应立即将重物放置到安全区域,并在下降过程中避免使用制动。

3. 塔式起重机

塔式起重机是一种具备塔身直立结构、起重臂悬挂在塔帽下并能够进行 360°回转的设备,广泛应用于建筑工地上的物料垂直和水平输送以及建筑构件安装。它具有广泛的适用性、高起升高度、大回转半径、高工作效率、简便操作和稳定运转等特点。QTZ63 型塔式起重机(图 6-3)的构造如图 6-4 所示。

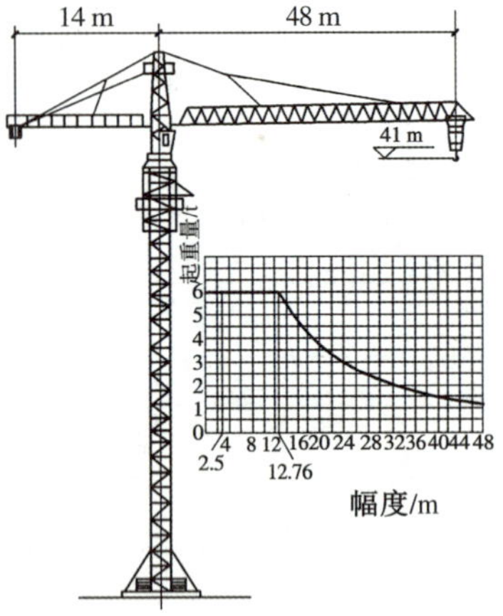

图 6-3 QTZ63 型塔式起重机

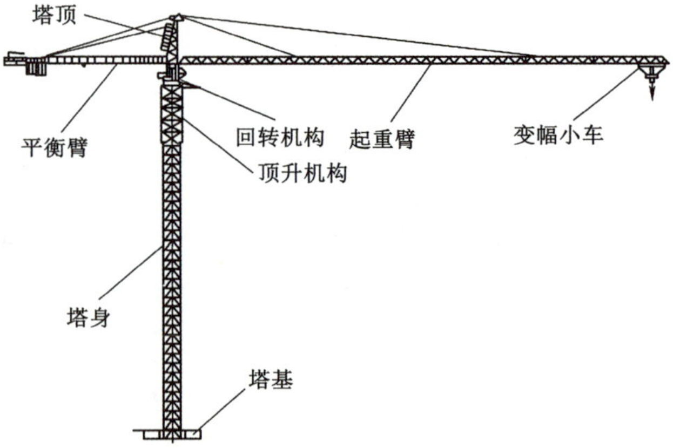

图 6-4 塔式起重机的基本构造组成

(1) 塔式起重机的分类

① 按是否具有行走机构,塔式起重机可分为移动式和固定式。移动式塔式起重机的底架具有行走能力,而固定式塔式起重机则固定在混凝土基础上,通常用于稳定场地,提供较高的稳定性。

② 根据安装位置,固定式塔式起重机可分为附着自升式和内爬式。附着自升式塔式起重机通过液压千斤顶和套架的互动升降,适合进行高层作业;而内爬式塔式起重机则在建筑物内部升降,无须基础安装,但拆除较为复杂。

(2) 塔式起重机的技术参数

幅度:指回转中心线至吊钩中心垂直线的水平距离。在无负载的状态下,最大工作幅度是指吊钩处于最远位置时的水平距离。

起升高度:指当塔身处于最大高度且吊钩位于最小幅度时,吊钩支承面到塔式起重机基准面的垂直距离。

额定起重量:指在各种工作幅度下可吊起的最大重量。不同幅度下的额定起重量各不相同。

塔式起重机的自升过程如图 6-5 所示。

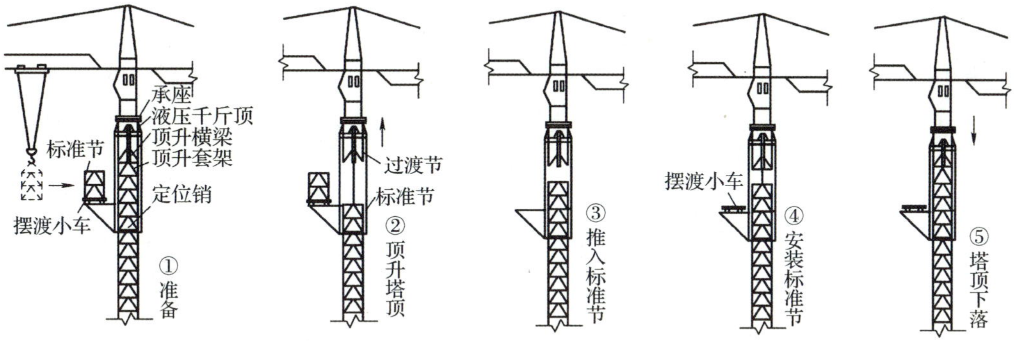

图 6-5　塔式起重机的自升过程

最大起重力矩，是指最大额定起重量(重力)与其所能达到的最大工作幅度的乘积。

例如，FO/23B 型塔式起重机采用了法国 POTAIN 公司的技术，可配置为轨行、固定、附着、爬升等多种工作模式。其起重臂可根据需求装配为 30 m、35 m、40 m、45 m、50 m 五种长度。

塔式起重机的型号表示通常包括两个关键参数：额定起重力矩和最大臂长及臂端起重量。

例如，标记为 QTZ630 的自升式塔式起重机，其公称起重力矩为 630 kN・m，有时也使用 t・m 作为计量单位，表示为 QTZ63，如图 6-3 所示。

QT60/80 型塔式起重机是一种上回转动臂变幅式起重机，其起重力矩范围为 600～800 kN・m，最大起重量接近 10 t，起重高度可达到 68 m，如图 6-6 所示。

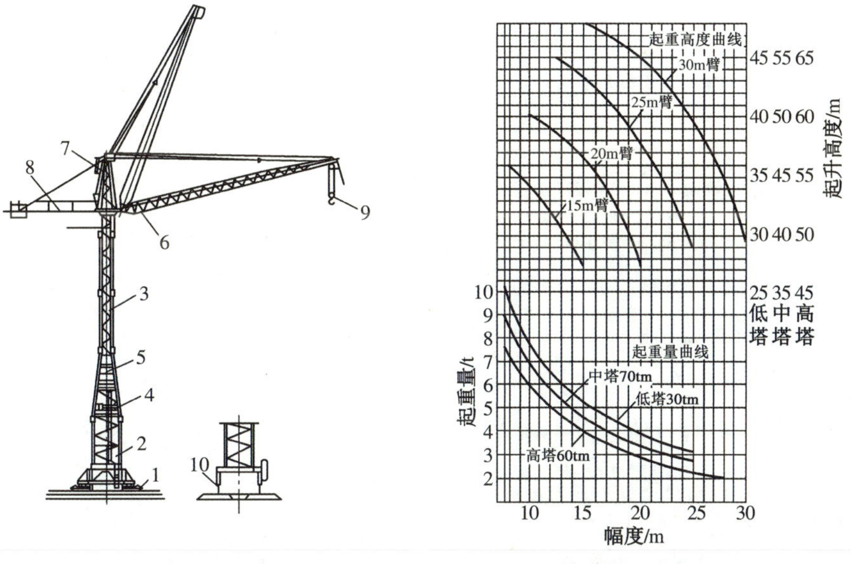

1—从动台车；2—下节塔身；3—上节塔身；4—卷扬机机构；5—操纵室；
6—塔臂；7—塔式起重机；8—平衡臂；9—吊钩；10—驱动台车

图 6-6　QT60/80 外形结构与起重特性

4. 桅杆式起重机

桅杆式起重机是一种广泛使用的起重设备，常见的类型包括独脚拔杆、悬臂拔杆、人字拔杆和牵缆式桅杆起重机等，特别适用于空间狭小和地形受限的施工现场，如图 6-7 所示。

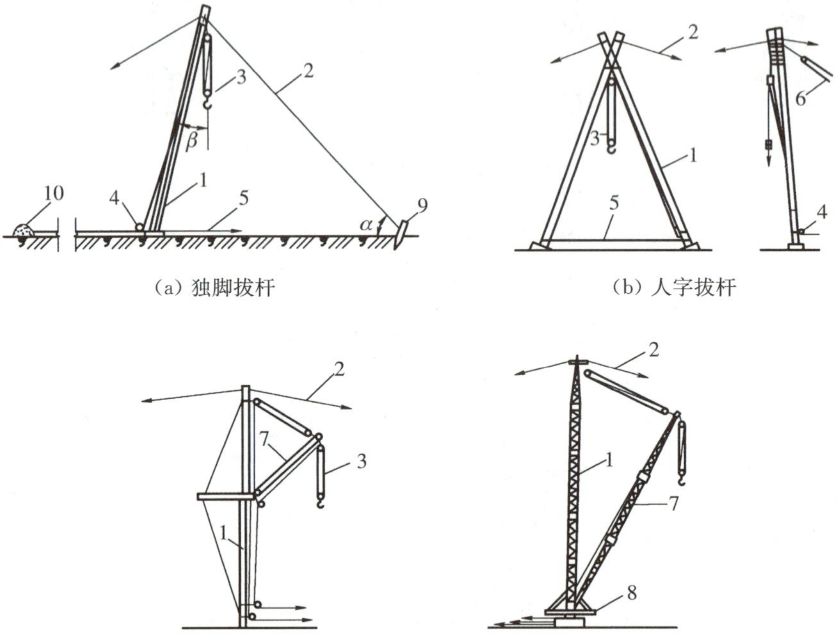

(a) 独脚拔杆　(b) 人字拔杆

(c) 悬臂拔杆　(d) 牵缆式桅杆起重机

1—拔杆；2—缆风绳；3—起重滑轮组；4—导向装置；5—拉索；
6—主缆风绳；7—起重臂；8—回转盘；9—锚碇；10—卷扬机

图 6-7　桅杆式起重机

桅杆式起重机的起重机结构简单，装拆方便，且具备较大的起重能力，尤其适用于没有大型起重设备时进行大型构件吊装。然而，桅杆式起重机通常需要较多的缆风绳，且移动不便，灵活性较低。一般情况下，桅杆式起重机至少需要使用 6 根缆风绳，并且在选择钢丝绳和地锚时必须确保其安全性和可靠性。

(1) 独脚拔杆

独脚拔杆分为木制、钢管和型钢格构式三种。通常使用 5～8 根缆风绳，且缆风绳与地面的夹角一般为 30°～45°。

(2) 人字拔杆

人字拔杆由两根圆木或钢管通过钢丝绳或金属连接件组成，两个杆的夹角通常为 20°～30°，底部设有拉杆或拉绳以平衡水平推力。

(3) 悬臂拔杆

悬臂拔杆在独脚拔杆的中部或 2/3 高度处安装起重臂，具有较大的起重半径和起重高度，且起重臂的摆动角度较大，但起重能力较小，适用于轻型构件的吊装。

牵缆式桅杆起重机的独脚拔杆下端配备起重臂，起重臂可以上下移动，机身可旋转 360°，使得构件能够在起重机半径范围内被吊至任何位置。使用角钢组成的格构式截面杆件的牵缆式桅杆起重机，其桅杆高度可达 80 m，起重能力可达 60 t，特别适用于需要吊装多个集中的构件的工程。

5. 常用吊具

在吊装过程中，常用的吊具包括钢丝绳、吊装带、卸扣和吊钩等。这些吊具在使用过程中可能会出现局部磨损或破损等缺陷，尤其是使用时间较长的情况下。因此，应对吊具进行全面检查，以确保其质量符合安全要求，从而预防安全事故的发生。同时，吊装作业应在额定许用荷载范围内进行，以确保吊装操作的安全性。

(1) 钢丝绳

钢丝绳是吊装作业中主要使用的绳索，其具有较高的强度、弹性、韧性和耐磨性。常见的钢丝绳由六股绳和一根芯线(通常为麻芯)构成，绳股由多根高强度钢丝绞合而成。

钢丝绳的捻制方式可分为右交互捻、左交互捻、右同向捻和左同向捻。同向捻钢丝绳表面较平滑，柔软性好，接触面积大，因此磨损较小。但它容易松散和缠绕，导致吊物旋转，因此吊装作业中较少使用。相比之下，交互捻钢丝绳则较为坚硬，强度高，且不容易发生扭结和旋转，因此广泛应用于吊装领域。钢丝绳还可根据绳股数和每股的钢丝数量进行分类，常见的类型有 6×19 和 6×37。6×19 型钢丝绳通常用于缆风绳和吊索，而 6×37 型钢丝绳则适合用于滑车组和吊索。

(2) 钢丝绳夹

钢丝绳夹用于固定或连接钢丝绳的两端。安装时，夹座应置于钢丝绳的工作段，U 形螺栓则位于钢丝绳的尾端(图 6-8)。钢丝绳夹的布置应避免交错安装，压板应放置在受力一侧，夹具间距应为绳径的 6 倍，并且夹具数量需符合相关标准要求。为了便于检查接头的情况，可以在最后一个夹具之后 500 mm 处再加装一个夹具，并使绳端形成“安全弯”。当接头发生滑动时，安全弯会被拉直，此时应立即采取相应的安全措施。

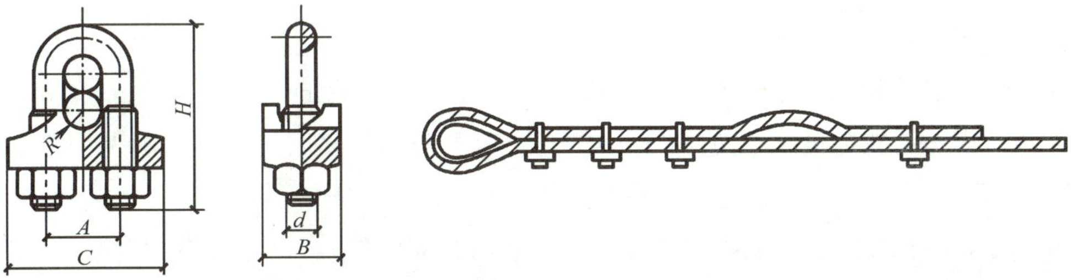

图 6-8　钢丝绳夹及其正确布置方法

(3) 卡环(卸甲、卸扣)

卡环用于连接吊索与构件吊环，其由弯环和销子两部分构成(图 6-9)。卡环根据弯环的形状分为D形和弓形两种；根据销子与弯环的连接方式，可分为螺栓式和活络卡环。

（4）吊索（千斤）

吊索一般有环状吊索（又称万能吊索或闭式吊索）和8股头吊索（轻便吊索或开式吊索）两种形式。吊索由钢丝绳制成，因此其承载能力与钢丝绳的承载能力相同。在使用过程中，吊索的张力不得超过其额定承载力（图6-10）。

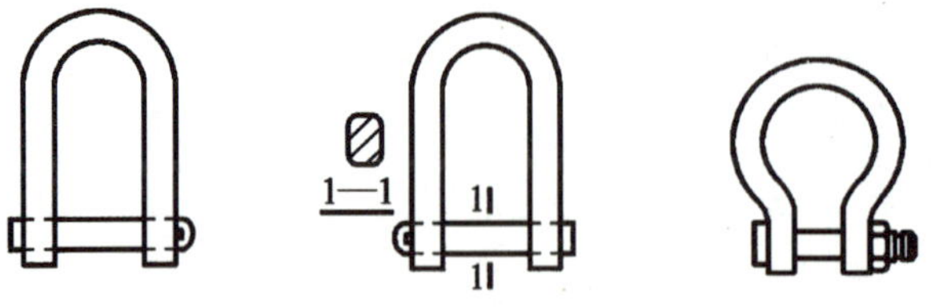

(a) 螺栓式卡环(D形)　(b) 椭圆销活络卡环(D形)　(c) 弓形卡环

图 6-9　卡环

(a) 环状吊索

(b) 股头吊索

图 6-10　吊索

（5）横吊梁（铁扁担）

横吊梁用于吊装柱、屋架等构件。使用横吊梁吊装柱时，可确保柱身垂直，有助于安装；吊装屋架时，横吊梁能降低起吊高度，减少吊索施加于屋架的水平力，从而减小屋架承受的压力。常见的横吊梁有滑轮横吊梁、钢管横吊梁和钢板横吊梁等（图6-11）。

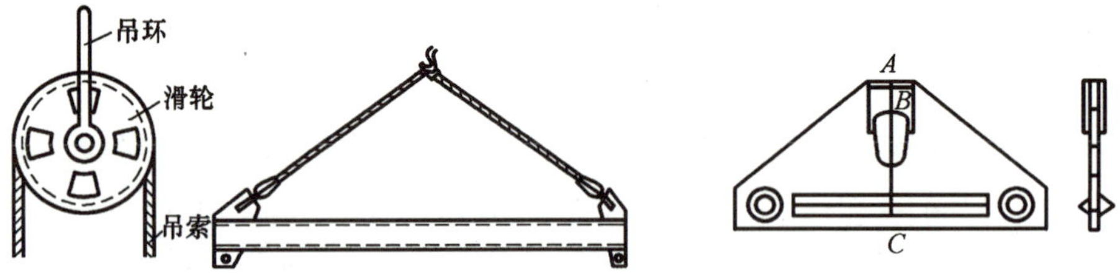

(a) 滑轮横吊梁　(b) 钢管横吊梁　(c) 钢板横吊梁

图 6-11　横吊梁

（6）滑车组

滑车组是起重和搬运作业中的重要工具之一，主要由吊钩链环、滑轮、轴、轴套和夹板等部件组成。根据滑轮数量的不同，滑车组可分为单门、双门和多门滑车。为确保构件起吊稳定，滑车的吊钩或吊环的中心应与吊装构件的重心对齐。通常，滑车组中上、下滑车的最小间距为700～1 200 mm。使用前后，滑车应清洁并润滑轮轴，以减少磨损并防止生锈。

滑车组由一定数量的定滑车和动滑车以及绕过它们的绳索组成。根据跑头（滑车组的引出绳头）引出的方向，滑车组可以分为三种类型，如图6-12所示。在吊起重物时，需要不仅改变力的方向，还要节省力量。单独使用定滑车或动滑车通常不能满足这一要求。将定滑车和动滑车连接在一起形成滑车组既可节省力量又可改变力的方向。

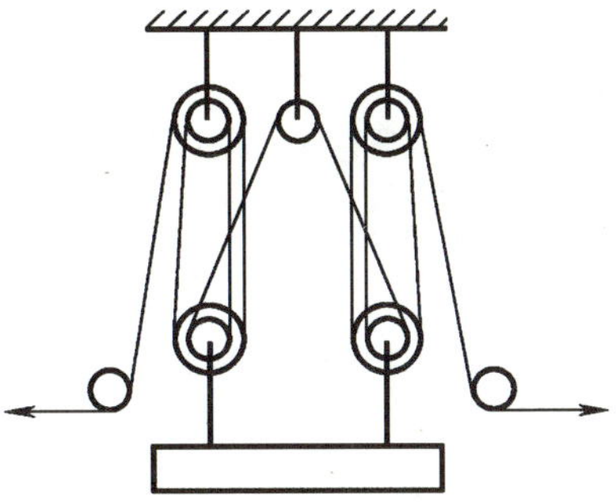

（a）跑头自动滑车引出　（b）跑头自定滑车引出　（c）双联滑车组

图 6-12　滑车组的种类

如果将多门定滑车和动滑车连接在一起，形成多门滑车组，就可以使用较小的力量来吊起重物。只需使用 0.5～15 t 的卷扬机来牵引滑车组的出端头，就能够吊起几吨甚至几百吨的物体。因此，滑车组是广泛应用于起重工作中的一种起重工具。

（7）卷扬机

吊装作业中使用的卷扬机主要可分为手动卷扬机和电动卷扬机。对于大型构件的吊装，电动卷扬机是常见选择，而手动卷扬机主要应用于小型构件吊装、拖拉吊件或拉紧缆风绳等轻型作业，因此在结构吊装中使用较少。电动卷扬机根据其速度的不同，通常分为快速、中速和慢速三种类型。快速卷扬机有单筒和双筒之分，慢速卷扬机则大多为单筒式，牵引钢丝绳的速度在 6.5～22 m/min，单头牵引力可达 5～100 kN。在安装大型构件时，配合拔杆、人字架或滑车组等设备使用，能更有效地完成吊装任务。

6.1.3　钢结构安装施工准备

钢结构安装施工准备包括技术、设备、材料和作业条件等方面。技术准备涉及图纸审查、工程量计算和施工设计；作业条件准备包括现场环境、水电设施和安全措施等。

1. 施工组织设计

编制施工组织设计时要包括工程概况、施工部署、进度计划、设备与材料安排、安全与环境保护措施等。起重机械选择应考虑建筑特点、构件重量、安装高度及现场条件。

2. 吊装方法

吊装应遵循“严、细、准”的原则。常见吊装方法有分次吊装法和综合吊装法，选择应依据结构类型、环境和设备。

3. 机具设备准备

起重设备应选用履带式、汽车式或塔式起重机，具体取决于钢结构的面积、跨度和高度。其他常用设备包括电焊机、拧紧机、卷扬机等。

4. 材料准备

材料准备包括钢构件、螺栓（普通和高强度）及焊接材料的准备。钢构件应检查无变形、标识清晰，并按需要堆放。螺栓和焊接材料需确保质量合格，并按图纸要求配备。

5. 基础准备

安装前需对建筑物的轴线、标高和地脚螺栓位置进行复核，并完成基础验收。如有偏差，需采取纠正措施。

6.2 轻型门式刚架房屋钢结构安装

单层厂房的钢结构构件（如柱、横梁、支撑和墙架）在尺寸、质量和安装标高上各有差异，因此起重设备和安装方法需要根据具体情况选择（图 6-13）。

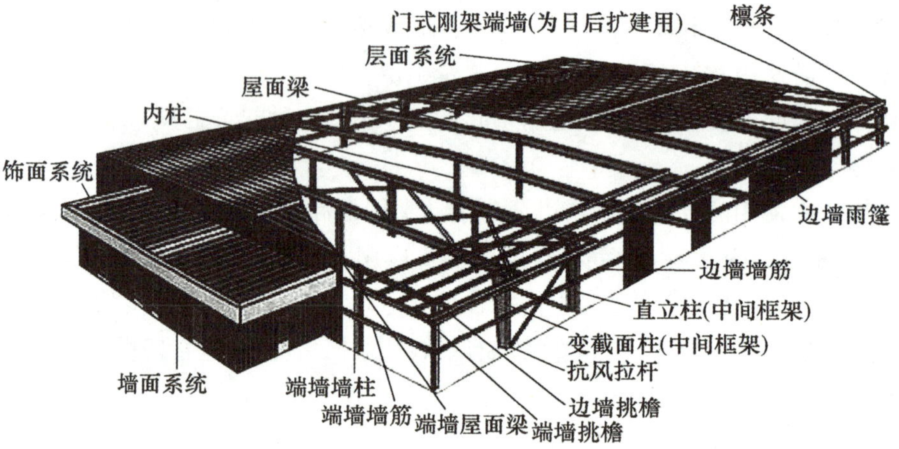

图 6-13　典型钢结构厂房组成

通常，单层钢结构安装时，优先选用履带式、汽车式或塔式起重机。考虑到单层结构通常跨度大且面积广，建议选用移动便捷且起重能力强的履带式或汽车式起重机。对于狭窄场地或敞开式施工（如设备基础先建）的厂房，建议使用双机抬吊法进行屋面结构吊装。

6.2.1 单层钢结构构件吊装顺序

单跨结构的吊装最佳顺序是从一端向另一端、中间向两端或两端向中间进行。最优的施工方法是先安装竖向构件，然后安装平面构件，以减小建筑物纵向长度的安装累积误差，确保工程质量。

竖向构件的吊装顺序为柱（混凝土、钢）、连系梁、柱间钢支撑、起重机梁（混凝土、钢）、制动桁架、托架（混凝土、钢）等。采用单种构件的吊装流水作业，不仅能确保体系纵列形成排架、稳定性好，还能提高生产效率。而平面构件的吊装顺序主要根据形成空间结构稳定体系的原则进行确定。

在多跨结构中，通常先吊装主跨，再吊装副跨。如果有多台起重设备同时作业，也可以同时吊装多跨。

安装柱、柱间支撑及起重机梁时，通常采用单件流水法，先安装并调整柱子，再安装其他构件。这种方法适合履带式起重机，若使用汽车式起重机，可按 2～3 个轴线为单位进行安装。屋盖系统通常采用节间综合法，一次吊装一个节间的所有屋盖构件，接着再进行下一个节间的吊装。

6.2.2　单层钢结构安装工艺

单层钢结构的安装包括钢柱、起重机梁和钢屋架的安装等（图 6-14）。最佳方案是先吊装竖向构件，再吊装平面构件，以减少纵向安装误差，确保质量。

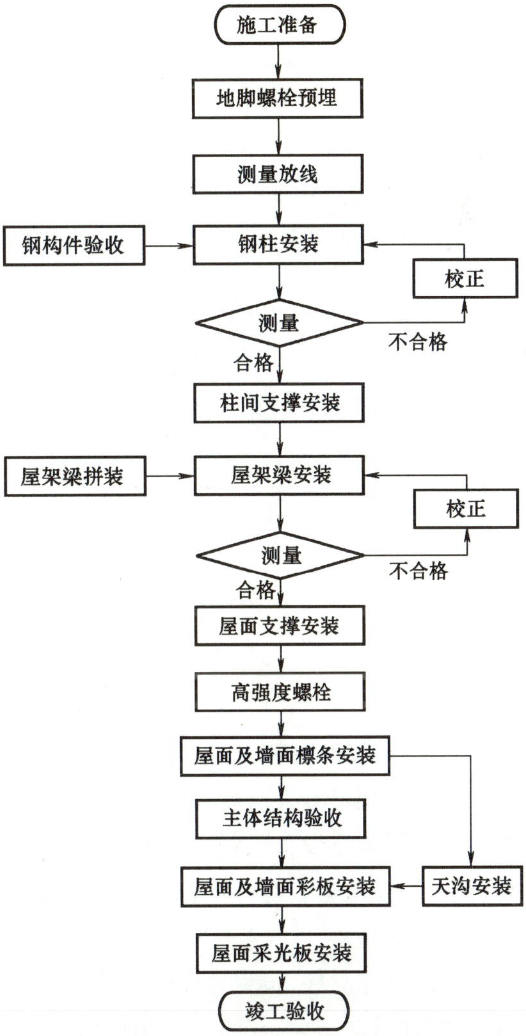

图 6-14　单层钢结构安装工艺流程

1. 钢柱安装

在较大面积的单层厂房中，通常使用塔式起重机吊装钢柱。由于钢柱具有较好的弹性和刚性，常采用一点吊装法来校正位置。常见吊装方法有旋转法、递送法和滑行法。对于重型钢柱，可采用双机抬吊法，将钢柱平吊至一定高度后，暂停操作，移开运输平板车，再由双机同步操作将钢柱竖起，拆除辅机绑扎钢丝绳后，由主机将钢柱固定在锚固螺栓处。

（1）杯口柱吊装方法

① 清理杯底；

② 将钢柱吊至杯口上方，确保位置稳固，插入杯口；

③ 当柱子降至杯底时，停止降钩，使用撬棍调整柱子位置，使中线与杯底对齐，缓慢放至底部；

④ 拧紧柱脚螺栓。

（2）校正

① 调整柱基标高，确保基础找平符合要求；

② 在起重机不脱钩的情况下，将柱底定位线与基础轴线对准，缓慢下降至标高；

③ 使用缆风绳或可调撑杆进行校正。

校正后，柱的垂直度偏差应控制在 20 mm 以内。通过经纬仪检查垂直度，若有偏差，使用螺旋千斤顶或液压千斤顶进行调整。校正时，注意柱底与标高控制块之间是否脱空，避免引起水平标高误差。

2. 起重机梁安装

完成钢柱吊装并调整固定于基础后，可以开始起重机梁的吊装。这些起重机梁通常采用简支梁形式，梁端之间保留约 10 mm 的间隙，并在梁的搁置处与牛腿之间设置钢垫板。起重机梁与牛腿之间通过螺栓连接，与制动梁之间则采用高强度螺栓连接。

履带式起重机是最常用的起重机梁吊装机械。对于质量较大的起重机梁，可以采用双机抬吊。

起重机梁的校正工作涉及标高调整、纵横轴线以及垂直度的校正。需要注意的是，起重机梁的校正必须在结构形成刚度单元后进行。

起重机梁的垂直度校正可以通过从起重机梁的上翼缘挂垂球下去，测量线绳至梁腹板上、下两处的水平距离来完成。根据梁的倾斜程度（$a \neq a'$），再次调整楔铁块，使得 $a = a'$，从而确保垂直度。纵横轴线和垂直度可以同时进行校正，详情如图 6-15 所示。

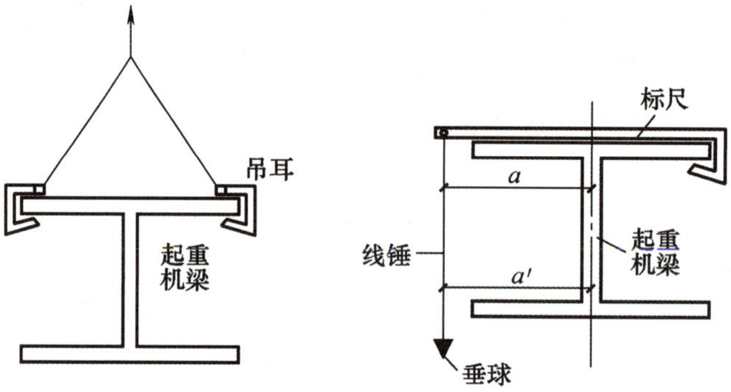

图 6-15　起重机梁吊装和起重机梁垂直度校正示意

3. 门式刚架安装

门式刚架具有大跨度和较低的侧向刚度，安装时需确保结构稳定并防止永久性变形。根据场地和起重设备限制，尽量在地面完成拼装。安装顺序从靠近山墙的两个带支撑的刚架开始，完成后装配檩条、支撑、隅撑等，并检查垂直度，然后以这两个刚架为基准，向另一端顺序安装。

安装时先立柱，再将地面组装好的斜梁吊装就位，并与柱连接。吊装时需选择合适的吊点，特别是对于大跨度构件，吊点须经过计算。对于侧向刚度低和腹板较大的构件，需采取防止扭曲或损坏的措施（图 6-16）。

在捆绑部位应采取措施防止局部变形和损坏，常用方法包括使用铁扁担减小索具压力或双机吊装以防止斜梁侧向失稳。

4. 钢屋架安装

(1) 由于钢屋架侧向刚度较差，安装前需进行加固处理。

(2) 绑扎点应设在屋架节点处，以防吊装过程中构件弯曲变形。

(3) 安装第一片屋架后，应通过缆风绳固定两侧，若有挡风柱，可与其连接。安装第二片屋架时，每坡使用屋架间调整器进行垂直度校正，并固定两端支座，随后安装垂直和水平支撑，最后检查确认无误。

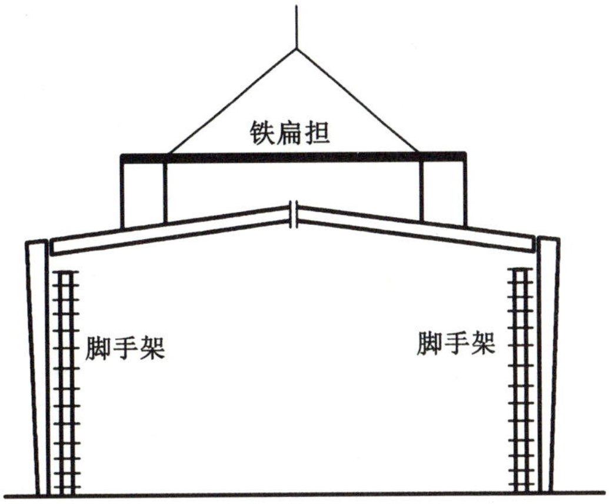

图 6-16 轻型钢结构斜梁吊装示意

为提高效率并减少高空作业，可在地面先拼装天窗架，并用吊索双面绑扎，将天窗架夹在屋架中间，确保安装稳定(图 6-17 虚线)。

垂直度校正方法：在屋架下弦一侧拉钢丝，并在屋架上弦中心线测量标尺，使用线锤校正(图 6-17)。也可通过经纬仪相对于柱顶平移一定距离，并在对面柱子上标出相同距离，用标尺挑出正确位置，使三点在同一直线上，从而校正屋架垂直度(图 6-17)。

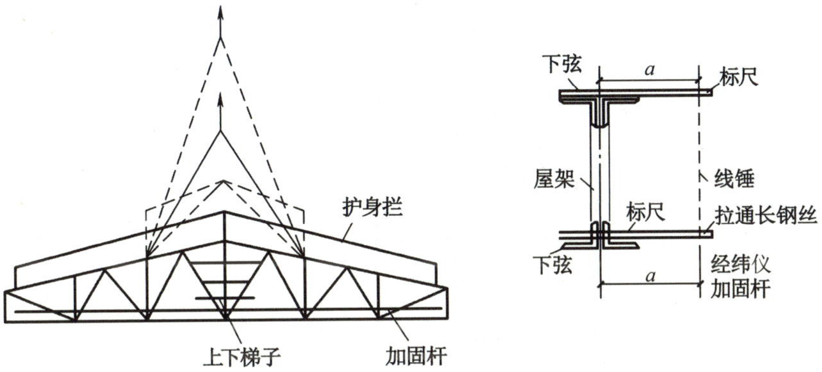

图 6-17 钢屋架吊装和垂直度校正示意

6.3 多、高层钢结构安装

多层和高层钢结构的安装流程(图 6-18)遵循对称吊装和对称固定的原则。安装前，先划分吊装区域，并按区域平行作业。每完成一个区域的吊装后，进行测量、校正和螺栓初拧等工作。多个区域吊装完成后，进行整体测量、校正、高强度螺栓的最终拧紧和焊接。接着，开始吊装下一个钢柱。对于组合楼盖，依据实际情况安排压型钢板的吊装与铺设。

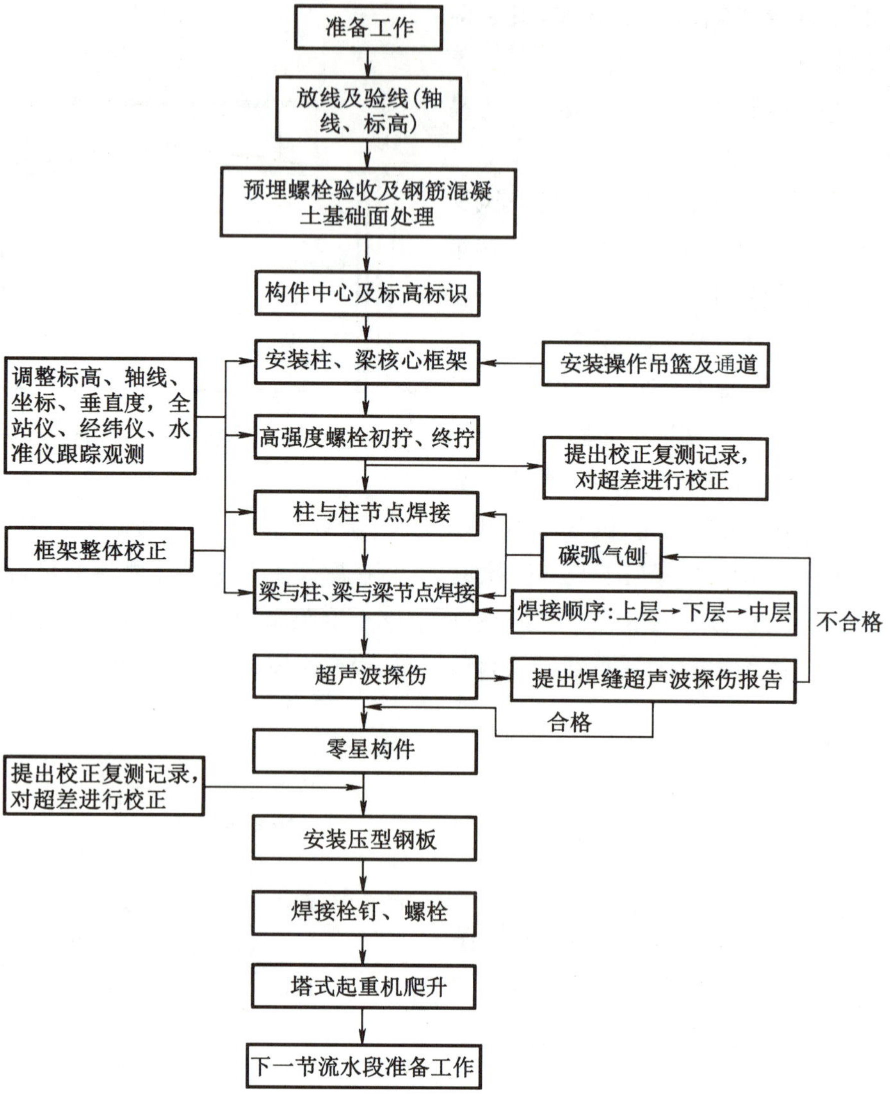

图 6-18　多层与高层钢结构安装工艺流程

6.3.1　准备工作

(1) 施工总平面规划应包括结构平面的纵横轴线、塔式起重机布置及工作范围、机械开行路线、配电箱及电焊机位置、施工道路、消防道路、排水系统及构件堆放区。如构件堆放场地有限,可考虑使用中转场地。

(2) 安装前,必须进行测量基准点交接和轴线放样。检查建筑定位轴线、底层柱位置、基础标高、混凝土强度及构件质量,确保合格后方可开始安装。

(3) 制订详细的进场计划，落实人员、设备和材料。根据施工进度安排构件进场，并对构件进行验收或修理，确保符合施工要求。

此外，根据构件质量和数量，裁剪不同规格的钢丝绳作为吊装绳和缆风绳，按钢柱尺寸制作足够数量的爬梯，准备各种规格的卡环、夹具、垫块、手拉葫芦、千斤顶等工具。

6.3.2 吊装方案

起重机选择：根据现场条件、多层及高层钢结构的特点、平面布局和钢结构的重量等因素，通常选择塔式起重机进行吊装。若地下部分钢构件较重，可选用汽车式或履带式起重机。

多层与高层钢结构应分为多个流水作业段，每段以一个框架为单位进行安装。流水段划分应遵循以下要求：

(1) 每段内最重构件应在起重设备的承载能力范围内。

(2) 起重设备的爬升高度应满足下一段构件的吊装需求。

(3) 每段柱的长度应根据加工、运输和吊装因素确定，通常为 2～3 个楼层高度，分节位置应在梁顶标高上方 1.0～1.3 m。

(4) 流水段划分应与混凝土结构施工进度相协调。

(5) 可根据结构特点和现场条件在平面上进一步划分施工区。

地脚螺栓的预埋：地脚螺栓的精度直接影响钢结构安装的整体精度，是安装的关键环节。为确保安装精度，通常将每根柱子下的螺栓通过角钢或钢模板连接成整体框架。在基础底板钢筋绑扎完成后，将框架就位并临时固定，接着绑扎基础梁的钢筋。待基础梁钢筋绑扎完成后，对螺栓进行二次定位调整，并通过验收合格后再浇筑混凝土。

6.3.3 钢柱吊装

钢柱一般采用实腹式结构，常见截面有工字形、箱形和圆形，连接方式为焊接对接或高强度螺栓。吊装可选择单机或双机抬吊。单机吊装时，柱根需垫木，采用回转法起吊，避免柱根接触地面；双机抬吊时，起吊后在空中调整柱子直立。

钢柱的安装顺序通常为先内筒后外筒、先中部后四周、先下后上的原则。吊点位于柱顶，并使用至少 4 块临时连接板固定。安装后，要立即校核柱的垂直度、轴线和牛腿面标高，并安装临时螺栓，卸下吊索。柱间隙不应超过 1.5 mm，若为 1.5～6.0 mm，可用低碳钢垫片调整。柱间距偏差可用液压千斤顶、钢楔或手拉葫芦及钢丝绳调整。钢柱吊装就位示意如图 6-19 所示。钢柱吊装和拼接如图 6-20 所示。钢柱校正方法如图 6-21 所示。

在完成柱及钢梁安装后，可开始柱底灌浆，注意留排气孔。钢管混凝土柱也需预留排气孔。灌浆前先在柱脚周围搭设模板，清理基础并排水，再用高强度聚合砂浆灌入，确保灌浆密实，最后用湿草袋或麻袋保护并养护。

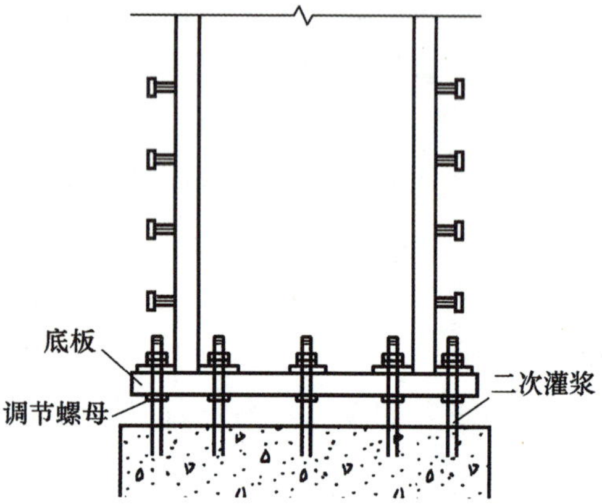

图 6-19　钢柱吊装就位示意

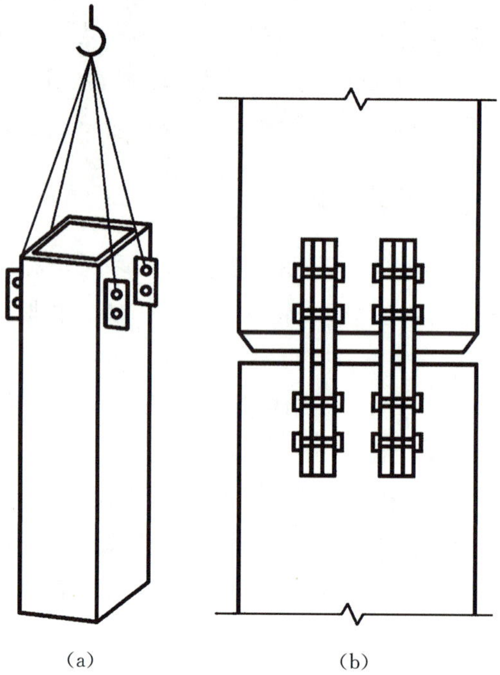

图 6-20　钢柱吊装和拼接

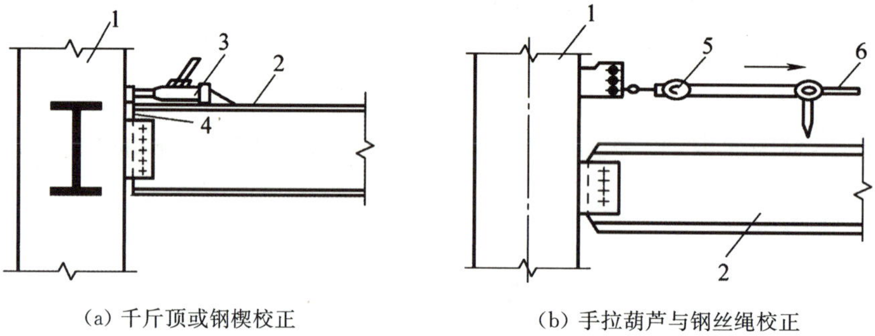

1—钢柱；2—钢梁；3—千斤顶；4—钢楔；5—手拉葫芦；6—钢丝绳

图 6-21　钢柱校正方法

6.3.4　钢梁安装

1. 钢梁的吊装

钢梁数量通常远超钢柱，且随着建筑高度增加，每次起吊所需时间也增多。因此，选择快速、安全的绑扎、提升和卸钩方法对吊装效率至关重要。钢梁就位时，应使用普通螺栓进行临时连接，并确保吊装在塔式起重机的起重范围内。钢梁连接通常采用栓接或栓焊。安装时，首先用临时螺栓固定腹板连接板，调整后更换为高强度螺栓，并根据设计要求完成初拧、终拧及焊接。对于较轻钢梁，可采用一机多吊（串吊）方式提升效率，如图 6-22 所示。

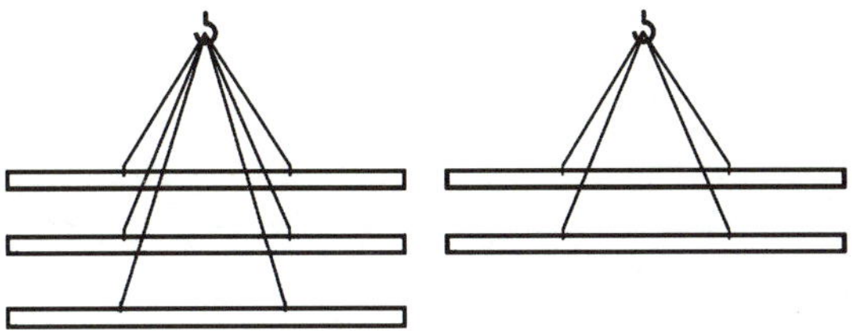

图 6-22 钢梁串吊示意

2. 钢梁的就位和临时固定

安装钢梁时，连接板应及时夹紧。若接头孔偏差，可通过冲钉调整跨间距，然后用普通螺栓进行临时固定。普通安装螺栓的数量应不少于节点螺栓总数的 30%，且至少 2 个。为了确保结构稳定并方便校正，安装时应先固定顶层梁，再固定下层梁，最后是中间梁。每完成一框架的柱梁安装后，要及时测量与校正。

在安装柱间主梁时，需跟踪测量柱距并预留安装余量，特别是考虑节点焊接收缩量，以减少变形和附加应力。

6.3.5 斜撑和桁架安装

1. 斜撑安装

斜撑采用嵌入式安装，即在钢柱和钢梁安装完成后进行斜撑安装。吊装时，需配合手拉葫芦将斜撑调整到位，确保其快速、精确地连接。

2. 桁架安装

桁架通常为主要受力构件，截面较大，板材较厚。在施工中应避免分段吊装，若必须分段，需在起重机的能力范围内最小化分段，以减少焊缝收缩的精度影响。分段后，桁架各段焊接应按顺序进行：先焊接上下弦，再焊接中腹杆，且焊接需对称进行。组装顺序为先安装上弦，再安装下弦和竖向腹杆，最后安装斜腹杆，并进行整体校正焊接，如图 6-23 所示。

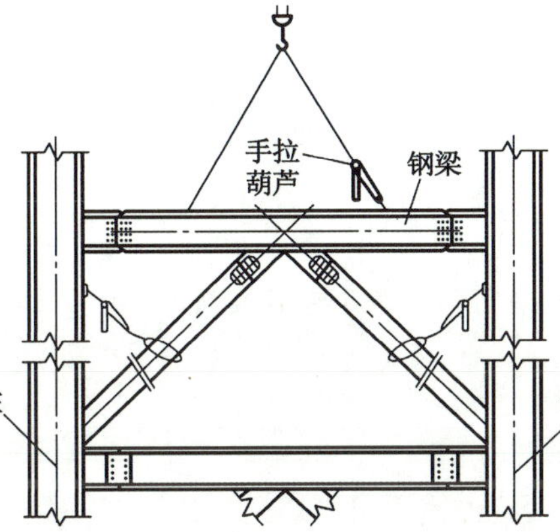

图 6-23 桁架吊装示意

大跨度网架钢结构安装相关内容请扫右侧二维码。

大跨度网架
钢结构安装

思政小课堂

1. 安全生产意识：钢结构安装施工是一项高风险的工作，因此安全生产意识是至关重要的。参与者应该具备正确的安全意识，认识到安全生产是第一位的，严格执行各项安全规章制度，自觉遵守安全生产操作规程，提高风险意识，时刻保持警觉。同时，还需要积极主动地学习安全知识和技能，提高应对突发事件的能力，确保自身和他人的安全。

2. 团队合作精神：钢结构安装施工需要大量劳力、机械设备等生产要素的投入，因此团队合作精神是必不可少的。参与者应建立起相互信任、相互尊重、相互支持的团队合作精神，做到团结协作，共同完成施工任务。在团队中，要尊重每个人的意见和建议，充分发挥每个人的能力和特长，形成高效的施工团队。

3. 社会责任意识：钢结构安装施工是一项重要的公共建设工程，参与者应具备强烈的社会责任意识，牢记自己肩负的使命和责任，切实履行好职责，保证施工质量和安全。同时，要遵守法律法规，维护公序良俗，做到诚实守信，遵纪守法，不断提高自己的社会责任感和使命感，为推动社会发展作出积极贡献。

本章习题

1. 钢结构安装施工具有哪些特点？
2. 钢结构安装宜采用哪些类型设备？起重设备的选择可依据什么确定？
3. 结构吊装方法需满足哪些要求？
4. 多、高层钢结构安装前需做哪些准备工作？
5. 单跨结构宜按照怎样的顺序进行吊装？
6. 钢柱的校正方法包含哪些内容？
7. 大跨度网架工地常用的安装方法有哪些？

第 7 章

钢结构涂装施工

本章要求

能够记住钢结构涂装施工的分类；掌握钢结构防火涂料的工作原理和分类；学会钢结构防火涂料的选用；掌握钢结构的腐蚀防护；识别钢结构涂装工程的常用机具；掌握钢结构的防腐防火涂装工程；能够对钢材进行表面处理。

本章重点

钢结构涂装工程施工；防火涂料的工作原理及分类。本章思维导图请扫右侧二维码。

思维导图 7

7.1 概述

在钢结构的维护与保养中，涂装工程扮演着至关重要的角色，主要分为两大类：防腐蚀涂装与防火涂装。防腐蚀涂装的核心在于借助涂层的防护屏障功能，有效抵御外界腐蚀性因素对钢结构的侵蚀，从而显著延长钢结构的使用寿命。对于钢结构建筑来说，合理的防腐处理绝非可有可无的环节，而是结构设计中不可或缺的关键要素。一旦防腐措施不到位，钢结构的使用寿命将遭受严重缩短的厄运，进而影响整个建筑的稳定性和安全性。而钢结构防火涂料的应用，则是为了在建筑物或构筑物的钢结构表面构筑起一层坚固的耐火隔热保护层。这层涂料能够在火灾发生时，大幅提升钢结构的耐火极限，确保钢结构在面临火灾的严峻考验时，能够在既定的耐火极限时间内保持稳定，不发生坍塌，为人员疏散和火灾扑救争取宝贵时间，最大程度地降低火灾带来的损失。

当下，为了强化钢结构的防火性能，主要运用以下两种防护手段。

其一，通过喷涂防火涂料的方式。这种涂料均匀地涂覆于钢结构表面，形成一层高效的防火隔热屏障。在火灾的高温环境下，它能够显著延缓钢结构温度的上升，避免因温度急剧升高而导致钢结构强度下降、发生弯曲变形乃至最终坍塌，从而为建筑结构在火灾中的稳定性提供有力保障。

其二，采用防火板材对钢结构进行包裹。此方法的优势在于，防火板材本身具备出色的耐火强度，其性能稳定且持久，能够很好地抵御恶劣气候等环境因素的影响，对施工环境的适应性较强，几乎无特殊要求。然而，这一方法也存在一些不足之处，比如对施工人员的技能水平要求较高，需要精湛的技艺来确保施工质量；同时，对板材间的接缝处理要求极为严格，任何微小的疏忽都可能影响整体的防火效果。

7.1.1 防火涂料的工作原理、分类和选用

1. 防火涂料的工作原理

钢结构防火涂料是一种专门用于建筑物或构筑物中钢结构表面的特殊涂料。它能够在钢结构外部形成一层具有耐火隔热功能的保护层，从而显著提升钢结构在面对火灾时的耐火极限，增强建筑的防火安全性。

这种涂料的优势在于施工过程极为便捷，尤其适合现场操作。它不受钢结构形状的限制，无论是简单还是复杂的构件，都能轻松涂覆，为施工提供了极大的灵活性和广泛的选择空间。然而，它也存在一些不容忽视的缺点。首先，涂料的黏结性能以及防火性能的持久性可能存在一定的问题，这可能会影响其长期的防火效果。其次，喷涂作业对环境的温度和湿度要求较为严格，不适宜的温湿度条件可能会降低涂料的施工质量和最终性能。此外，对于钢结构基材的预处理也有较高的要求，基材表面的状态会直接影响涂料的附着效果和防护性能。

防火保护层的核心功能在于其独特的物理特性。涂层本身的多孔轻质结构，以及在受热后能够膨胀形成炭化泡沫层，这些特性使得涂层的热导率极低。这种低热导率的特性有效地阻碍了热量向钢结构基材的快速传递，从而显著延缓了钢构件温度上升至临界值的时间，进而大幅提升了钢结构的耐火性能。

具体来说，厚涂型钢结构防火隔热涂料，其涂层厚度可达数厘米，在火灾中能够保持相对稳定，不发生明显变化。这种涂料自身密度较小，热导率低，为钢结构提供了坚实的防火屏障。而薄涂型钢结构膨胀防火涂料则在火灾中展现出更为显著的效果。原本仅有数毫米厚的涂层，在高温作用下能够膨胀至数厘米，其热导率随之大幅降低，隔热效果甚至优于厚涂型涂料。

为了确保钢结构在火灾中具备足够的防火能力，实施防火涂覆保护时，必须保证防火涂层达到足够的厚度。同时，涂层的热导率越小，意味着在单位时间内传递给钢基材的热量就越少，从而实现更佳的防火隔热效果，为钢结构在火灾中的稳定性提供更有力的保障。

2. 钢结构防火涂料分类

防火涂料存在多种分类方式，然而在实际应用中，最为普遍且实用的分类依据主要是涂料的厚度以及其适用的应用场景。根据涂层的厚度及性能特点，钢结构防火涂料可分为薄涂型、超薄型和厚涂型三类，见表 7-1。

表 7-1　钢结构工程常见防火涂料的类别及适用范围

类别	组成	特点	厚度/mm	耐火时限/h	适用范围
薄涂型防火涂料（B类）	胶粘剂（有机树脂或有机与无机复合物）10%～30%，有机和无机绝热材料 30%～60%，颜料和化学助剂 5%～15%，溶剂和稀释剂 10%～25%	附着力强，可以配色，一般不需外保护层	2～7	2.0	工业与民用建筑楼盖屋盖结构，如 LB 型、SG-1 型、SS-1 型
超薄型防火涂料（B类）	基料（酚醛、氨基酸、环氧等树脂）15%～35%；聚磷酸铵等膨胀阻燃材料 35%～50%；钛白粉等颜料与化学助剂 10%～25%；溶剂和稀释剂 10%～30%	附着力强，干燥快，可配色，有装饰效果，不需外保护层	1～3	1.0	工业与民用建筑梁、柱等钢结构，如 LF 型、SB-2 型
厚涂型防火涂料（H类）	胶结料 10%～40%；骨料 30%～50%；化学助剂 1%～10%；自来水 10%～30%	喷涂施工，密度小，物理强度及附着力低，需装饰面层隔护	8～50	3.0	有装饰面层的民用建筑钢结构柱、梁，如 LG 型、ST-1 型、SG-2 型

B 类，即薄涂型防火涂料，其涂层厚度通常为 2～7 mm。这种涂料不仅具备一定的装饰性能，而且在高温环境下能够膨胀并增厚，发挥出色的耐火隔热作用，其耐火极限可高达 2 h。钢结构超薄型和薄涂型防火涂料同样拥有良好的装饰效果，在高温条件下会膨胀增厚，有效隔热，耐火极限能够达到 1 h。这类涂料通常被称为钢结构膨胀型防火涂料。

特别是超薄型防火涂料，在遭遇火灾时，会迅速膨胀并发泡，形成类似海绵的炭化层。这一炭化层能够有效阻隔热量向基材的传递，从而在限定的时间范围内防止钢结构基材发生软化或坍塌。由于其卓越的防火性能，超薄型防火涂料被广泛应用于大型工矿企业的钢结构厂房、各类体育馆以及展览馆等场所的主体钢结构防火保护工程中，为这些重要建筑的结构安全提供了坚实的保障。

H 类，即厚涂型防火涂料，其涂层厚度通常为 8～50 mm。这种涂料具有粒状的表面质地，密度相对较低，同时热导率也很小，能够提供长达 3 h 的耐火极限，为钢结构在火灾中提供了强大的保护。

在环保和安全方面，对钢结构防火涂料有着严格的要求。这类涂料不应含有石棉成分，避免使用苯类溶剂，以减少对环境和人体健康的潜在危害。涂装完成后，干燥的涂料不应散发出刺激性气味，并且不会对钢材造成腐蚀，确保了钢结构的长期稳定性和安全性。其具有优异的防火隔热性能，通常称为钢结构防火隔热涂料。在实际应用中，钢结构防火涂料根据使用环境的不同分为室内和室外两种类型，以满足不同场景下的防火保护需求。

为了实现构件的轻量化，增强涂料与钢结构表面的粘结强度，并进一步提升钢结构外观的装饰效果，当前国内外众多科研机构和企业正致力于研发超薄型防火涂料，这类涂料的涂层厚度被严格控制在 3 mm 以内。尽管薄型化是防火涂料发展的一个重要趋势，但在实际应用中，还必须综合考量化学材料在长期使用过程中的性能稳定性。因此，在推广超薄型防火涂料的同时，不应过度片面地追求涂层的薄度，而应平衡其性能与实际应用需求，确保涂料在提供有效防火保护的同时，也能保持稳定的长期性能。

3. 钢结构防火涂料的选用

在选择防火涂料时，必须确保其质量达到国家相关标准的要求，并且具备生产厂家提供的正式合格证书。此外，涂料产品还应详细附带包括涂料名称、技术性能指标、生产批号、有效储存期限以及详细的使用说明等关键信息。选择防火涂料时应遵循以下原则：

(1) 室内裸露钢结构、轻型屋盖钢结构及有装饰要求的钢结构，当规定其耐火极限在 1.5 h及以下时，宜选用薄涂型钢结构防火涂料。

(2) 室内隐蔽钢结构、高层全钢结构及多层厂房钢结构，当规定其耐火极限为 2 h 时，应选用厚涂型钢结构防火涂料。

(3) 露天钢结构，如石油化工企业，油(汽)罐支撑、石油钻井平台等钢结构，应选用符合室外钢结构防火涂料产品规定的厚涂型或薄涂型钢结构防火涂料。

在对比不同厂家生产的同类防火涂料产品时，应重点查看其近两年内的耐火性能和理化性能检测报告、产品定期鉴定意见以及产品在实际工程中的应用情况和典型工程案例。同时，还应深入了解生产厂家的技术实力、生产规模以及质量保证体系等相关信息。通常情况下，室内钢结构的防火保护不宜选用室外钢结构防火涂料，因为这种涂料的成本相对较高。但对于半露天或某些特定潮湿环境下的钢结构，出于防护效果的考虑，宜选用室外钢结构防火涂料进行保护。从耐久性和防火性能的角度出发，厚涂型防火涂料由于主要由无机质材料构成，涂层稳定性好，老化速度慢，只要涂层不脱落，就能持续提供可靠的防火保护，故在选择时应予以优先考虑。

通常而言，对于室内环境中的钢结构进行防火保护时，没有必要选用专为室外钢结构设计的防火涂料，因为室外型防火涂料的价格显著高于室内型，会大幅增加不必要的成本。然而，当钢结构处于半露天状态或者经常暴露于潮湿环境时，情况则有所不同。在这种特殊环境下，为了确保防火涂料能够长期有效地发挥保护作用，抵御恶劣气候条件的侵蚀，选用室外型钢结构防火涂料是更为合适的选择。

厚涂型防火涂料主要由无机质材料制成，这种材料特性赋予了涂层出色的稳定性，使其老化过程极为缓慢。只要涂层保持完整，不发生脱落，就能持续为钢结构提供可靠的防火屏障。综合考虑防火涂料的耐久性和防火性能，厚涂型防火涂料无疑是理想之选，它能够在长时间内为钢结构提供稳定且高效的防火保护，确保建筑结构在火灾中的安全性。

7.1.2　钢结构腐蚀防护

对钢结构表面施加防腐涂料是抵御腐蚀的关键措施之一。这类涂料主要包含两个基本组成部分：不挥发成分和挥发成分(即稀释剂)。当涂料被涂抹于物体表面，其中的挥发成分会随着时间逐渐蒸发消散，而留下的不挥发成分则会固化形成保护膜。因此，这些不挥发成分中能够形成膜状结构的部分称为涂料的固体成分。进一步细分，固体成分中的成膜物质分为主要成膜物质、次要成膜物质和辅助成膜物质三种类型。主要成膜物质具备独立成膜的能力，或者能够与颜料等其他成分协同作用形成坚固的膜层，它构成了涂料的核心架构，通常被业界称为基料、漆料或漆基。

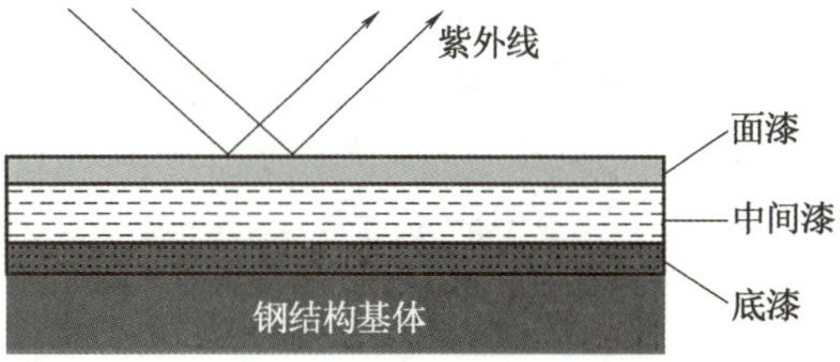

图 7-1　钢结构防腐涂料的三道漆体系

高性能的防腐涂料通常为三道漆体系，即底漆、中间漆和面漆(图 7-1)。

1. 底漆

面对不同腐蚀程度的环境，底漆的选用策略也有所差异。对于腐蚀性较强的环境，富锌底漆是常见的首选，它能为钢结构提供坚实的防护基础。而在腐蚀性相对较弱的环境中，磷酸锌底漆则更为适用，它能够有效抵御轻微的腐蚀侵蚀。值得一提的是，环氧富锌底漆凭借其卓越的防腐性能，已经在钢结构的重防腐领域得到了广泛的应用和认可，成为了重防腐工程中的主流选择。

2. 中间漆

在高性能涂装体系中，中间漆多采用环氧云铁漆。这种漆含有层片状的云母氧化铁(MIO)，其独特的交错排列结构能够有效阻碍水分、氧分子以及电解质的渗透，显著增强了环氧中间漆的阻隔和保护效能。除此之外，云母氧化铁成分还能延长面漆的涂覆时间窗口，优化面漆的涂覆性能，为整个涂装体系提供更加持久和可靠的防护。

3. 面漆

鉴于多数钢结构建筑需维持良好的外观光泽与色彩稳定性，选用具备优异保光及保色特性的高性能面漆，可大幅削减后续维护成本，确保建筑长期呈现理想外观，降低因重涂或修复带来的经济负担。

7.1.3　钢结构涂装施工的一般要求

1. 钢结构防腐涂装施工时机

钢结构防腐涂装施工应在构件组装和预拼装工程检验批的施工质量验收合格后进行。施工完成后，应在构件上标注构件编号；对于大型构件，还需标明质量、重心位置和定位标记，以便后续安装和维护。

2. 钢结构防火涂料涂装施工时机

钢结构防火涂料涂装施工应在钢结构安装工程和防腐涂装工程检验批施工质量验收合格后进行。若设计文件规定构件无须进行防腐涂装,安装验收合格后可直接进行防火涂料涂装施工。

3. 施工工艺和技术要求

钢结构防腐涂装工程和防火涂装工程的施工工艺及技术应严格遵循规范、设计文件、涂装产品说明书以及国家现行有关产品标准的规定,确保施工质量和安全性。

4. 钢材表面处理

防腐涂装施工前,钢材应按规范和设计文件要求进行表面处理。若设计文件未明确要求,可根据涂料产品对钢材表面的具体要求,采用适当的处理方法,如喷砂、酸洗等,以确保涂层的附着力和防护效果。

5. 涂装系统兼容性

构件表面的涂装系统应相互兼容。具体而言,构件表面防腐涂装的底层漆、中间漆和面层漆之间的搭配应相互兼容,同时防腐涂料与防火涂料也应确保兼容,以保证整个涂装体系的质量和性能。为确保涂装质量的可追溯性,整个涂装体系所用的涂料应尽量来自同一厂家。

6. 环境保护和劳动保护

涂装施工过程中,应采取相应的环境保护和劳动保护措施,如设置防护围栏、佩戴防护装备、控制废气排放等,以减少对环境的影响和保障施工人员的健康安全。

7.2 钢结构涂装工程常用机具

7.2.1 喷砂机

1. 表面清理

喷砂设备广泛应用于工件表面的清理工作。它可以有效去除金属表面的锈蚀层、热处理件表面的残盐和氧化层、轧制件和锻件表面的氧化层、焊接件表面的氧化层、铸件表面的型砂及氧化层,以及机械加工件表面的残留污物和微小毛刺。通过喷砂处理,能够彻底清除表面附着层,使工件基体露出本色,为后续的涂装或加工提供干净的表面。

2. 涂覆前的预处理

在工件表面涂覆前,喷砂设备是不可或缺的预处理工具。它适用于各种电镀、刷镀、喷涂和粘接的前处理工序,能够使工件表面获得活性,显著提高镀层、涂层和粘接件之间的附着力,确保涂覆层的牢固性和均匀性。

3. 改变物理力学性能

喷砂设备不仅用于表面清理,还能改变工件的物理力学性能。喷砂处理可以调整工件表面的应力状态，改善配合件的润滑条件，降低运动过程中的噪声。此外，喷砂还能使工件表面硬化，从而提高零件的耐磨性和抗疲劳强度，延长工件的使用寿命。

4. 光饰加工

喷砂设备在工件表面的光饰加工中也发挥着重要作用。通过喷砂处理，可以改变工件表面的粗糙度值，使其表面呈现亚光或漫反射的效果，达到美观的光饰加工目的。这种处理不仅提升了工件的外观质量，还增强了其表面的防护性能。

7.2.2　空气压缩机

空气压缩机种类繁多，依据其工作原理主要分为两大类：容积式压缩机和速度式压缩机。容积式压缩机通过压缩气体体积，增加单位体积内气体分子密度，进而提升压缩空气的压力；而速度式压缩机则是借助提升气体分子的运动速度，将气体分子的动能转化为压力能，实现压缩空气压力的升高。

目前，市场上广泛使用的空气压缩机包括活塞式空气压缩机、螺杆式空气压缩机（进一步细分为双螺杆和单螺杆空气压缩机）、离心式空气压缩机、滑片式空气压缩机以及涡旋式空气压缩机。至于凸轮式、膜片式和扩散泵等特殊用途的压缩机，由于它们的应用场景较为特定且设备尺寸相对较小，因此未被纳入常规分类之中。

7.2.3　气泵

气泵主要分为电动气泵、手动气泵和脚动气泵三种类型。其中，电动气泵的运作机制是利用电动机，通过两根V带驱动气泵的曲轴，进而带动活塞进行打气操作。打气产生的气体经由管线输送至气罐中。与此同时，气罐通过一根导气管线将内部气体引入固定在气泵上的调压阀，以此来调控气罐内的气压水平。当气罐内气压尚未达到调压阀预设的压力值时，气罐内气体无法推开调压阀的阀门；而一旦气罐内气压达到或超过调压阀设定的压力，气罐内气体便会顶开调压阀阀门，流入气泵内与调压阀相连的气道，通过该气道使气泵的进气口保持常开状态，从而使气泵在无负载的情况下运转，有效降低动力消耗并起到保护气泵的作用。若气罐内气压因各种原因下降至低于调压阀设定压力，调压阀内的阀门会在回位弹簧的作用下复位，切断气泵的控制气路，促使气泵重新启动打气过程。

7.3　钢结构涂装工程施工

7.3.1　表面处理

在防腐涂装施工启动之前，必须依据相关规范及设计文件的具体要求，对钢材进行细致的表面处理。处理完成后的钢材表面需确保干净整洁，杜绝焊渣、焊疤、灰尘、油污、水分以及毛刺等杂质的存在。特别是对于镀锌材质的构件，在完成酸洗除锈工序后，其表面应呈现金属特有的光泽，并且要彻底清除任何污渍、锈迹以及残留的酸液。钢材的表面处理环节在整个涂装工程中占据着举足轻重的地位，其处理质量的高低将直接对涂装工程的最终质量产生重大影响。据欧美部分国家的行业经验来看，除锈工作的质量优劣对涂装效果的影响力可高达 60%以上。

钢结构的表面处理主要有抛丸和喷砂、手工和动力工具打磨以及酸洗等方法见表 7-2。各种除锈方法的特点见表 7-3。

表 7-2　除锈等级和除锈方法

除锈等级	除锈方法	处理手段和清洁度要求		
Sa1	喷射或抛射	喷（抛）棱角砂、铁丸、断丝和混合磨料	轻度除锈	仅除去疏松轧制氧化皮、铁锈和附着物
Sa2			彻底除锈	轧制氧化皮、铁锈和附着物几乎全部被除去，至少有 2/3 面积无任何可见残留物
Sa2.5			非常彻底除锈	轧制氧化皮、铁锈和附着物残留在钢材表面的痕迹已是点状或条状的轻微污痕，至少有 95%面积无任何可见残留物
Sa3			除锈到出白	表面上轧制氧化皮、铁锈和附着物全部除去，具有均匀多点光泽
St2	手工和动力工具打磨	使用铲刀、钢丝刷、机械钢丝刷、砂轮等	无可见油脂污垢，无附着不牢的氧化皮、铁锈和油漆涂层等附着物	
St3			无可见油脂污垢，无附着不牢的氧化皮、铁锈和油漆涂层等附着物。除锈比 St2 更为彻底。底材显露部分应具有金属光泽	

表 7-3　各种除锈方法的特点

除锈方法	设备工具	优点	缺点
手工、机械打磨	砂布、钢丝刷、铲刀、尖锤、平面砂轮机、动力钢丝刷等	工具简单、操作方便、费用低	劳动强度大、效率低、质量差，只能满足一般的涂装要求
喷射	空气压缩机、喷射机、油水分离器等	能控制质量，获得不同要求的表面粗糙度	设备复杂、需要一定操作技术、劳动强度较高、费用高、污染环境
酸洗	酸洗槽、化学药品、厂房等	效率高、适用大批件、质量较高、费用较低	污染环境、废液不易处理、工艺要求较严

1. 喷射或抛射除锈

喷射除锈技术是借助经过油水分离处理的压缩空气，将磨料通过喷嘴以高速度喷射到钢材表面，利用磨料的冲击和摩擦作用，有效去除钢材表面的氧化铁皮、铁锈及各类污物，使表面达到一定的粗糙度，以增强后续涂层的附着力。该技术主要分为干喷射法和湿喷射法两种形式。喷射除锈不仅效率高，且处理后的表面质量优良，但需要配备相应的设备和专用磨料，这在一定程度上增加了成本。开放式喷砂设备因其可移动性，特别适合于户外钢结构的施工场景。在磨料的选择上，可以采用钢丸、钢砂、钢丝段，或铜矿渣、石英砂等材料。在全球工业发达国家，为了确保涂装工程的高质量，喷射除锈法已被广泛采纳并普遍应用。

抛射除锈工艺借助高速旋转叶片产生的离心力来实现。当磨料经进料管进入时，随即被加速并导入高速旋转的分料轮。在离心力的驱动下，磨料从分料轮中定向喷射而出，沿着叶片持续加速，最终以高速度撞击工件表面。这一过程不仅能够有效去除工件表面的锈蚀和氧化皮，还能打造出具有一定粗糙度的表面，从而提升后续涂层的附着力。抛丸清理方式以其高效率和快速度著称，尤其适合用于平板以及结构相对简单的钢结构表面的除锈作业。喷射或抛射除锈，用字母“Sa”表示，分四个等级。

Sa1 等级：轻度的喷射或抛射除锈。钢材表面应无可见的油脂或污垢，没有附着不牢的氧化皮、铁锈和油漆涂层等附着物。

Sa2 等级：彻底的喷射或抛射除锈。钢材表面无可见的油脂和污垢，氧化皮、铁锈等附着物已基本清除，其残留物应是牢固附着的。

Sa2.5 等级：非常彻底的喷射或抛射除锈。钢材表面无可见的油脂、污垢、氧化皮、铁锈和油漆涂层等附着物，任何残留的痕迹应仅是点状或条状的轻微色斑。

Sa3 等级：使钢材表观洁净的喷射或抛射除锈。钢材表面无可见的油脂、污垢、氧化皮、铁锈和油漆等附着物，该表面应显示均匀的金属光泽。

2. 手工和动力工具除锈

手工除锈所使用的工具包括砂布、钢丝刷、铲刀、尖锤、平面砂轮机以及动力钢丝刷等。采用手工方式进行除锈，通常仅能去除表面较为疏松的氧化皮、厚重的锈层以及呈鳞片状的旧涂层。此方法的缺点在于工作效率低下，且操作人员的劳动强度较大。在工厂环境中，由于对效率和质量的要求较高，一般不推荐使用手工除锈。但在一些特殊情况下，如其他除锈方法因各种限制无法实施时，手工除锈便成为一种可行的替代方案。动力工具除锈借助压缩空气或电能驱动，促使除锈工具进行圆周或往复运动。当工具与钢材表面接触时，依靠产生的摩擦力和冲击力来去除锈迹和氧化皮。相较于手工除锈，动力工具除锈不仅效率更高，而且质量更优，因此已成为当前涂装工程中普遍采用的除锈方式。常见的动力除锈工具包括气动端面平面砂磨机、气动角向平面砂磨机、电动角向平面砂磨机、直柄砂轮机、风动钢丝刷、风动打锈锤、风动齿形旋转式除锈器以及风动气铲等。手工和动力工具除锈，以字母“St”表示，有两个等级。

St2 等级：彻底的手工和动力工具除锈。钢材表面无可见的油脂和污垢，没有附着不牢的氧化皮、铁锈和油漆涂层等附着物。

St3 等级：非常彻底的手工和动力工具除锈。钢材表面应无可见的油脂和污垢，并且没有附着不牢的氧化皮、铁锈和油漆涂层等附着物。除锈应比 St2 更为彻底，底材显露部分的表面应具有金属光泽。

3. 酸洗除锈

酸洗除锈，又称为化学除锈，其基本原理是借助酸洗液中的酸性成分与金属表面的氧化物产生化学反应。这一反应促使金属氧化物溶解，进而形成可溶于酸液的金属盐，从而实现对钢材表面氧化物及锈迹的有效去除。从质量角度来看，酸洗除锈的效果优于手工及动力机械除锈，与喷射除锈的质量处于同一水平线。不过，酸洗后的钢材表面无法达到喷射除锈后的粗糙度效果。此外，酸洗过程中释放的酸雾对人员健康和建筑物都存在潜在危害。酸洗除锈的初始投资成本相对较高，整个工艺流程也较为复杂。如果酸洗后的清洗工序不够彻底，将对后续涂层的质量造成严重影响。

在钢材的酸洗除锈过程中，酸洗液的性能起着决定性作用，直接关系到除锈的质量。通常，酸洗液由酸、缓蚀剂和表面活性剂这三种主要成分构成。用于酸洗除锈的酸分为无机酸和有机酸两大类别。无机酸包括硫酸、盐酸、硝酸和磷酸等，而有机酸则以醋酸和柠檬酸为代表。在国内，针对大型钢结构的酸洗作业，硫酸和盐酸是常用的酸洗剂，磷酸也偶有应用。缓蚀剂作为酸洗液的关键成分，大多为有机物质。适量添加缓蚀剂于酸洗液中，能够有效预防和减轻酸洗过程中可能出现的过度腐蚀（过蚀）或氢脆现象，同时还能降低酸雾的产生。表面活性剂是一种由亲油基团和亲水基团组成的双亲性化合物，具备润湿、渗透、乳化、分散、增溶及去污等多种功能。向酸洗液中添加表面活性剂，可以优化酸洗工艺流程，进而提升酸洗的整体效率。

开展酸洗作业前，务必先行制定详尽的酸洗操作规程。在整个酸洗流程中，操作人员必须严格遵循既定的操作规范执行。配制酸洗液时，要精准依照既定的配比及既定的步骤来进行。

完成酸洗工序的钢材，通常需接受钝化处理（若采用磷酸进行酸洗，则可省略钝化步骤）。经过钝化处理的钢材，应放置于通风良好的环境自然晾干，或利用清洁的压缩空气进行吹干处理。

若采用酸洗法对钢材实施除锈，严禁将酸洗液直接排入下水道系统。正确的做法是，将酸洗液收集至专门的容器内，随后进行集中处理，以避免对环境造成潜在危害。

4. 带锈涂料

带锈涂料，正如其名，是一种特殊的涂料，它允许在钢材表面存在锈迹的情况下直接进行涂覆，无须进行传统的彻底除锈处理。在使用带锈涂料之前，仅需对钢材表面进行基础的清理工作，比如去除表面的浮锈和氧化皮等杂质。从作用机理上分析，带锈涂料可以被视为一种化学除锈手段，因为它能够在一定程度上中和或转化表面的锈蚀，从而为涂料的附着创造条件。带锈涂料从 20 世纪 50 年代开发至今，已有很多品种进入市场，归纳起来可分为三大类。

（1）渗透型带锈涂料

渗透型带锈涂料主要通过涂料对疏松铁锈的湿润和渗透作用，将铁锈分隔并包围在涂料层中。同时，借助颜料（尤其是红丹）的防锈特性，共同作用阻止锈蚀的进一步发展。

这种涂料能够有效隔离铁锈与外界环境的接触,减缓锈蚀进程。

(2) 转化型带锈涂料(反应型带锈涂料)

转化型带锈涂料利用能够与铁锈发生化学反应的物质,将活泼的铁锈转化为无害或具有保护作用的络合物。这种涂料的转化剂种类繁多,其中较为常用的有两种:磷酸-黄血盐型和磷酸-丹宁酸型。这些转化剂通过化学反应,将铁锈转化为稳定的化合物,从而防止锈蚀的进一步扩展。

(3) 稳定型带锈涂料

稳定型带锈涂料主要依靠活性颜料的组合,在成膜过程中通过缓慢的水解反应相互作用,与活泼的铁锈形成难溶的杂多酸络合物,达到稳定锈蚀的目的。该涂料的主要颜料由磷酸锌和不同溶解度的铬酸盐组成。这些颜料在成膜后能够与铁锈形成稳定的化学键,有效抑制锈蚀的进一步发展。

目前,国内广泛使用的转化型带锈涂料在实际应用中存在诸多不足。此类涂料无法彻底清除钢材表面的氧化皮和污物,也无法改变钢材表面原有的粗糙度。若涂刷量过多,反而会使表面变得更加粗糙。锈蚀物的残留和表面的过度粗糙都会削弱涂层的质量,进而影响其防护效果。因此,对于重要的涂装工程,不建议采用带锈涂料。

7.3.2 钢结构防腐涂装工程

1. 施工准备

根据设计会审和图样要求,编制详细的施工方案,完成材料选用、技术交底等工作。

根据现行标准和规定,钢结构防腐涂料、稀释剂、催干剂、固化剂等材料的品种、规格、性能必须符合国家产品标准和设计要求。这些材料应具备产品出厂合格证和质保书,以确保其质量和性能。此外,选用的材料还需附有检测部门出具的检测报告,以证明其符合相关标准。

在建筑钢结构工程中,防腐材料的选择必须依据设计规范来确定。此类工程所用防腐材料主要包括底漆、中间漆、面漆、稀释剂以及固化剂等。而建筑钢结构工程的防腐涂料类型丰富多样,涵盖了油性酚醛涂料、醇酸涂料、高氯化聚乙烯涂料、氯化橡胶涂料、氯磺聚乙烯涂料、环氧树脂涂料、聚氨酯涂料、无机富锌涂料、有机硅涂料、过氯乙烯涂料等多种。作业条件:

(1) 油漆工施工作业人员应持有特殊工种作业操作证。

(2) 涂漆施工场地要有良好的通风。如在通风条件不好的环境涂漆时,必须安装通风设备。

(3) 涂装作业需在符合规定的环境条件下开展。若施工环境温度偏高,会导致溶剂迅速挥发,从而使漆膜的流平性能变差;反之,温度过低则会使漆膜干燥速度减缓,进而影响其整体质量。此外,当施工环境湿度过大时,漆膜容易出现起鼓现象,附着力也会降低,严重时甚至会导致漆膜大面积脱落。

(4) 施工环境温湿度的把控至关重要。依据《钢结构工程施工质量验收标准》(GB 50205—2020)的相关规定,进行涂装作业时,环境的温度与相对湿度须满足涂料产品说明书所提出的条件。若产品说明书中未明确具体要求,则建议将环境温度控制在 5℃～38℃,同时确保相对湿度不超过 85%。在涂装过程中,要保证构件表面无结露现象,并且在涂装完成后的 4 h 内,应采取有效措施防止构件遭受雨水的侵蚀。

施工单位在施工前必须根据涂饰标准式样等制订施工计划,并按施工计划准备材料、设备以及协调各关联工序,按计划组织施工。一般工艺流程如下:

钢构件表面处理→底漆涂装→中间漆涂装→现场拼装后面漆涂装→检查验收

2. 钢材涂装前的表面处理

在挑选除锈方式时,需综合多方面因素来确定。除了依据各种除锈方法的特性及其带来的防护效果进行选择外,还应考虑涂装的具体对象、目标、钢材表面的初始状况、期望达成的除锈等级、现有的施工设备与条件以及施工成本等要素,从而做出全面且合理的决策。

加工的构件和制品,应经验收合格后,方可进行表面处理。钢材表面的毛刺、焊渣、焊瘤、飞溅物、灰尘和积垢等,应在除锈前清理干净,同时也要铲除疏松的氧化皮和较厚的锈层。钢材表面如有油污和油脂,应在除锈前清除干净。如只在局部面积上有油污和油脂,一般可采用局部处理措施;如大面积或全部面积上都有,则可采用有机溶剂或热碱进行清洗。

钢材表面上有酸、碱、盐时,可用热水或蒸汽冲洗掉。但应注意废水的处理,不能造成环境污染。

钢结构除锈的一般规定:

在对钢材表面实施喷射除锈作业时,所使用的压缩空气必须事先去除其中的油污和水分。若未清除干净,油污与水分会在喷射过程中附着于钢材表面,进而削弱涂层的附着力和耐久性。一种简便的检测油污和水分是否彻底分离的方法是:将白色布料或白色漆靶板置于压缩空气喷射口前方,让压缩空气持续吹拂 1 min,随后用肉眼仔细观察其表面,合格的表面应无油渍、水珠以及黑色斑点。

喷射或抛射所使用的磨料必须符合质量标准和工艺要求。对允许重复使用的磨料,必须根据规定的质量标准进行检验,合格的才能重复使用。喷射操作应按顺序逐段或逐块进行,以免漏喷和重复喷射。一般应遵循先下后上、先内后外以及先难后易的原则进行喷射。

在进行喷射或抛射作业时,施工环境的相对湿度应严格控制在 85%以下,同时要确保钢材表面温度至少高于空气露点温度 3℃。若环境湿度过高,钢材表面以及金属磨料极易发生锈蚀现象。完成除锈工序后的钢材表面,需借助压缩空气或毛刷等工具彻底清理残留的锈尘及磨料,确保表面洁净后才能进入后续工序。对于经除锈验收合格的钢材,若存放于厂房内,应在 24 h 内完成底漆的涂覆;若是在露天环境下存放,则需在当班次内完成底漆的喷涂工作。下雨、下雪、起雾或湿度大的天气,不宜在户外进行手工和动力工具除锈。

钢材表面打磨除锈之后应及时补涂油漆，防止二次锈蚀情况的发生。

3. 涂装方法

随着涂料工业与涂装技术的持续进步，新型的涂装施工方法及相应的机具不断涌现。每种方法和机具都有其独特的优势和适用场景，因此，正确选择施工方法是涂装施工管理的关键环节。恰当的施工方法对确保涂装质量、保障施工进度、节省材料以及降低工程成本等都具有极为重要的意义。

(1) 刷涂法

刷涂法是用漆刷进行涂装施工的一种方法。这种方法虽然古老，但至今仍被普遍采用。刷涂法的特点是：工具简单、施工方便、容易掌握、适应性强、节省涂料和溶剂，并可用于多种涂料的施工。缺点是：劳动强度大、生产效率低、施工的质量在很大程度上取决于工人的操作技术，对于一些快干和分散性差的涂料不太适用。

(2) 滚涂法

滚涂法采用羊毛或合成纤维制成的多孔吸附材料，将其固定在中空圆筒上形成滚筒，以此来进行涂料的施工。此方法所用工具简单，操作便捷，施工效率较刷涂法可提高1～2倍，涂料用量与刷涂法大致相当。不过，该方法存在一些不足之处，如劳动强度较大，生产效率低于喷涂法，且仅适用于较大面积物体的涂装。滚涂法主要应用于水性漆、油性漆、酚醛漆和醇酸漆等类型的涂料涂装。

(3) 浸涂法

浸涂法是将被涂物放入漆槽中浸渍，经一定时间取出后吊起，让多余的涂料尽量滴净，并自然晾干或烘干。浸涂法的特点是生产率高，操作简单，涂料损失少。适用于形状复杂的、骨架状的被涂物，可使被涂物的里外同时得到涂装。

浸涂法主要适用于烘烤型涂料的涂装，但也可用于自干型涂料的涂装，一般不适用于挥发型快干的涂料。

(4) 空气喷涂工艺

空气喷涂工艺是利用压缩空气的气流将涂料引入喷枪，通过喷嘴将其雾化并喷涂于物体表面。该工艺的优势在于能够形成均匀、光滑且平整的漆膜，工作效率较刷涂法显著提高，尤其适合用于快干漆的喷涂，对于一般合成树脂漆的喷涂也适用。然而，该工艺存在一些缺点，如在喷涂过程中需要添加大量稀释剂，导致喷涂后形成的漆膜较薄；涂料损耗较大，利用率相对较低；此外，喷涂时飞散在空气中的漆雾不仅对操作人员的健康构成威胁，还会对环境造成污染。

(5) 无气喷涂技术

无气喷涂技术是借助特殊设计的气动、电动或其他动力源驱动的液压泵，将涂料加压至高压状态。涂料通过管路输送至喷枪喷嘴喷出时，其喷出速度极高。随着涂料与空气的冲击、高压的快速降低以及涂料溶剂的迅速挥发，喷出的涂料体积会急剧膨胀并雾化，以高速均匀地分散在被涂物体表面，进而形成漆膜。由于涂料的雾化及附着过程并非依赖压缩空气，因此该技术被称为无气喷涂。同时，由于其利用了高压液压原理，也被称为高压无气喷涂。

7.3.3 钢结构防火涂装工程

1. 一般规定

(1) 钢结构防火喷涂施工质量的好坏，直接影响防火性能和使用要求。钢结构防火喷涂施工应由经过培训合格的专业施工队施工，以确保工程质量。

(2) 一般而言，钢结构在完成安装定位，并且与之相连的吊杆、马道、管架以及相关联的构件都安装完成且通过验收之后，方可开展喷涂作业。若提前对钢构件进行防火喷涂后再进行吊装，那么在吊装完成后，需要对受损的涂层部分以及钢结构的节点部位进行补喷处理。

(3) 防火涂料涂装前，钢材表面除锈及防腐涂装应符合设计文件和国家现行有关标准的规定。防锈底漆与防火涂料不应发生化学反应。有的防火涂料具有一定的防锈作用，如试验证明可以不涂防锈漆时，也可不作防锈处理。

(4) 在进行喷涂作业之前，基层表面需保持清洁，确保无油渍、灰尘、泥沙等杂质，同时防锈层应保持完整，底漆涂覆应均匀无遗漏。对于钢构件连接部位宽度为 4～12 mm 的缝隙，应使用防火涂料或其他防火材料，如硅酸铝纤维棉、防火堵料等进行填充和平整处理。若构件表面已施涂防锈面漆，且该涂层坚硬且具有光泽，可能会显著降低防火涂料的粘附力，此时应先用砂纸进行适度打磨，然后再进行喷涂作业。

(5) 施工钢结构防火涂料应在室内装饰之前和不被后期工程所损坏的条件下进行。施工时，对无须防火保护的墙面、门窗、机器设备和其他构件应采用塑料布遮挡保护。刚施工的涂层，应防止雨淋、脏液污染和机械撞击。

(6) 在大多数防火涂料的施工期间以及涂层干燥固化之前，应将环境温度控制在 5℃～38℃，相对湿度不超过 90%，并且要保证空气流通。若遇到风速超过 5 m/s、刚下过雨或者构件表面存在结晶冰的情况，应避免进行施工操作。

2. 施工准备

(1) 钢结构防火涂料的选用应符合《钢结构防火涂料》(GB 14907—2018)和《钢结构防火涂料应用技术规范》(CECS24：90)的规定和设计要求。

(2) 选用钢结构防火涂料时，必须确保该涂料具备国家质量检测机构出具的耐火性能检测报告和理化性能检测报告，并且要附有消防监督机关颁发的生产许可证，方可进行选用。

(3) 选用防火涂料质量应符合国家有关标准的技术指标规定，有生产厂方的合格证，并应有涂料产品名、技术性能指标、制造批号、储存期限和使用说明等。

(4) 在钢结构防火涂料涂装前，钢结构工程必须验收合格，并符合规范标准和设计要求。

(5) 在对钢构件进行防火涂料涂装之前，必须先完成钢构件表面的除锈以及防锈底漆的涂装工作，并且这些前期工作需经过检查验收，确认符合国家现行相关规范和设计要求后，方可开展防火涂料的涂装作业。

3. 薄型和超薄型防火涂料施工工艺

(1) 施工工具与方法

① 在喷涂底层涂料（包括主涂层，以下同）时，建议使用重力式（或喷斗式）喷枪，并配备能够自动调节压力的空气压缩机，其排量应在 0.6～0.9 m^3/min 之间。喷嘴直径应选择 4～6 mm，空气压力则应控制在 0.4～0.6 MPa。对于面层装饰涂料，可采用刷涂、喷涂或滚涂的方式进行施工，但通常更倾向于使用喷涂方法。若要喷涂面层装饰涂料，可将喷底层涂料所用喷枪的喷嘴直径调整为 1～2 mm，并将空气压力调节至约 0.4 MPa，这样便适用于面层装饰涂料的喷涂。

② 在进行局部修补、小面积施工，或者是在机器设备已经安装完毕且无法满足喷涂条件的厂房内，可以采用抹灰刀等工具来进行手工抹涂作业。

(2) 涂料的搅拌与调配

① 运送到施工现场的钢结构防火涂料，应使用便携式电动搅拌器进行适当搅拌，使其均匀一致，方可用于喷涂。

② 双组分包装的涂料，应按说明书规定的配合比进行现场调配，边配边用。

③ 搅拌和调配好的涂料，应稠度适宜，喷涂后不发生流淌和下坠现象。

4. 厚型防火涂料施工工艺

(1) 施工通常采用喷涂方式，所用设备可选择压送式喷涂机或挤压泵，并配备能自动调节压力、排量在 0.6～0.9 m^3/min 的空气压缩机。喷枪的口径应设定为 6～12 mm，空气压力则应维持在 0.4～0.6 MPa。对于局部修补工作，则可利用抹灰刀等工具进行手工抹涂操作。

(2) 涂料的搅拌与配制

① 由工厂制造好的单组分湿涂料，现场应采用便携式搅拌器搅拌均匀。

② 由工厂提供的干粉料，现场加水或其他稀释剂调配，应按涂料说明书规定配合比混合搅拌，边配边用。

③ 对于工厂生产的双组分涂料，应严格按照涂料说明书所规定的配比进行混合搅拌，并做到随配随用。尤其是那些化学固化干燥型的涂料，配制好的涂料务必在说明书指定的时间内使用完毕。

④ 在搅拌和调配涂料的过程中，须调整至合适的稠度，确保涂料能够在输送管道内顺畅流动，且喷涂后不会出现流淌或下坠的现象。

思政小课堂

1. 以人为本：钢材的腐蚀会使钢材的力学性能下降，导致构件破坏，建筑物倒塌，而钢结构在火灾中由于防火不当造成的经济损失和环境的破坏则更加严重，重视对钢结构的涂装及防火更加能够确保人民生命与财产安全。

2. 工程伦理：实际工程当中常会涉及钢结构，钢结构具有易腐蚀、耐火性能差的缺陷，且用于建筑结构时也常采用外露造型，但是施工时一定要确保其可靠性。可靠和经济之间是矛盾的，施工的目的是把握可靠和经济之间的平衡。合理的施工是在保证可靠的前提下尽量降低成本，或成本一定的前提下尽量保证可靠性。

3. 文化自信：因钢结构具有易腐蚀和耐火性能差的缺陷，我国出台了一系列技术规范，如《涂装前钢材外表锈蚀等级和涂装等级》(GB 8923—1988)，说明我国的设计理论和经济水平在不断发展。

本章习题

1. 防火涂料的工作原理是什么？
2. 防火涂料按厚度分类有哪些？
3. 钢结构防腐涂装工程涂装方法有哪些？
4. 防腐涂装前的钢材表面除锈检查，应该使用什么进行检查？
5. 钢材的涂装方法有哪些，各有什么特点？
6. 钢结构涂装工程常见的机具有哪些？
7. 钢材进行表面处理的方法有哪些？

第 8 章

钢结构工程施工质量验收

本章要求

能够记住钢结构工程施工质量验收的划分;掌握钢结构工程施工质量验收要求;掌握钢结构工程施工质量验收程序及关系;掌握质量控制资料。

本章重点

钢结构工程施工质量验收的划分;钢结构工程施工质量验收程序及关系。本章思维导图请扫右侧二维码。

思维导图 8

8.1 概述

钢结构工程施工质量涵盖从施工伊始至竣工的全过程,其核心在于各施工环节均须达到既定标准所规定的各项要求。具体而言,它包含可靠性(安全性、适用性、耐久性)、使用功能,以及在理化性能、环境保护等诸多方面所有明显与隐含能力的综合特性。对于钢结构工程施工质量的验收工作,必须严格依据现行的国家标准《钢结构工程施工质量验收标准》(GB 50205—2020)以及《建筑工程施工质量验收统一标准》(GB 50300—2013)进行,确保工程质量符合规范要求。

8.2 钢结构工程施工质量验收的划分

根据《建筑工程施工质量验收统一标准》(GB 50300—2013)的要求,建筑工程质量验收划分为单位(子单位)工程、分部(子分部)工程、分项工程和检验批。

8.2.1 单位(子单位)工程的划分

单位(子单位)工程的划分按下列原则确定。

(1) 具备独立施工条件并能形成独立使用功能的建筑物或构筑物为一个单位工程。

单位工程一般是由结构工程、建筑工程以及建筑设备安装工程等部分构成。例如，一栋住宅楼、一座商店、锅炉房、变电站，以及一所学校里的一栋教学楼、办公楼、传达室等，都可视为一个独立的单位工程。

(2) 建筑规模较大的单位工程，可将其能形成独立使用功能的部分划分为一个子单位工程。

单位工程的划分通常需结合工程的建筑设计分区、结构缝设置位置、使用功能的显著差异等具体情况，在施工前期由建设单位、监理单位及施工单位三方协商确定。划分完成后，依据此划分标准来收集整理施工过程中的技术资料，并据此进行工程验收。比如，当一个单位工程包含塔楼和裙房时，可根据建设单位的实际需求，将塔楼与裙房分别划分为两个子单位工程来进行管理和验收。

8.2.2 分部(子分部)工程的划分

分部(子分部)工程的划分按下列原则确定。

(1) 分部工程的划分应按专业性质、建筑部位确定。

建筑工程与结构工程主要划分为地基与基础、主体结构、建筑装饰装修以及建筑屋面四个分部工程。其中，地基与基础分部工程涵盖了房屋相对标高±0.000以下的地基、基础、地下防水以及基坑支护工程等内容。若工程设计中包含地下室，则首层地面以下的结构工程也归入地基与基础分部工程范畴。不过，地下室的砌体工程等则可划入主体结构分部工程。

依据《建筑工程施工质量验收统一标准》(GB 50300—2013)，门窗工程和地面工程被划分在建筑装饰装修分部工程内。因此，地下室的门窗、地面工程也应划归建筑装饰装修分部工程。此外，像抹灰、吊顶、轻质隔墙等工程同样应纳入建筑装饰装修分部工程进行管理。

建筑设备安装工程划分为建筑给水排水及采暖、建筑电气、智能建筑、通风与空调及电梯五个分部工程。

(2) 当分部工程较大或较复杂时，可按材料种类、施工特点、施工程序、专业系统及类别等划分为若干子分部工程。

在建筑工程的分部工程划分中，对原建筑电气安装分部工程进行了细化调整。具体来说，将其中的强电部分单独划分为一个分部工程，命名为建筑电气分部工程；同时，将弱电部分也独立出来，形成另一个分部工程，称为智能建筑(弱电)分部工程。这样的划分使得建筑工程的电气相关工程在管理和验收等方面更加清晰、专业。

当分部工程量很大且较复杂时，可将其中相同部分的工程或能形成独立专业系统的工程划分为若干子分部工程，划分越细，对工程施工质量的验收越能准确判定。

8.2.3　分项工程的划分

分项工程的划分应依据主要工种、材料、施工工艺、设备类别等因素来进行。例如，模板工程、钢筋工程、混凝土工程等分项工程，就是根据不同的工种来进行划分的。

地基与基础分部工程钢结构子分部工程包括的分项工程为：焊接钢结构、栓接钢结构、钢结构制作、钢结构安装、钢结构涂装。

主体结构分部工程中的钢结构子分部工程包含以下分项工程：钢结构焊接作业、紧固件连接施工、钢零部件的加工制作、单层钢结构的安装工程、多层及高层钢结构的安装工程、钢结构的涂装处理、钢构件的组装工作、钢构件的预拼装操作、钢网架结构的安装工程以及压型金属板的相关施工。

8.2.4　检验批的划分

检验批的划分按下列原则确定。

(1) 单层钢结构按变形缝划分。

(2) 多层或高层钢结构按楼层或施工段划分。

(3) 钢结构制作可按构件类型划分。

(4) 压型金属板工程按屋面、墙面、楼面等划分。

(5) 对于原材料及成品进场的验收，可根据工程规模及进料情况合并或分批划分。

(6) 复杂结构按独立的空间刚度单元划分。

在开展钢结构分项工程检验批划分工作时，需明确强调该划分应由施工单位与监理工程师提前协商确定。通常情况下，施工单位应在施工组织设计中先行划分出检验批，并提交给监理工程师进行审批，双方依据审批通过的划分方案开展验收工作。对于每一个分项工程，其检验批的划分方式可以各不相同，原则上分项工程的数量与检验批划分种类相对应，但应尽可能减少划分种类，以简化管理流程。

8.3　钢结构工程施工质量验收要求

8.3.1　建筑工程质量验收要求

建筑工程施工质量应按下列要求进行验收。

(1) 建筑工程施工质量应符合《建筑工程施工质量验收统一标准》(GB 50300—2013)和相关专业验收规范的规定。

(2) 建筑工程施工应符合工程勘察、设计文件的要求。

(3) 参加工程施工质量验收的各方人员应具备规定的资格。

(4) 工程质量的验收均应在施工单位自行检查评定的基础上进行。

(5) 隐蔽工程在隐蔽前应由施工单位通知有关单位进行验收,并应形成验收文件。

(6) 涉及结构安全的试块、试件以及有关材料,应按规定进行见证取样检测。

(7) 检验批的质量应按主控项目和一般项目验收。

(8) 对涉及结构安全和使用功能的重要分部工程应进行抽样检测。

(9) 承担见证取样检测及有关结构安全检测的单位应具有相应的资质。

(10) 工程的观感质量应由验收人员通过现场检查,并应共同确认。

8.3.2 检验批质量合格条件

检验批质量合格应符合下列规定。

(1) 主控项目必须符合规范质量合格标准的要求。

(2) 一般项目其检验结果应有 80%及以上的检查点(值)符合规范质量合格标准的要求,且最大值不应超过其允许偏差值的 1.2 倍。

(3) 质量检查记录、质量证明文件等资料应完整。

检验批作为工程验收的最小单元,构成了分项工程乃至整个建筑工程质量验收的根基。所谓检验批,即“依据相同的生产条件或既定方式汇总而成,用于检验且由一定数量样本构成的检验集合”。将钢结构分项工程划分为一个或多个检验批来进行验收,有利于在施工过程中及时发现并纠正质量问题,有效落实“过程控制”理念,从而确保工程质量的可靠性。

8.3.3 分项工程质量合格条件

钢结构分项工程依据主要工种、材料、施工工艺等因素,划分为钢构件焊接、铆钉连接、普通紧固件连接、高强度螺栓连接、钢零件及部件加工、钢构件组装、钢构件预拼装、单层钢结构安装、多层及高层钢结构安装、钢网架结构安装、压型金属板、防腐涂料涂装、防火涂料涂装等共 13 个分项工程。为了便于实际操作,在某些情况下会将钢构件焊接进一步细分为工厂制作焊接和现场安装焊接两个分项工程,并且将钢网架结构制作从钢零件及部件加工中单独分离出来,这样一来,钢结构分项工程总共就变成 15 个分项工程。

对于某一个钢结构分部(子分部)工程,最高可能包含 13 个分项工程,一般情况只包含其中的某些项。当某一分项工程由两家及以上承包商共同施工时,各家应分别进行验收。

1. 分项工程质量合格条件

分项工程质量验收合格应符合下列规定。

(1) 分项工程所含的检验批均应符合质量合格的规定。

(2) 分项工程所含的检验批的质量验收记录应完整。

分项工程的验收是在检验批验收的基础上开展的。通常来说,分项工程与检验批在性质上是相同或相似的,主要区别在于所涵盖的批量大小。若构成某一分项工程的所有检验批的验收资料文件齐全，并且这些检验批均已通过验收，则可判定该分项工程验收合格。

2. 分项工程质量验收要求

（1）核对检验批的部位、区段是否全部覆盖分项工程的范围，有没有缺漏的部位没有验收到。

（2）一些在检验批中无法检验的项目，在分项工程中直接验收。

（3）检验批验收记录的内容及签字人是否正确、齐全。

在一个建筑工程的单位工程中，若主体结构仅采用钢结构，则钢结构工程被视为一个独立的分部工程。当钢结构是主体结构的组成部分之一时，它则被归类为子分部工程。对于规模较大的钢结构工程，还可以进一步划分为多个子分部工程，以便于更精细化的管理和验收。

8.3.4　分部工程质量合格条件

钢结构分部工程质量合格标准应符合下列规定。

（1）各分项工程均应符合质量合格标准。

（2）质量控制资料和文件应完整。

（3）有关安全及功能的检验和见证检测结果应符合《钢结构工程施工质量验收标准》（GB 50205—2020）相应质量合格标准的要求。

（4）有关观感质量应符合《钢结构工程施工质量验收标准》（GB 50205—2020）相应质量合格标准的要求。

钢结构工程施工质量验收程序及关系相关内容请扫右侧二维码。

钢结构工程施工质量验收程序及关系

思政小课堂

1. 以人为本：钢结构施工工期短，抗震能力强，更加符合现代可持续发展理念也受到了建筑施工行业的重视，随着近年来住宅钢结构的快速发展，其使用量不断增加，为确保人们的生命、健康和财产安全，对于质量控制问题也提出了更高的要求，更加体现了施工质量验收的重要性。

2. 工程伦理：在世界经济快速发展的大潮之下，我国也在不断加快产业模式的转型进度，在保证经济快速发展的同时也加强了对钢结构工程施工质量的控制，不断提出有效的改进方案。

3. 文化自信：随着市场对钢结构工程的施工质量要求越来越高，我国采用有效的科学技术对钢结构工程施工质量加以控制，并不断提高改进方案，说明国家的设计理论和经济水平在不断发展。

本章习题

1. 钢结构工程施工质量验收划分有哪些?
2. 简述钢结构工程施工质量验收程序。
3. 简述检验批的划分原则。
3. 分部工程质量合格的条件是什么?
4. 子单位工程划分的原则是什么?
5. 分项工程质量合格的条件是什么?
6. 分部工程划分的原则是什么?

参 考 文 献

[1] 中华人民共和国住房和城乡建设部. GB 50017—2017 钢结构设计标准[S]. 北京：中国建筑工业出版社，2017.

[2] 中华人民共和国建设部. GB 50068—2018 建筑结构可靠性设计统一标准[S]. 北京：中国建筑工业出版社，2018.

[3] 中华人民共和国建设部. GB 50205—2020 钢结构工程施工质量验收标准[S]. 北京：中国建筑工业出版社，2020.

[4] 中华人民共和国建设部. GB 55006—2021 钢结构通用规范[S]. 北京：中国建筑工业出版社，2021.

[5] 中华人民共和国建设部. GB 55001—2021 工程结构通用规范[S]. 北京：中国建筑工业出版社，2021.

[6] 中华人民共和国建设部. GB 50018—2002 冷弯薄壁型钢结构技术规范[S]. 北京：中国建筑工业出版社，2002.

[7] 中华人民共和国建设部. GB 55002—2021 建筑与市政工程抗震通用规范[S]. 北京：中国建筑工业出版社，2021.

[8] 陈绍蕃，顾强. 钢结构(上册)——钢结构基础[M]. 5 版. 北京：中国建筑工业出版社，2023.

[9] 沈祖炎，陈以一，陈扬骥，等. 钢结构基本原理[M]. 3 版. 北京：中国建筑工业出版社，2018.

[10] 孙训方，方孝淑，关来泰. 材料力学(I)[M]. 6 版. 北京：高等教育出版社，2019.

[11] 顾祥林. 建筑混凝土结构设计[M]. 上海：同济大学出版社，2011.

[12] 何敏娟. 钢结构复习与习题[M]. 上海：同济大学出版社，2002.

[13] 陈晓霞. 钢结构[M]. 北京：机械工业出版社，2017.

[14] 张耀春. 钢结构设计原理[M]. 2 版. 北京：高等教育出版社，2020.

[15] 王若林. 钢结构原理[M]. 北京：东南大学出版社，2016.

附录

附录 1　钢材、焊缝和螺栓连接的强度指标

附表 1　钢材的强度指标

钢材牌号		钢材厚度或直径/mm	屈服强度设计值			屈服强度标准值 f_{yk}	抗拉强度最小值 f_u
			抗拉、抗压、抗弯强度 f_y	抗剪 f_{yv}	端面承压(刨平顶紧) f_{ce}		
碳素结构钢	Q235	≤16	215	125	320	235	370
		>16,≤40	205	120		225	
		>40,≤100	200	115		215	
低合金高强度结构钢	Q355	≤16	305	175	400	355	470
		>16,≤40	295	170		335	
		>40,≤63	290	165		325	
		>63,≤80	280	160		315	
		>80,≤100	270	155		305	
	Q390	≤16	345	200	415	390	490
		>16,≤40	330	190		370	
		>40,≤63	310	180		350	
		>63,≤100	295	170		330	
	Q420	≤16	375	215	440	420	520
		>16,≤40	355	205		400	
		>40,≤63	320	185		380	
		>63,≤100	305	175		360	
	Q460	≤16	410	235	470	460	550
		>16,≤40	390	225		440	
		>40,≤63	355	205		420	
		>63,≤100	340	195		400	

附表 2　焊缝的强度设计值

焊接方法和焊条型号	构件钢材		对接焊缝				角焊缝
	牌号	厚度或直径/mm	抗压 f_c^w	焊缝质量为下列等级时，抗拉 f_t^w		抗剪 f_v^w	抗拉、抗压和抗剪 f_f^w
				一级、二级	三级		
自动焊、半自动焊和 E43 型焊条手工焊	Q235	≤16	215	215	185	125	160
		>16，≤40	205	205	175	120	
		>40，≤100	200	200	170	115	
自动焊、半自动焊和 E50、E55 型焊条手工焊	Q355	≤16	305	305	260	175	200
		>16，≤40	295	295	250	170	
		>40，≤63	290	290	245	165	
		>63，≤80	280	280	240	160	
		>80，≤100	270	270	230	155	
	Q390	≤16	345	345	290	200	200(E50) 220(E55)
		>16，≤40	330	330	280	190	
		>40，≤63	310	310	265	180	
		>63，≤100	295	295	250	170	
自动焊、半自动焊和 E55、E60 型焊条手工焊	Q420	≤16	375	375	320	215	220(E55) 240(E60)
		>16，≤40	355	355	300	205	
		>40，≤63	320	320	270	185	
		>63，≤100	305	305	260	175	
自动焊、半自动焊和 E55、E60 型焊条手工焊	Q460	≤16	410	410	350	235	220(E55) 240(E60)
		>16，≤40	390	390	330	225	
		>40，≤63	355	355	300	205	
		>63，≤100	340	340	290	195	
自动焊、半自动焊和 E55、E60 型焊条手工焊	Q355GJ	>16，≤35	310	310	265	180	200
		>35，≤50	290	290	245	170	
		>50，≤100	285	285	240	165	

注：1. 自动焊和半自动焊所采用的焊丝和焊剂应保证其熔敷金属的力学性能不低于埋弧焊用焊剂国家标准中的有关规定；
2. 焊缝质量等级应符合现行国家标准《钢结构工程施工质量验收标准》(GB 50205—2020)的要求；
3. 对接焊缝抗弯受压区强度设计值取 f_c^w，抗弯受拉区设计值取 f_t^w；
4. 表中厚度系指计算点的钢材厚度，对轴心受力构件系指截面中较厚板件的厚度。

附表 3　螺栓连接的强度设计值

螺栓的性能等级、锚栓和构件的钢材牌号		普通螺栓						锚栓	承压型连接高强度螺栓		
		C 级螺栓			A 级、B 级螺栓						
		抗拉 f_t^b	抗剪 f_v^b	承压 f_c^b	抗拉 f_t^b	抗剪 f_v^b	承压 f_c^b	抗拉 f_t^b	抗拉 f_t^b	抗剪 f_v^b	承压 f_c^b
普通螺栓	4.6 级、4.8 级	170	140								
	5.6 级				210	190					
	8.8 级				400	320					
锚栓	Q235						140				
	Q355						180				
	Q390						185				
承压型	8.8 级							400	250		
	10.9 级							500	310		
构件	Q235			305			405				470
	Q355			385			510				590
	Q390			400			530				615
	Q420			425			560				655
	Q460			450			595				695
	Q355GJ			400			530				615

注：A 级螺栓用于 $d \leq 24$ mm 和 $l \leq 10d$ 或 $l \leq 150$ mm(按较小值)的螺栓；B 级螺栓用于 $d > 24$ mm 和 $l > 10d$ 或 $l > 150$ mm(按较小值)的螺栓；d 为公称直径，l 为螺杆公称长度。

附录 2　型钢规格表

附表 4　普通工字钢(GB/T 706—2016)

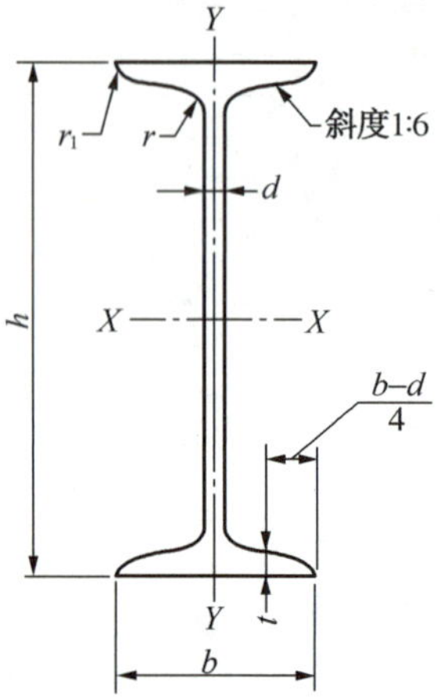

h——高度；
b——翼缘宽度；
d——腹板厚度；
t——腹板平均厚度；
r——内圆弧半径；
r_1——腹板边缘圆弧半径。

型号	截面尺寸/mm						截面面积/cm^2	理论质量/(kg/m)	惯性矩/cm^4		回转半径/cm		截面模量/cm^3	
	h	b	d	t	r	r_1			I_x	I_y	i_x	i_y	W_{ex}	W_{ey}
10	100	68	4.5	7.6	6.5	3.3	14.345	11.261	245	33.0	4.14	1.52	49.0	9.72
12	120	74	5.0	8.4	7.0	3.5	17.818	13.987	436	46.9	4.95	1.62	72.7	12.7
12.6	126	74	5.0	8.4	7.0	3.5	18.118	14.223	488	46.9	5.20	1.61	77.5	12.7
14	140	80	5.5	9.1	7.5	3.8	21.516	16.890	712	64.4	5.76	1.73	102	16.1
16	160	88	6.0	9.9	8.0	4.0	26.131	20.513	1 130	93.1	6.58	1.89	141	21.2
18	180	94	6.5	10.7	8.5	4.3	30.756	24.143	1 660	122	7.36	2.00	185	26.0
20a	200	100	7.0	11.4	9.0	4.5	35.578	27.929	2 370	158	8.15	2.12	237	31.5
20b		102	9.0				39.578	31.069	2 500	169	7.96	2.06	250	33.1
22a	220	110	7.5	12.3	9.5	4.8	42.128	33.070	3 400	225	8.99	2.31	309	40.9
22b		112	9.5				46.528	36.524	3 570	239	8.78	2.27	325	42.7
24a	240	116	8.0	13.0	10.0	5.0	47.741	37.477	4 570	280	9.77	2.42	381	48.4
24b		118	10.0				52.541	41.245	4 800	297	9.57	2.38	400	50.4
25a	250	116	8.0				48.541	38.105	5 020	280	10.2	2.40	402	48.3
25b		118	10.0				53.541	42.030	5 280	309	9.94	2.40	423	52.4
27a	270	122	8.5	13.7	10.5	5.3	54.554	42.825	6 550	345	10.9	2.51	485	56.6
27b		124	10.5				59.954	47.064	6 870	366	10.7	2.47	509	58.9
28a	280	122	8.5				55.404	43.492	7 110	345	11.3	2.50	508	56.6
28b		124	10.5				61.004	47.888	7 480	379	11.1	2.49	534	61.2

（续表）

型号	截面尺寸/mm						截面面积/cm^2	理论质量/(kg/m)	惯性矩/cm^4		回转半径/cm		截面模量/cm^3	
	h	b	d	t	r	r_1			I_x	I_y	i_x	i_y	W_{ex}	W_{ey}
30a	300	126	9.0	14.4	11.0	5.5	61.254	48.084	8 950	400	12.1	2.55	597	63.5
30b		128	11.0				67.254	52.794	9 400	422	11.8	2.50	627	65.9
30c		130	13.0				73.254	57.504	9 850	445	11.6	2.46	657	68.5
32a	320	130	9.5	15.0	11.5	5.8	67.156	52.717	11 080	460	12.8	2.62	692	70.8
32b		132	11.5				73.556	57.741	11 600	502	12.6	2.61	726	76.0
32c		134	13.5				79.956	62.765	12 200	544	12.3	2.61	760	81.2
36a	360	136	10.0	15.8	12.0	6.0	76.480	60.037	15 800	552	14.4	2.69	875	81.2
36b		138	12.0				83.680	65.689	16 500	582	14.1	2.64	919	84.3
36c		140	14.0				90.880	71.341	17 300	612	13.8	2.60	962	87.4
40a	400	142	10.5	16.5	12.5	6.3	86.112	67.598	21 700	660	15.9	2.77	1 090	93.2
40b		144	12.5				94.07	73.800	22 800	692	15.56	2.71	1 140	96.2
40c		146	14.5				102.112	80.158	23 900	727	15.2	2.65	1 190	99.6
45a	450	150	11.5	18.0	13.5	6.8	102.446	80.420	32 200	855	17.7	2.89	1 430	114
45b		152	13.5				111.446	87.485	33 800	894	17.4	2.84	1 500	118
45c		154	15.5				120.446	94.550	35 300	938	17.1	2.79	1 570	122
50a	500	158	12.0	20.0	14.0	7.0	119.304	93.654	46 500	1 120	19.7	3.07	1 860	142
50b		160	14.0				129.304	101.504	48 600	1 170	19.4	3.01	1 940	146
50c		162	16.0				139.304	109.354	50 600	1 220	19.0	2.96	2 080	151
55a	550	166	12.5	21.0	14.5	7.3	134.185	105.335	62 900	1 370	21.6	3.19	2 290	164
55b		168	14.5				145.185	113.970	65 600	1 420	21.2	3.14	2 390	170
55c		170	16.5				156.185	122.605	68 400	1 480	20.9	3.08	2 490	175
56a	560	166	12.5				135.435	106.316	65 600	1 370	22.0	3.18	2 340	165
56b		168	14.5				146.635	115.108	68 500	1 490	21.6	3.16	2 450	174
56c		170	16.5				157.835	123.900	71 400	1 560	21.3	3.16	2 550	183
63a	630	176	13.0	22.0	15.0	7.5	154.658	121.407	93 900	1 700	24.5	3.31	2 980	193
63b		178	15.0				167.258	131.298	98 100	1 810	24.2	3.29	3 160	204
63c		180	17.0				179.858	141.189	102 000	1 920	23.8	3.27	3 300	214

附表 5 普通槽钢(GB/T 706—2016)

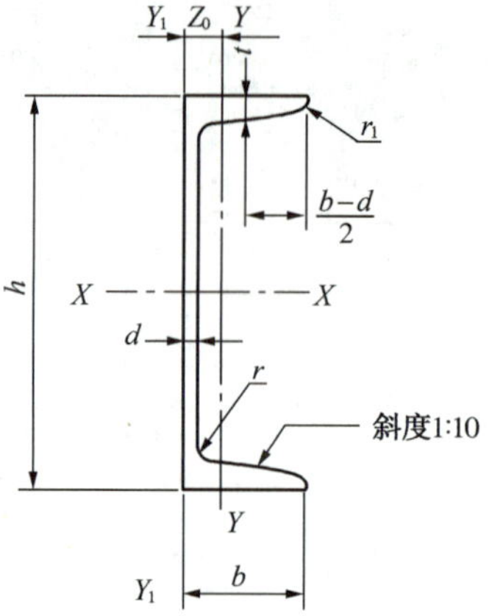

h——高度；
b——翼缘宽度；
d——腹板厚度；
t——腹板平均厚度；
r——内圆弧半径；
r_1——腹板边缘圆弧半径
Z_0——YY 轴与 Y_1Y_1 轴间距。

型号	截面尺寸/mm						截面面积/cm^2	理论质量/(kg/m)	惯性矩/cm^4			回转半径/cm		截面模量/cm^3		重心距离/cm
	h	b	d	t	r	r_1			I_x	I_y	I_{y1}	i_x	i_y	W_{ex}	W_{ey}	Z_0
5	50	37	4.5	7.0	7.0	3.5	6.928	5.438	26.0	8.30	20.9	1.94	1.10	10.4	3.55	1.35
6.3	63	40	4.8	7.5	7.5	3.8	8.451	6.634	50.8	11.9	28.4	2.45	1.19	16.1	4.50	1.36
6.5	65	40	4.3	7.5	7.5	3.8	8.547	6.709	55.2	12.0	28.3	2.54	1.19	17.0	4.59	1.38
8	80	43	5.0	8.0	8.0	4.0	10.248	8.045	101	16.6	37.4	3.15	1.27	25.3	5.79	1.43
10	100	48	5.3	8.5	8.5	4.2	12.748	10.007	198	25.6	54.9	3.95	1.41	39.7	7.80	1.52
12	120	53	5.5	9.0	9.0	4.5	15.362	12.059	346	37.4	77.7	4.75	1.56	57.7	10.2	1.62
12.6	126	53	5.5	9.0	9.0	4.5	15.692	12.318	391	38.0	77.1	4.95	1.57	62.1	10.2	1.59
14a	140	58	6.0	9.5	9.5	4.8	18.516	14.535	564	53.2	107	5.52	1.70	80.5	13.0	1.71
14b		60	8.0				21.316	16.733	609	61.1	121	5.35	1.69	87.1	14.1	1.67
16a	160	63	6.5	10.0	10.0	5.0	21.962	17.24	866	73.3	144	6.28	1.83	108	16.3	1.80
16b		65	8.5				25.162	19.752	935	83.4	161	6.10	1.82	117	17.6	1.75
18a	180	68	7.0	10.5	10.5	5.2	25.699	20.174	1 270	98.6	190	7.04	1.96	141	20.0	1.88
18b		70	9.0				29.299	23.000	1 370	111	210	6.84	1.95	152	21.5	1.84
20a	200	73	7.0	11.0	11.0	5.5	28.837	22.637	1 780	128	244	7.86	2.11	178	24.2	2.01
20b		75	9.0				32.837	25.777	1 910	144	268	7.64	2.09	191	25.9	1.95
22a	220	77	7.0	11.5	11.5	5.8	31.846	24.999	2 390	158	298	8.67	2.23	218	28.2	2.10
22b		79	9.0				36.246	28.453	2 570	176	326	8.42	2.21	234	30.1	2.03
24a	240	78	7.0	12.0	12.0	6.0	34.217	26.860	3 050	174	325	9.45	2.25	254	30.5	2.10
24b		80	9.0				39.017	30.628	3 280	194	355	9.17	2.23	274	32.5	2.03
24c		82	11.0				43.817	34.396	3 510	213	388	8.96	2.21	293	34.4	2.00
25a	250	78	7.0				34.917	27.410	3 370	176	322	9.82	2.24	270	30.6	2.07
25b		80	9.0				39.917	31.335	3 530	196	353	9.41	2.22	282	32.7	1.98
25c		82	11.0				44.917	35.260	3 690	218	384	9.07	2.21	295	35.9	1.92

（续表）

型号	截面尺寸/mm						截面面积/cm²	理论质量/(kg/m)	惯性矩/cm⁴			回转半径/cm		截面模量/cm³		重心距离/cm
	h	b	d	t	r	r_1			I_x	I_y	I_{y1}	i_x	i_y	W_{ex}	W_{ey}	Z_0
27a	270	82	7.5	12.5	12.5	6.2	39.284	30.838	4 360	216	393	10.5	2.34	323	35.5	2.13
27b		84	9.5				44.684	35.077	4 690	239	428	10.3	2.31	347	37.7	2.06
27c		86	11.5				50.084	39.316	5 020	261	467	10.1	2.28	372	39.8	2.03
28a	280	82	7.5				40.034	31.427	4 760	218	388	10.9	2.33	340	35.7	2.10
28b		84	9.5				45.634	35.823	5 130	242	428	10.6	2.3	366	37.9	2.02
28c		86	11.5				51.234	40.219	5 500	268	463	10.4	2.29	393	40.3	1.95
30a	300	85	7.5	13.5	13.5	6.8	43.902	34.463	6 050	260	467	11.7	2.43	403	41.1	2.17
30b		87	9.5				49.902	39.173	6 500	289	515	11.4	2.41	433	44	2.13
30c		89	11.5				55.902	43.883	6 950	316	560	11.2	2.38	463	46.4	2.09
32a	320	88	8.0	14.0	14.0	7.0	48.513	38.083	7 600	305	552	12.5	2.5	475	46.5	2.24
32b		90	10.0				54.913	43.107	8 140	336	593	12.2	2.47	509	49.2	2.16
32c		92	12.0				61.313	48.131	8 690	374	643	11.9	2.47	543	52.6	2.09
36a	360	96	9.0	16.0	16.0	8.0	60.91	47.814	11 900	455	818	14	2.73	660	63.5	2.44
36b		98	11.0				68.11	53.466	12 700	497	880	13.6	2.7	703	66.9	2.37
36c		100	13.0				75.31	59.118	13 400	536	948	13.4	2.67	746	70	2.34
40a	400	100	10.5	18.0	18.0	9.0	75.068	58.928	17 600	592	1 070	15.3	2.81	879	78.8	2.49
40b		102	12.5				83.068	65.208	18 600	640	1 140	15	2.78	932	82.5	2.44
40c		104	14.5				91.068	71.488	19 700	688	1 220	14.7	2.75	986	86.2	2.42

附表 6 热轧 H 型钢(GB/T 11263—2017)

类别	型号(高度×宽度)/(mm×mm)	截面尺寸/mm					截面面积/cm²	理论质量/(kg/m)	表面积/(m²/m)	惯性矩/cm⁴		回转半径/cm		截面模量/cm³	
		H	B	t_1	t_2	r				I_x	I_y	i_x	i_y	W_{ex}	W_{ey}
HW	100×100	100	100	6	8	8	21.58	16.9	0.574	378	134	4.18	2.48	75.6	26.7
	125×125	125	125	6.5	9	8	30	23.6	0.723	839	293	5.28	3.12	134	46.9
	150×150	150	150	7	10	8	39.64	31.1	0.872	1 620	563	6.39	3.76	216	75.1
	175×175	175	175	7.5	11	13	51.42	40.4	1.01	2 900	984	7.5	4.37	331	112
	200×200	200	200	8	12	13	64.28	49.9	1.16	4 720	1 600	8.61	4.99	472	160
		*200	204	12	12	13	71.53	56.2	1.17	4 980	1 700	8.34	4.87	498	167
	250×250	*244	252	11	11	13	81.31	63.8	1.45	8 700	2 940	10.3	6.01	713	233
		250	250	9	14	13	91.43	71.8	1.46	10 700	3 650	10.8	6.31	860	292
		*250	255	14	14	13	103.9	81.6	1.47	11 400	3 880	10.5	6.10	912	304

（续表）

类别	型号（高度×宽度）/(mm×mm)	截面尺寸/mm					截面面积/cm^2	理论质量/(kg/m)	表面积/(m^2/m)	惯性矩/cm^4		回转半径/cm		截面模量/cm^3	
		H	B	t_1	t_2	r				I_x	I_y	i_x	i_y	W_{ex}	W_{ey}
HW	300×300	* 294	302	12	12	13	106.3	83.5	1.75	16 600	5 510	12.5	7.2	1 130	365
		300	300	10	15	13	118.5	93	1.76	20 200	6 750	13.1	7.55	1 350	450
		* 300	305	15	15	13	133.5	105	1.77	21 300	7 100	12.6	7.29	1 420	466
	350×350	* 338	351	13	13	13	133.3	105	2.03	27 700	9 380	14.4	8.38	1 640	534
		* 344	348	10	16	13	144	113	2.04	32 800	11 200	15.1	8.83	1 910	646
		* 344	354	16	16	13	164.7	129	2.05	34 900	11 800	14.6	8.48	2 030	669
		350	350	12	19	13	171.9	135	2.05	39 800	13 600	15.2	8.88	2 280	776
		* 350	357	19	19	13	196.4	154	2.07	42 300	14 400	14.7	8.57	2 420	808
	400×400	* 388	402	15	15	22	178.5	140	2.32	49 000	16 300	16.6	9.54	2 520	809
		* 394	398	11	18	22	186.8	147	2.32	56 100	18 900	17.3	10.1	2 850	951
		* 394	405	18	18	22	214.4	168	2.33	59 700	20 000	16.7	9.64	3 030	985
		400	400	13	21	22	218.7	172	2.34	66 600	22 400	17.5	10.1	3 330	1 120
		* 400	408	21	21	22	250.7	197	2.35	70 900	23 800	16.8	9.74	3 540	1 170
		* 414	405	18	28	22	295.4	232	2.37	92 800	31 000	17.7	10.2	4 480	1 530
		* 428	407	20	35	22	360.7	283	2.41	119 000	39 400	18.2	10.4	5 570	1 930
		* 458	417	30	50	22	528.6	415	2.49	187 000	60 500	18.8	10.7	8 170	2 900
		* 498	432	45	70	22	770.1	604	2.6	298 000	94 400	19.7	11.1	12 000	4 370
	500×500	* 492	465	15	20	22	258	202	2.78	117 000	33 500	21.3	11.4	4 770	1 440
		* 502	465	15	25	22	304.5	239	2.8	146 000	41 900	21.9	11.7	5 810	1 800
		* 502	470	20	25	22	329.6	259	2.81	151 000	43 300	21.4	11.5	6 020	1 840
HM	150×100	148	100	6	9	8	26.34	20.7	0.67	1 000	150	6.16	2.38	135	30.1
	200×150	194	150	6	9	8	38.1	29.9	0.962	2 630	507	8.3	3.64	271	67.6
	250×175	244	175	7	11	13	55.49	43.6	1.15	6 040	984	10.4	4.21	495	112
	300×200	294	200	8	12	13	71.05	55.8	1.35	11 100	1 600	12.5	4.74	756	160
		* 298	201	9	14	13	82.03	64.4	1.36	13 100	1 900	12.6	4.8	878	189
	350×250	340	250	9	14	13	99.53	78.1	1.64	21 200	3 650	14.6	6.05	1 250	292
	400×300	390	300	10	16	13	133.3	105	1.94	37 900	7 200	16.9	7.35	1 940	480
	450×300	440	300	11	18	13	153.9	121	2.04	54 700	8 110	18.9	7.25	2 490	540
	500×300	* 482	300	11	15	13	141.2	111	2.12	58 300	6 760	20.3	6.91	2 420	450
		488	300	11	18	13	159.2	125	2.13	68 900	8 110	20.8	7.13	2 820	540
	550×300	* 544	300	11	15	13	148	116	2.24	76 400	6 760	22.7	6.75	2 810	450
		* 550	300	11	18	13	166	130	2.26	89 800	8 110	23.3	6.98	3 270	540
	600×300	* 582	300	12	17	13	169.2	133	2.32	98 900	7 660	24.2	6.72	3 400	511
		588	300	12	20	13	187.2	147	2.33	114 000	9 010	24.7	6.93	3 890	601
		* 594	302	14	23	13	217.1	170	2.35	134 000	10 600	24.8	6.97	4 500	700

（续表）

类别	型号（高度×宽度）/(mm×mm)	截面尺寸/mm					截面面积 /cm²	理论质量/(kg/m)	表面积/(m²/m)	惯性矩 /cm⁴		回转半径 /cm		截面模量 /cm³	
		H	B	t_1	t_2	r				I_x	I_y	i_x	i_y	W_{ex}	W_{ey}
HN	* 100×50	100	50	5	7	8	11.84	9.3	0.376	187	14.8	3.97	1.11	37.5	5.91
	* 125×60	125	60	6	8	8	16.68	13.1	0.464	409	29.1	4.95	1.32	65.4	9.71
	150×75	150	75	5	7	8	17.84	14	0.576	666	49.5	6.1	1.66	88.8	13.2
	175×90	175	90	5	8	8	22.89	18	0.686	1 210	97.5	7.25	2.06	138	21.7
	200×100	* 198	99	4.5	7	8	22.68	17.8	0.769	1 540	113	8.24	2.23	156	22.9
		200	100	5.5	8	8	26.66	20.9	0.775	1 810	134	8.22	2.23	181	26.7
	250×125	* 248	124	5	8	8	31.98	25.1	0.968	3 450	255	10.4	2.82	278	41.1
		250	125	6	9	8	36.96	29	0.974	3 960	294	10.4	2.81	317	47
	300×150	* 298	149	5.5	8	13	40.8	32	1.16	6 320	442	12.4	3.29	424	59.3
		300	150	6.5	9	13	46.78	36.7	1.16	7 210	508	12.4	3.29	481	67.7
	350×175	* 346	174	6	9	13	52.45	41.2	1.35	11 000	791	14.5	3.88	638	91
		350	175	7	11	13	62.91	49.4	1.36	13 500	984	14.6	3.95	771	112
	400×150	400	150	8	13	13	70.37	55.2	1.36	18 600	734	16.3	3.22	929	97.8
	400×200	* 396	199	7	11	13	71.41	56.1	1.55	19 800	1 450	16.6	4.5	999	145
		400	200	8	13	13	83.37	65.4	1.56	23 500	1 740	16.8	4.56	1 170	174
	450×150	* 446	150	7	12	13	66.99	52.6	1.46	22 000	677	18.1	3.17	985	90.3
		450	151	8	14	13	77.49	60.8	1.47	25 700	806	18.2	3.22	1 140	107
	450×200	* 446	199	8	12	13	82.97	65.1	1.65	28 100	1 580	18.4	4.36	1 260	159
		450	200	9	14	13	95.43	74.9	1.66	32 900	1 870	18.6	4.42	1 460	187
	475×150	* 470	150	7	13	13	71.53	56.2	1.5	26 200	733	19.1	3.2	1 110	97.8
		* 475	151.5	8.5	15.5	13	86.15	67.6	1.52	31 700	901	19.2	3.23	1 330	119
		482	153.5	10.5	19	13	106.4	83.5	1.53	39 600	1 150	19.3	3.28	1 640	150
	500×150	* 492	150	7	12	13	70.21	55.1	1.55	27 500	677	19.8	3.1	1 120	90.3
		* 500	152	9	16	13	92.21	72.4	1.57	37 000	940	20	3.19	1 480	124
		504	153	10	18	13	103.3	81.1	1.58	41 900	1 080	20.1	3.23	1 660	141
	500×200	* 496	199	9	14	13	99.29	77.9	1.75	40 800	1 840	20.3	4.3	1 650	185
		500	200	10	16	13	112.3	88.1	1.76	46 800	2 140	20.4	4.36	1 870	214
		* 506	201	11	19	13	129.3	102	1.77	55 500	2 580	20.7	4.46	2 190	257
	550×200	* 546	199	9	14	13	103.8	81.5	1.85	50 800	1 840	22.1	4.21	1 860	185
		550	200	10	16	13	117.3	92	1.86	58 200	2 140	22.3	4.27	2 120	214
	600×200	* 596	199	10	15	13	117.8	92.4	1.95	66 600	1 980	23.8	4.09	2 240	199
		600	200	11	17	13	131.7	103	1.96	75 600	2 270	24	4.15	2 520	227
		* 606	201	12	20	13	149.8	118	1.97	88 300	2 720	24.3	4.25	2 910	270
	625×200	* 625	198.5	13.5	17.5	13	150.6	118	1.99	88 500	2 300	24.2	3.9	2 830	231
		630	200	15	20	13	170	133	2.01	101 000	2 690	24.4	3.97	3 220	268
		* 638	202	17	24	13	198.7	156	2.03	122 000	3 320	24.8	4.09	3 820	329

（续表）

类别	型号（高度×宽度）/(mm×mm)	截面尺寸/mm					截面面积/cm²	理论质量/(kg/m)	表面积/(m²/m)	惯性矩/cm⁴		回转半径/cm		截面模量/cm³	
		H	B	t_1	t_2	r				I_x	I_y	i_x	i_y	W_{ex}	W_{ey}
HN	650×300	* 646	299	12	18	18	183.6	144	2.43	131 000	8 030	26.7	6.61	4 080	537
		* 650	300	13	20	18	202.1	159	2.44	146 000	9 010	26.9	6.67	4 500	601
		* 654	301	14	22	18	220.6	173	2.45	161 000	10 000	27.4	6.81	4 930	666
	700×300	* 692	300	13	20	18	207.5	163	2.53	168 000	9 020	28.5	6.59	4 870	601
		700	300	13	24	18	231.5	182	2.54	197 000	10 800	29.2	6.83	5 640	721
	750×300	* 734	299	12	16	18	182.7	143	2.61	161 000	7 140	29.7	6.25	4 390	478
		* 742	300	13	20	18	214	168	2.63	197 000	9 020	30.4	6.49	5 320	601
		* 750	300	13	24	18	238	187	2.64	231 000	10 800	31.1	6.74	6 150	721
		* 758	303	16	28	18	248.8	224	2.67	276 000	13 000	31.1	6.75	7 270	859
	800×300	* 792	300	14	22	18	239.5	188	2.73	1 248 000	9 920	32.2	6.43	6 270	661
		800	300	14	26	18	263.5	207	2.74	286 000	11 700	33	6.66	7 160	781
	850×300	* 834	298	14	19	18	227.5	179	2.8	251 000	8 400	33.2	6.07	6 020	564
		* 842	299	15	23	18	259.7	204	2.82	298 000	10 300	33.9	6.28	7 080	687
		* 850	300	16	27	18	292.1	229	2.84	346 000	12 200	34.4	6.45	8 140	812
		* 858	301	17	31	18	324.7	255	2.86	395 000	14 100	34.9	6.59	9 210	939
	900×300	* 890	299	15	23	18	266.9	210	2.92	339 000	10 300	35.6	6.2	7 610	687
		900	300	16	28	18	305.8	240	2.94	404 000	12 600	36.4	6.42	8 990	842
		* 912	302	18	34	18	360.1	283	2.97	491 000	15 700	36.9	6.59	10 800	1 040
	1 000×300	* 970	297	16	21	18	276	217	3.07	393 000	9 210	37.8	5.77	8 110	620
		* 980	298	17	26	18	315.5	248	3.09	472 000	11 500	38.7	6.04	9 630	772
		* 990	298	17	31	18	345.3	271	3.11	544 000	13 700	39.7	6.3	11 000	921
		* 1000	300	19	36	18	395.1	310	3.13	634 000	16 300	40.1	6.41	12 700	1 080
		* 1008	302	21	40	18	439.3	345	3.15	712 000	18 400	40.3	6.47	14 100	1 220
HT	100×50	95	48	3.2	4.5	8	7.62	5.98	0.362	115	8.39	3.88	1.04	24.2	3.49
		97	49	4	5.5	8	9.37	7.36	0.368	143	10.9	3.91	1.07	29.6	4.45
	100×100	96	99	4.5	6	8	16.2	12.7	0.565	272	97.2	4.09	2.44	56.7	19.6
	125×60	118	58	3.2	4.5	8	9.25	7.26	0.448	218	14.7	4.85	1.26	37	5.08
		120	59	4	5.5	8	11.39	8.94	0.454	271	19	4.87	1.29	45.2	6.43
	125×125	119	123	4.5	6	8	20.12	15.8	0.707	532	186	5.14	3.04	89.5	30.3
	150×75	145	73	3.2	4.5	8	11.47	9	0.562	416	29.3	6.01	1.59	57.3	8.02
		147	74	4	5.5	8	14.12	11.1	0.568	516	37.3	6.04	1.62	70.2	10.1
	150×100	139	97	3.2	4.5	8	13.43	10.6	0.646	476	68.6	5.94	2.25	68.4	14.1
		142	99	4.5	6	8	18.27	14.3	0.657	654	97.2	5.98	2.3	92.1	19.6
	150×150	144	148	5	7	8	27.76	21.8	0.856	1 090	378	6.25	3.69	151	51.1
		147	149	6	8.5	8	33.67	26.4	0.864	1 350	469	6.32	3.73	183	63

（续表）

类别	型号（高度×宽度）/(mm×mm)	截面尺寸/mm					截面面积/cm²	理论质量/(kg/m)	表面积/(m²/m)	惯性矩/cm⁴		回转半径/cm		截面模量/cm³	
		H	B	t_1	t_2	r				I_x	I_y	i_x	i_y	W_{ex}	W_{ey}
HT	175×90	168	88	3.2	4.5	8	13.55	10.6	0.668	670	51.2	7.02	1.94	79.7	11.6
		171	89	4	6	8	17.58	13.8	0.676	894	70.7	7.13	2	105	15.9
	175×175	167	173	5	7	13	33.32	26.2	0.994	1 780	605	7.3	4.26	213	69.9
		172	175	6.5	9.5	13	44.64	35	1.01	2 470	850	7.43	4.36	287	97.1
	200×100	193	98	3.2	4.5	8	15.25	12	0.758	994	70.7	8.07	2.15	103	14.4
		196	99	4	6	8	19.78	15.5	0.766	1 320	97.2	8.18	2.21	135	19.6
	200×150	188	149	4.5	6	8	26.34	20.7	0.949	1 730	331	8.09	3.54	184	44.4
	200×200	192	198	6	8	13	43.69	34.3	1.14	3 060	1 040	8.37	4.86	319	105
	250×125	244	124	4.5	6	8	25.86	20.3	0.961	2 650	191	10.1	2.71	217	30.8
	250×175	238	173	4.5	8	13	39.12	30.7	1.14	4 240	691	10.4	4.2	356	79.9
	300×150	294	148	4.5	6	13	31.9	25	1.15	4 800	325	12.3	3.19	327	43.9
	300×200	286	198	6	8	13	49.33	38.7	1.33	7 360	1 040	12.2	4.58	515	105
	350×175	340	173	4.5	6	13	36.97	29	1.34	7 490	518	14.2	3.74	441	59.9
	400×150	390	148	6	8	13	47.57	37.3	1.34	11 700	434	15.7	3.01	602	58.6
	400×200	390	198	6	8	13	55.57	43.6	1.54	14 700	1 040	16.2	4.31	752	105

注：1. 同一型号的产品，其内侧尺寸高度一致；
2. 截面面积计算公式为 $t_1(H-2t_2)+2Bt_2+0.858r^2$；
3. “＊”表示的规格为市场非常用规格。

附表 7　剖分 T 型钢（GB/T 11263—2017）

类别	型号（高度×宽度）/(mm×mm)	截面尺寸/mm					截面面积/cm²	理论质量/(kg/m)	表面积/(m²/m)	惯性矩/cm⁴		回转半径/cm		截面模量/cm³		重心 C_x/cm	对应 H 型钢系列型号
		h	B	t_1	t_2	r				I_x	I_y	i_x	i_y	W_{ex}	W_{ey}		
TW	50×100	50	100	6	8	8	10.79	8.47	0.293	16.1	66.8	1.22	2.48	4.02	13.4	1.00	100×100
	62.5×125	62.5	125	6.5	9	8	15	11.8	0.368	35	147	1.52	3.12	6.91	23.5	11.90	125×125
	75×150	75	150	7	10	8	19.82	15.6	0.443	66.4	282	1.82	3.76	10.8	37.5	1.37	150×150
	87.5×175	87.5	175	7.5	11	13	25.71	20.2	0.514	115	492	2.11	4.37	15.9	56.2	1.55	175×175
	100×200	100	200	8	12	13	31.76	24.9	0.589	184	801	2.4	5.02	22.3	80.1	1.73	200×200
		100	204	12	12	13	35.76	28.1	0.597	256	851	2.67	4.87	32.4	83.4	2.09	
	125×250	125	250	9	14	13	45.71	35.9	0.739	412	1 820	3.00	6.31	39.5	146	2.08	250×250
		125	255	14	14	13	51.96	40.8	0.749	589	1 940	3.36	6.1	59.4	152	2.58	
	150×300	147	302	12	12	13	53.16	41.7	0.887	857	2 760	4.01	7.2	72.3	183	2.85	300×300
		150	300	10	15	13	59.22	46.5	0.889	798	3 380	3.67	7.55	63.7	225	2.47	
		150	305	15	15	13	66.72	52.4	0.899	1 110	3 550	4.07	7.29	92.5	233	3.04	

（续表）

类别	型号（高度×宽度）/(mm×mm)	截面尺寸/mm					截面面积/cm^2	理论质量/(kg/m)	表面积/(m^2/m)	惯性矩/cm^4		回转半径/cm		截面模量/cm^3		重心 C_x/cm	对应H型钢系列型号
		h	B	t_1	t_2	r				I_x	I_y	i_x	i_y	W_{ex}	W_{ey}		
TW	175×350	172	348	10	16	13	72	56.5	1.03	1 230	5 620	4.13	8.83	84.7	323	2.67	350×350
		175	350	12	19	13	85.94	67.5	1.04	1 520	6 790	4.2	8.88	104	388	2.87	
	200×400	194	402	15	15	22	89.22	70	1.17	2 480	8 130	5.27	9.54	158	404	3.7	400×400
		197	398	11	18	22	93.4	73.3	1.17	2 050	9 460	4.67	10.1	123	475	3.01	
		200	400	13	21	22	109.3	85.8	1.18	2 480	11 200	4.75	10.1	147	560	3.21	
		200	408	21	21	22	125.3	98.4	1.2	3 650	11 900	5.39	9.74	229	584	4.07	
		207	405	18	28	22	147.7	116	1.21	3 620	15 500	4.95	10.2	213	766	3.68	
		214	407	20	35	22	180.3	142	1.22	4 380	19 700	4.92	10.4	250	967	3.9	
TM	75×100	74	100	6	9	8	13.17	10.3	0.341	51.7	75.2	1.98	2.38	8.84	15	1.56	150×100
	100×150	97	150	6	9	8	19.05	15	0.487	124	253	2.55	3.64	15.8	33.8	1.8	200×150
	125×175	122	175	7	11	13	27.74	21.8	0.583	288	492	3.22	4.21	29.1	56.2	2.28	250×175
	150×200	147	200	8	12	13	35.52	27.9	0.683	571	801	4	4.74	48.2	80.1	2.85	300×200
		149	201	9	14	13	41.01	32.2	0.689	661	949	4.01	4.8	55.2	94.4	2.92	
	175×250	170	250	9	14	13	49.76	39.1	0.829	1 020	1 820	4.51	6.05	73.2	146	3.11	350×250
	200×300	195	300	10	16	13	66.62	52.3	0.979	1 730	3 600	5.09	7.35	108	240	3.43	400×300
	225×300	220	300	11	18	13	76.94	60.4	1.03	2 680	4 050	5.89	7.25	150	270	4.09	450×300
	250×300	241	300	11	15	13	70.58	55.4	1.07	3 400	3 380	6.93	6.91	178	225	5	500×300
		244	300	11	18	13	79.58	62.5	1.08	3 610	4 050	6.73	7.13	184	270	4.72	
	275×300	272	300	11	15	13	73.99	58.1	1.13	4 790	3 380	8.04	6.75	225	225	5.96	550×300
		275	300	11	18	13	82.99	65.2	1.14	5 090	4 050	7.82	6.98	232	270	5.59	
	300×300	291	300	12	17	13	84.6	66.4	1.17	6 320	3 830	8.64	6.72	280	255	6.51	600×300
		294	300	12	20	13	93.6	73.5	1.18	6 680	4 500	8.44	6.93	288	300	6.17	
		297	302	14	23	13	108.5	85.2	1.19	7 890	5 290	8.52	6.97	339	350	6.41	
TN	50×50	50	50	5	7	8	5.92	4.65	0.193	11.8	7.39	1.41	1.11	3.18	2.95	1.28	100×50
	62.5×60	62.5	60	6	8	8	8.34	6.55	0.238	27.5	14.6	1.81	1.32	5.96	4.85	1.64	125×60
	75×75	75	75	5	7	8	8.92	7	0.293	42.6	24.7	2.18	1.66	7.46	6.59	1.79	150×75
	87.5×90	85.5	89	4	6	8	8.79	6.9	0.342	53.7	35.3	2.47	2	8.02	7.94	1.86	175×90
		87.5	90	5	8	8	11.44	8.98	0.348	70.6	48.7	2.48	2.06	10.4	10.8	1.93	
	100×100	99	99	4.5	7	8	11.34	8.9	0.389	93.5	56.7	2.87	2.23	12.1	11.5	2.17	200×100
		100	100	5.5	8	8	13.33	10.5	0.393	114	66.9	2.92	2.23	14.8	13.4	2.31	
	125×125	124	124	5	8	8	15.99	12.6	0.489	207	127	3.59	2.82	21.3	20.5	2.66	250×125
		125	125	6	9	8	18.48	14.5	0.493	248	147	3.66	2.81	25.6	23.5	2.81	
	150×150	149	149	5.5	8	13	20.4	16	0.58	393	221	4.39	3.29	33.8	29.7	3.26	300×150
		150	150	6.5	9	13	23.39	18.4	0.589	464	254	4.45	3.29	40	33.8	3.41	

（续表）

类别	型号（高度×宽度）/(mm×mm)	截面尺寸/mm					截面面积/cm^2	理论质量/(kg/m)	表面积/(m^2/m)	惯性矩/cm^4		回转半径/cm		截面模量/cm^3		重心 C_x/cm	对应H型钢系列型号
		h	B	t_1	t_2	r				I_x	I_y	i_x	i_y	W_{ex}	W_{ey}		
TN	175×175	173	174	6	9	13	26.22	20.6	0.683	679	396	5.08	3.88	50	45.5	3.72	350×175
		175	175	7	11	13	31.45	24.7	0.689	814	492	5.08	3.95	59.3	56.2	3.76	
	200×200	198	199	7	11	13	35.7	28	0.783	1 190	723	5.77	4.5	76.4	72.7	4.2	400×200
		200	200	8	13	13	41.68	32.7	0.789	1 390	868	5.78	4.56	88.6	86.8	4.26	
	225×150	223	150	7	12	13	33.49	26.3	0.735	1 570	338	6.84	3.17	93.7	45.1	5.54	450×150
		225	151	8	14	13	38.74	30.4	0.741	1 830	403	6.87	3.22	108	53.4	5.62	
	225×200	223	199	8	12	13	41.48	32.6	0.833	1 870	789	6.71	4.36	109	79.3	5.15	450×200
		225	200	9	14	13	47.71	37.5	0.839	2 150	935	6.71	4.42	124	93.5	5.19	
	237.5×150	235	150	7	13	13	35.76	28.1	0.759	1 850	367	7.18	3.2	104	48.9	7.5	475×150
		237.5	151.5	8.5	15.5	13	43.07	33.8	0.767	2 270	451	7.25	3.23	128	59.5	7.57	
		241	153.5	10.5	19	13	53.2	41.8	0.778	2 860	575	7.33	3.28	160	75	7.67	
	250×150	246	150	7	12	13	35.1	27.6	0.781	2 060	339	7.66	3.1	113	45.1	6.36	500×150
		250	152	9	16	13	46.1	36.2	0.793	2 750	470	7.71	3.19	149	61.9	6.53	
		252	153	10	18	13	51.66	40.6	0.799	3 100	540	7.74	3.23	167	70.5	6.62	
	250×200	248	199	9	14	13	49.64	39	0.883	2 820	921	7.54	4.3	150	92.6	5.97	500×200
		250	200	10	16	13	56.12	44.1	0.889	3 200	1 070	7.54	4.36	169	107	6.03	
		253	201	11	19	13	64.65	50.8	0.897	3 660	1 290	7.52	4.46	189	128	6	
	275×200	273	199	9	14	13	51.89	40.7	0.933	3 690	921	8.43	4.21	180	92.6	6.85	550×200
		275	200	10	16	13	58.62	46	0.939	4 180	1 070	8.44	4.27	203	107	6.89	
	300×200	298	199	10	15	13	58.87	46.2	0.983	5 150	988	9.35	4.09	235	99.3	7.92	600×200
		300	200	11	17	13	65.85	51.7	0.989	5 770	1 140	9.35	4.15	262	114	7.95	
		303	201	12	20	13	74.88	58.8	0.997	6 530	1 360	9.33	4.25	291	135	7.88	
	312.5×200	312.5	198.5	13.5	17.5	13	75.28	59.1	1.01	7 460	1 150	9.95	3.9	338	116	9.15	625×200
		315	200	15	20	13	84.97	66.7	1.02	8 470	1 340	9.98	3.97	380	134	9.21	
		319	202	17	24	13	99.35	78	1.03	9 960	1 160	10	4.08	440	165	9.26	
	325×300	323	299	12	18	18	91.81	72.1	1.23	8 570	4 020	9.66	6.61	344	269	7.36	650×300
		325	300	13	20	18	101	79.3	1.23	9 430	4 510	9.66	6.67	376	300	7.4	
		327	301	14	22	18	110.3	86.59	1.24	10 300	5 010	9.66	6.73	408	333	7.45	
	350×300	346	300	13	20	18	103.8	81.5	1.28	11 300	4 510	10.4	6.59	424	301	8.09	700×300
		350	300	13	24	18	115.8	90.9	1.28	12 000	5 410	10.2	6.83	438	361	7.63	
	400×300	396	300	14	22	18	119.8	94	1.38	17 600	4 960	12.1	6.43	592	331	9.78	800×300
		400	300	14	26	18	131.8	103	1.38	18 700	5 860	11.9	6.66	610	391	9.27	
	450×300	445	299	15	23	18	133.5	105	1.47	25 900	5 140	13.9	6.2	789	344	11.7	900×300
		450	300	16	28	18	152.9	120	1.48	29 100	6 320	13.8	6.42	865	421	11.4	
		456	302	18	34	18	180	141	1.5	34 100	7 830	13.8	6.59	997	518	11.3	

附表 8　等肢角钢(GB/T 706—2016)

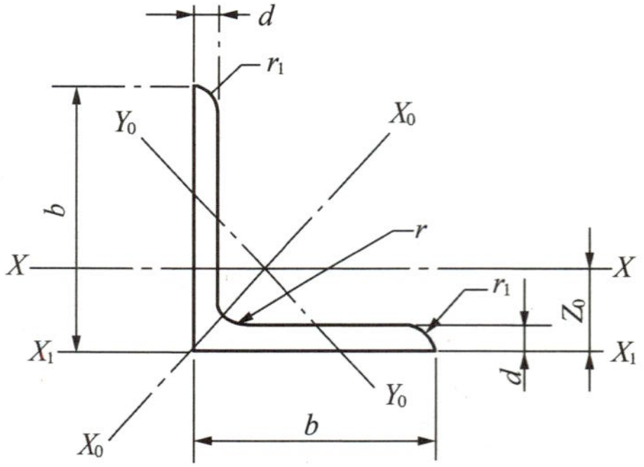

b——肢宽度；

d——肢厚度；

r——内圆弧半径；

r_1——肢端圆弧半径$\left(r_1=\frac{d}{3}\right)$；

Z_0——重心距离。

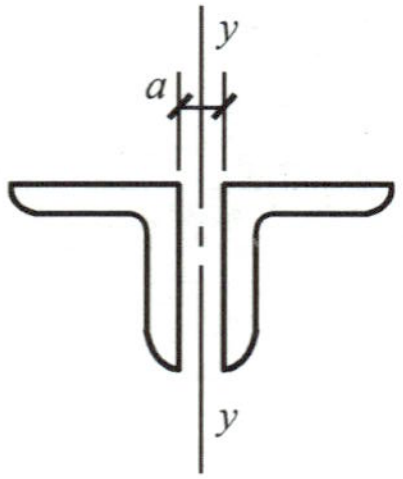

型号	截面尺寸/mm			截面面积/cm^2	理论质量/(kg/m)	外表面积/(m^2/m)	惯性矩/cm^4				回转半径/cm			截面模量/cm^3			重心距离/cm	i_y(cm)，当 a 为下列数值			
	b	d	r				I_x	I_{x1}	I_{x0}	I_{y0}	i_x	i_{x0}	i_{y0}	W_{ex}	W_{ex0}	W_{ey0}	Z_0	6 mm	8 mm	10 mm	12 mm
2	20	3	3.5	1.132	0.889	0.078	0.4	0.81	0.63	0.17	0.59	0.75	0.39	0.29	0.45	0.2	0.6	1.08	1.16	1.25	1.34
		4		1.459	1.145	0.077	0.5	1.09	0.78	0.22	0.58	0.73	0.38	0.36	0.55	0.24	0.64	1.11	1.19	1.28	1.37
2.5	25	3		1.432	1.124	0.098	0.82	1.57	1.29	0.34	0.76	0.95	0.49	0.46	0.73	0.33	0.73	1.28	1.36	1.44	1.53
		4		1.859	1.459	0.097	1.03	2.11	1.62	0.43	0.74	0.93	0.48	0.59	0.92	0.4	0.76	1.3	1.38	1.46	1.55
3	30	3	4.5	1.749	1.373	0.117	1.46	2.71	2.31	0.61	0.91	1.15	0.59	0.68	1.09	0.51	0.85	1.47	1.55	1.63	1.71
		4		2.276	1.786	0.117	1.84	3.63	2.92	0.77	0.9	1.13	0.58	0.87	1.37	0.62	0.89	1.49	1.57	1.66	1.74
3.6	36	3		2.109	1.656	0.141	2.58	4.68	4.09	1.07	1.11	1.39	0.71	0.99	1.61	0.76	1	1.71	1.75	1.86	1.95
		4		2.756	2.163	0.141	3.29	6.25	5.22	1.37	1.09	1.38	0.7	1.28	2.05	0.93	1.04	1.73	1.81	1.89	1.97
		5		3.382	2.654	0.141	3.95	7.84	6.24	1.65	1.08	1.36	0.7	1.56	2.45	1	1.07	1.74	1.82	1.91	1.99
4	40	3	5	2.359	1.852	0.157	3.59	6.41	5.69	1.49	1.23	1.55	0.79	1.23	2.01	0.96	1.09	1.85	1.93	2.01	2.09
		4		3.086	2.422	0.157	4.6	8.56	7.29	1.91	1.22	1.54	0.79	1.6	2.58	1.19	1.13	1.88	1.96	2.04	2.12
		5		3.791	2.976	0.156	5.53	10.74	8.76	2.3	1.21	1.52	0.78	1.96	3.1	1.39	1.17	1.9	1.98	2.06	2.14

（续表）

型号	截面尺寸/mm			截面面积/cm^2	理论质量/(kg/m)	外表面积/(m^2/m)	惯性矩/cm^4				回转半径/cm			截面模量/cm^3			重心距离/cm	i_y(cm)，当 a 为下列数值			
	b	d	r				I_x	I_{x1}	I_{x0}	I_{y0}	i_x	i_{x0}	i_{y0}	W_{ex}	W_{ex0}	W_{ey0}	Z_0	6 mm	8 mm	10 mm	12 mm
4.5	45	3	5	2.659	2.088	0.177	5.17	9.12	8.2	2.14	1.4	1.76	0.89	1.58	2.58	1.24	1.22	2.06	2.14	2.21	2.29
		4		3.486	2.736	0.177	6.65	12.18	10.56	2.75	1.38	1.74	0.89	2.05	3.32	1.54	1.26	2.08	2.16	2.24	2.32
		5		4.292	3.369	0.176	8.04	15.2	12.74	3.33	1.37	1.72	0.88	2.51	4	1.81	1.3	2.11	2.18	2.26	2.34
		6		5.076	3.985	0.176	9.33	18.36	14.76	3.89	1.36	1.7	0.8	2.95	4.64	2.06	1.33	2.12	2.2	2.28	2.36
5	50	3	5.5	2.971	2.332	0.197	7.18	12.5	11.37	2.98	1.55	1.96	1	1.96	3.22	1.57	1.34	2.26	2.33	2.41	2.49
		4		3.897	3.059	0.197	9.26	16.69	14.7	3.82	1.54	1.94	0.99	2.56	4.16	1.96	1.38	2.28	2.35	2.43	2.51
		5		4.803	3.77	0.196	11.21	20.9	17.79	4.64	1.53	1.92	0.98	3.13	5.03	2.31	1.42	2.3	2.38	2.45	2.53
		6		5.688	4.465	0.196	13.05	25.14	20.68	5.42	1.52	1.91	0.98	3.68	5.85	2.63	1.46	2.32	2.4	2.48	2.56
5.6	56	3	6	3.343	2.624	0.221	10.19	17.56	16.14	4.24	1.75	2.2	1.13	2.48	4.08	2.02	1.48	2.49	2.57	2.64	2.71
		4		4.39	3.446	0.22	13.18	23.43	20.92	5.46	1.73	2.18	1.11	3.24	5.28	2.52	1.53	2.52	2.59	2.67	2.75
		5		5.415	4.251	0.22	16.02	29.33	25.42	6.61	1.72	2.17	1.1	3.97	6.42	2.98	1.57	2.54	2.62	2.69	2.77
		6		6.42	5.04	0.22	18.69	35.26	29.66	7.73	1.71	2.15	1.1	4.68	7.49	3.4	1.61	—	—	—	—
		7		7.404	5.812	0.219	21.23	41.23	33.63	8.82	1.69	2.13	1.09	5.36	8.49	3.8	1.64	—	—	—	—
		8		8.367	6.568	0.219	23.63	47.24	37.37	9.89	1.68	2.11	1.09	6.03	9.44	4.16	1.68	2.6	2.67	2.75	2.83
6	60	5	6.5	5.829	4.576	0.236	19.89	36.05	31.57	8.21	1.85	2.33	1.19	4.59	7.44	3.48	1.67	—	—	—	—
		6		6.914	5.427	0.235	23.25	43.33	36.89	9.6	1.83	2.31	1.18	5.41	8.7	3.98	1.7	—	—	—	—
		7		7.977	6.262	0.235	26.44	50.65	41.92	10.96	1.82	2.29	1.17	6.21	9.88	4.45	1.74	—	—	—	—
		8		9.02	7.081	0.235	29.47	58.02	46.66	12.28	1.81	2.27	1.17	6.98	11	4.88	1.78	—	—	—	—
6.3	63	4	7	4.978	3.907	0.248	19.03	33.35	30.17	7.89	1.96	2.46	1.26	4.13	6.78	3.29	1.7	2.8	2.87	2.94	3.02
		5		6.143	4.822	0.248	23.17	41.73	36.77	9.57	1.94	2.45	1.25	5.08	8.25	3.9	1.74	2.82	2.89	2.97	3.04
		6		7.288	5.721	0.247	27.12	50.14	43.03	11.2	1.93	2.43	1.24	6	9.66	4.46	1.78	2.84	2.91	2.99	3.06
		7		8.412	6.603	0.247	30.87	58.6	48.96	12.79	1.92	2.41	1.23	6.88	10.99	4.98	1.82	—	—	—	—
		8		9.515	7.469	0.247	34.46	67.11	54.56	14.33	1.9	2.4	1.23	7.75	12.25	5.47	1.85	2.87	2.95	3.02	3.1
		10		11.657	9.151	0.246	41.09	84.31	64.85	17.33	1.88	2.36	1.22	9.39	14.56	6.36	1.93	2.91	2.99	3.07	3.15

（续表）

型号	截面尺寸/mm			截面面积/cm^2	理论质量/(kg/m)	外表面积/(m^2/m)	惯性矩/cm^4				回转半径/cm			截面模量/cm^3			重心距离/cm	i_y(cm)，当 a 为下列数值			
	b	d	r				I_x	I_{x1}	I_{x0}	I_{y0}	i_x	i_{x0}	i_{y0}	W_{ex}	W_{ex0}	W_{ey0}	Z_0	6 mm	8 mm	10 mm	12 mm
7	70	4	8	5.57	4.372	0.275	26.39	45.74	41.8	10.99	2.18	2.74	1.4	5.14	8.44	4.17	1.86	3.07	3.14	3.21	3.28
		5		6.875	5.397	0.275	32.21	57.21	51.08	13.31	2.16	2.73	1.39	6.32	10.32	4.95	1.91	3.09	3.17	3.24	3.31
		6		8.16	6.406	0.275	37.77	68.73	59.93	15.61	2.15	2.71	1.38	7.48	12.11	5.67	1.95	3.11	3.19	3.26	3.34
		7		9.424	7.398	0.275	43.09	80.29	68.35	17.82	2.14	2.69	1.38	8.59	13.81	6.34	1.99	3.13	3.21	3.28	3.36
		8		10.667	8.373	0.274	48.17	91.92	76.37	19.98	2.12	2.68	1.37	9.68	15.43	6.98	2.03	3.15	3.23	3.30	3.38
7.5	75	5	9	7.412	5.818	0.295	39.97	70.56	63.3	16.63	2.33	2.92	1.5	7.32	11.94	5.77	2.04	3.3	3.37	3.45	3.52
		6		8.797	6.905	0.294	46.95	84.55	74.38	19.51	2.31	2.9	1.49	8.64	14.02	6.67	2.07	3.31	3.38	3.46	3.53
		7		10.16	7.976	0.294	53.57	98.71	84.96	22.18	2.3	2.89	1.48	9.93	16.02	7.44	2.11	3.33	3.4	3.48	3.55
		8		11.503	9.03	0.294	59.96	112.97	95.07	24.86	2.28	2.88	1.47	11.2	17.93	8.19	2.15	3.35	3.42	3.5	3.57
		9		12.825	10.068	0.294	66.1	127.3	104.71	27.48	2.27	2.86	1.46	12.43	19.75	8.89	2.18	—	—	—	—
		10		14.126	11.089	0.293	71.98	141.71	113.92	30.05	2.26	2.84	1.46	13.64	21.48	9.56	2.22	3.38	3.46	3.53	3.61
8	80	5		7.912	6.211	0.315	48.79	85.36	77.33	20.25	2.48	3.13	1.6	8.34	13.67	6.66	2.15	3.49	3.56	3.63	3.71
		6		9.397	7.376	0.314	57.35	102.5	90.98	23.72	2.47	3.11	1.59	9.87	16.08	7.65	2.19	3.51	3.58	3.65	3.72
		7		10.86	8.525	0.314	65.58	119.7	104.07	27.09	2.46	3.1	1.58	11.37	18.4	8.58	2.23	3.53	3.6	3.67	3.75
		8		12.303	9.658	0.314	73.49	136.97	116.6	30.39	2.44	3.08	1.57	12.83	20.61	9.46	2.27	3.55	3.62	3.69	3.77
		9		13.725	10.774	0.314	81.11	154.31	128.6	33.61	2.43	3.06	1.56	14.25	22.73	10.29	2.31	—	—	—	—
		10		15.126	11.874	0.313	88.43	171.74	140.09	36.77	2.42	3.04	1.56	15.64	24.76	11.08	2.35	3.59	3.66	3.74	3.81
9	90	6	10	10.637	8.35	0.354	82.77	145.87	131.26	34.28	2.79	3.51	1.8	12.61	20.63	9.95	2.44	3.91	3.98	4.05	4.13
		7		12.301	9.656	0.354	94.83	170.3	150.47	39.18	2.78	3.5	1.78	14.54	23.64	11.19	2.48	3.93	4	4.07	4.15
		8		13.944	10.946	0.353	106.47	194.8	168.97	43.97	2.76	3.48	1.78	16.42	26.55	12.35	2.52	3.95	4.02	4.09	4.17
		9		15.566	12.219	0.353	117.72	219.39	186.77	48.66	2.75	3.46	1.77	18.27	29.35	13.46	2.56	—	—	—	—
		10		17.167	13.476	0.353	128.58	244.07	203.90	53.26	2.74	3.45	1.76	20.07	32.04	14.52	2.59	3.98	4.05	4.13	4.2
		12		20.306	15.94	0.352	149.22	293.76	236.21	62.22	2.71	3.41	1.75	23.57	37.12	16.49	2.67	4.02	4.1	4.17	4.25

（续表）

型号	截面尺寸/mm			截面面积/cm²	理论质量/(kg/m)	外表面积/(m²/m)	惯性矩/cm⁴				回转半径/cm			截面模量/cm³			重心距离/cm	i_y(cm)，当 a 为下列数值			
	b	d	r				I_x	I_{x1}	I_{x0}	I_{y0}	i_x	i_{x0}	i_{y0}	W_{ex}	W_{ex0}	W_{ey0}	Z_0	6 mm	8 mm	10 mm	12 mm
10	100	6	12	11.932	9.366	0.393	114.95	200.07	181.98	47.92	3.1	3.9	2	15.68	25.74	12.69	2.67	4.3	4.37	4.44	4.51
		7		13.796	10.83	0.393	131.86	233.54	208.97	54.74	3.09	3.89	1.99	18.1	29.55	14.26	2.71	4.31	4.39	4.46	4.53
		8		15.638	12.276	0.393	148.24	267.09	235.07	61.41	3.08	3.88	1.98	20.47	33.24	15.75	2.76	4.34	4.41	4.48	4.56
		9		17.462	13.708	0.392	164.12	300.73	260.3	67.95	3.07	3.86	1.97	22.79	36.81	17.18	2.8	—	—	—	—
		10		19.261	15.12	0.392	179.51	334.48	284.68	74.35	3.05	3.84	1.96	25.06	40.26	18.54	2.84	4.38	4.45	4.52	4.6
		12		22.8	17.898	0.391	208.9	402.34	330.95	86.84	3.03	3.81	1.95	29.48	46.8	21.08	2.91	4.41	4.49	4.56	4.63
		14		26.256	20.611	0.391	236.53	470.75	374.06	99.00	3	3.77	1.94	33.73	52.9	23.44	2.99	4.45	4.53	4.6	4.68
		16		29.627	23.257	0.39	262.53	539.8	414.16	110.89	2.98	3.74	1.94	37.82	58.57	25.63	3.06	4.49	4.56	4.64	4.72
11	110	7		15.196	11.928	0.433	177.16	310.64	280.94	73.38	3.41	4.3	2.2	22.05	36.12	17.51	2.96	4.72	4.79	4.86	4.92
		8		17.238	13.535	0.433	199.46	355.2	316.49	82.42	3.4	4.28	2.19	24.95	40.69	19.39	3.01	4.75	4.82	4.89	4.96
		10		21.261	16.69	0.432	242.19	444.65	384.39	99.98	3.38	4.25	2.17	30.6	49.42	22.91	3.09	4.78	4.86	4.93	5
		12		25.2	19.782	0.431	282.55	534.6	448.17	116.93	3.35	4.22	2.15	36.05	57.62	26.15	3.16	4.81	4.89	4.96	5.03
		14		29.056	22.809	0.431	320.71	625.16	508.01	133.40	3.32	4.18	2.14	41.31	65.31	29.14	3.24	4.85	4.93	5	5.07
12.5	125	8	14	19.75	15.504	0.492	297.03	521.01	470.89	123.16	3.88	4.88	2.5	32.52	53.28	25.86	3.37	5.34	5.41	5.48	5.55
		10		24.373	19.133	0.491	361.67	651.93	573.89	149.46	3.85	4.85	2.48	39.97	64.93	30.62	3.45	5.38	5.45	5.52	5.59
		12		28.912	22.696	0.491	423.16	783.42	671.44	174.88	3.83	4.82	2.46	41.17	75.96	35.03	3.53	5.41	5.48	5.56	5.63
		14		33.367	26.193	0.49	481.65	915.61	763.73	199.57	3.8	4.78	2.45	54.16	86.41	39.13	3.61	5.45	5.52	5.6	5.67
		16		37.739	29.625	0.489	537.31	1 048.62	850.98	223.65	3.77	4.75	2.43	60.93	96.28	42.96	3.68	—	—	—	—
14	140	10		27.373	21.488	0.551	514.65	915.11	817.27	212.04	4.34	5.46	2.78	50.58	82.56	39.2	3.82	5.98	6.05	6.12	6.19
		12		32.512	25.522	0.551	603.68	1 099.28	958.79	248.57	4.31	5.43	2.76	59.8	96.85	45.02	3.9	6.02	6.09	6.16	6.23
		14		37.567	29.49	0.55	688.81	1 284.22	1 093.56	284.06	4.28	5.4	2.75	68.75	110.47	50.45	3.98	6.05	6.12	6.2	6.27
		16		42.539	33.393	0.549	770.24	1 470.07	1 221.81	318.67	4.26	5.36	2.74	77.46	123.42	55.55	4.06	6.09	6.16	6.24	6.31

（续表）

型号	截面尺寸/mm			截面面积/cm^2	理论质量/(kg/m)	外表面积/(m^2/m)	惯性矩/cm^4				回转半径/cm			截面模量/cm^3			重心距离/cm	i_y(cm)，当 a 为下列数值			
	b	d	r				I_x	I_{x1}	I_{x0}	I_{y0}	i_x	i_{x0}	i_{y0}	W_{ex}	W_{ex0}	W_{ey0}	Z_0	6 mm	8 mm	10 mm	12 mm
15	150	8	14	23.75	18.644	0.592	521.37	899.55	827.49	215.25	4.69	5.9	3.01	47.36	78.02	38.14	3.99	—	—	—	—
		10		29.373	23.058	0.591	637.5	1 125.09	1 012.79	262.21	4.66	5.87	2.99	58.35	95.49	45.51	4.08	—	—	—	—
		12		34.912	27.406	0.591	748.85	1 351.26	1 189.97	307.73	4.63	5.84	2.97	69.04	112.19	52.38	4.15	—	—	—	—
		14		40.367	31.688	0.59	855.64	1 578.25	1 359.3	351.98	4.6	5.8	2.95	79.45	128.16	58.83	4.23	—	—	—	—
		15		43.063	33.804	0.59	907.39	1 692.1	1 441.09	373.69	4.59	5.78	2.95	84.56	135.87	61.9	4.27	—	—	—	—
		16		45.739	35.905	0.589	958.08	1 806.21	1 521.02	395.14	4.58	5.77	2.94	89.59	143.4	64.89	4.31	—	—	—	—
16	160	10	16	31.502	24.729	0.63	779.53	1 365.33	1 237.3	321.76	4.98	6.27	3.2	66.7	109.36	52.76	4.31	6.78	6.85	6.92	6.99
		12		37.441	29.391	0.63	916.58	1 639.57	1 455.68	377.49	4.95	6.24	3.18	78.98	128.67	60.74	4.39	6.82	6.89	6.96	7.02
		14		43.296	33.987	0.629	1 048.36	1 914.68	1 665.02	431.7	4.92	6.2	3.16	90.95	147.17	68.24	4.47	6.85	6.92	6.99	7.07
		16		49.067	38.518	0.629	1 175.08	2 190.82	1 865.57	484.59	4.89	6.17	3.14	102.63	164.89	75.31	4.55	6.89	6.96	7.03	7.1
18	180	12		42.241	33.159	0.71	1 321.35	2 332.8	2 100.1	542.61	5.59	7.05	3.58	100.82	165	78.41	4.89	7.63	7.7	7.77	7.84
		14		48.896	38.383	0.709	1 514.48	2 723.48	2 407.42	621.53	5.56	7.02	3.56	116.25	189.14	88.38	4.97	7.66	7.73	7.81	7.87
		16		55.467	43.542	0.709	1 700.99	3 115.29	2 703.37	698.6	5.54	6.98	3.55	131.13	212.40	97.83	5.05	7.7	7.77	7.84	7.91
		18		61.055	48.634	0.708	1 875.12	3 502.43	2 988.24	762.01	5.5	6.94	3.51	145.64	234.78	105.14	5.13	7.73	7.8	7.87	7.94
20	200	14	18	54.642	42.894	0.788	2 103.55	3 734.1	3 343.26	863.83	6.2	7.82	3.98	144.7	236.40	111.82	5.46	8.47	8.53	8.6	8.67
		16		62.013	48.68	0.788	2 366.15	4 270.39	3 760.89	971.41	6.18	7.79	3.96	163.65	265.93	123.96	5.54	8.5	8.57	8.04	8.07
		18		69.301	54.401	0.787	2 620.64	4 808.13	4 164.54	1 076.74	6.15	7.75	3.94	182.22	294.48	135.52	5.62	8.54	8.61	8.67	8.75
		20		76.505	60.056	0.787	2 867.3	5 347.51	4 554.55	1 180.04	6.12	7.72	3.93	200.42	322.06	146.55	5.69	8.56	8.64	8.71	8.78
		24		90.661	71.168	0.785	3 338.25	6 457.16	5 294.97	1 381.53	6.07	7.64	3.9	236.17	374.41	166.65	5.87	8.65	8.73	8.8	8.87

（续表）

型号	截面尺寸/mm			截面面积/cm²	理论质量/(kg/m)	外表面积/(m²/m)	惯性矩/cm⁴				回转半径/cm			截面模量/cm³			重心距离/cm	i_y(cm)，当 a 为下列数值			
	b	d	r				I_x	I_{x1}	I_{x0}	I_{y0}	i_x	i_{x0}	i_{y0}	W_{ex}	W_{ex0}	W_{ey0}	Z_0	6 mm	8 mm	10 mm	12 mm
22	220	16	21	68.664	53.901	0.866	3 187.36	5 681.62	5 063.73	1 310.99	6.81	8.59	4.37	199.55	325.51	153.81	6.03	—	—	—	—
		18		76.752	60.25	0.866	3 534.3	6 395.93	5 615.32	1 453.27	6.79	8.55	4.35	222.37	360.97	168.29	6.11	—	—	—	—
		20		84.756	66.533	0.865	3 871.49	7 112.04	6 150.08	1 592.9	6.76	8.52	4.34	244.77	395.34	182.16	6.18	—	—	—	—
		22		92.676	72.751	0.865	4 199.23	7 830.19	6 668.37	1 730.1	6.73	8.48	4.32	266.78	428.66	195.45	6.26	—	—	—	—
		24		100.512	78.902	0.864	4 517.83	8 550.57	7 170.55	1 865.11	6.7	8.45	4.31	288.39	460.94	208.21	6.33	—	—	—	—
		26		108.264	84.987	0.864	4 827.58	9 273.39	7 656.98	1 998.17	6.68	8.41	4.3	309.62	492.21	220.49	6.41	—	—	—	—
25	250	18	24	87.842	68.956	0.985	5 268.22	9 379.11	8 369.04	2 167.41	7.74	9.76	4.97	290.12	473.42	224.03	6.84	—	—	—	—
		20		97.045	76.18	0.984	5 779.34	10 426.97	9 181.94	2 376.74	7.72	9.73	4.95	319.66	519.41	242.85	6.92	—	—	—	—
		24		115.201	90.433	0.983	6 763.93	12 529.74	10 742.67	2 785.19	7.66	9.66	4.92	377.34	607.7	278.38	7.07	—	—	—	—
		26		124.154	97.461	0.982	7 238.08	13 585.18	11 491.33	2 984.84	7.63	9.62	4.9	405.50	650.05	295.19	7.15	—	—	—	—
		28		133.022	104.422	0.982	7 700.6	14 643.62	12 219.39	3 181.81	7.61	9.58	4.89	433.22	691.23	311.42	7.22	—	—	—	—
		30		141.807	111.318	0.981	8 151.8	15 706.3	12 927.26	3 376.34	7.58	9.55	4.88	460.51	731.28	327.12	7.3	—	—	—	—
		32		150.508	118.149	0.981	8 592.01	16 770.41	13 615.32	3 568.71	7.56	9.51	4.87	487.39	770.20	342.33	7.37	—	—	—	—
		35		163.402	128.271	0.98	9 232.44	18 374.95	14 611.16	3 853.72	7.52	9.46	4.86	526.97	826.53	364.3	7.48	—	—	—	—

附表 9　不等肢角钢(GB/T 706—2016)

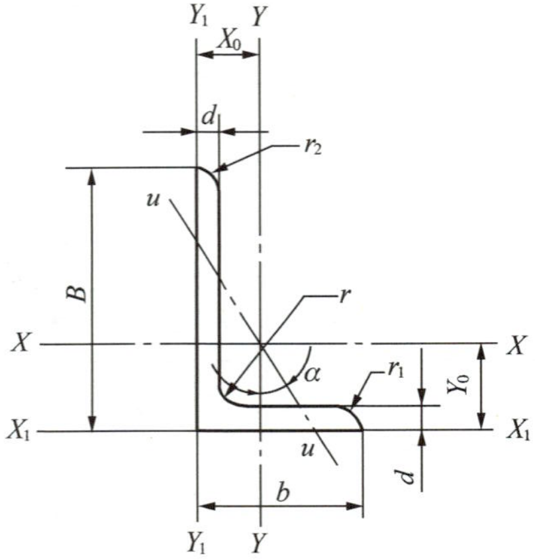

B——长肢宽度；

b——短肢宽度；

d——肢厚度；

r——内圆弧半径；

r_1——肢端圆弧半径$\left(r_1=\dfrac{d}{3}\right)$；

X_0——重心距离；

Y_0——重心距离。

（长肢相连）

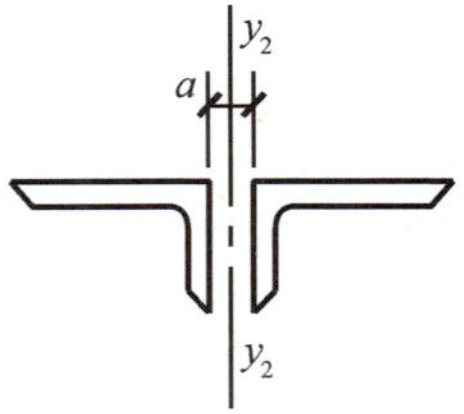

（短肢相连）

型号	截面尺寸/mm				截面面积/cm²	理论质量/(kg/m)	外表面积/(m²/m)	惯性矩/cm⁴			回转半径/cm			tan α	重心距离/cm		i_y(cm)，当 a 为下列数值(长肢相连)				i_y(cm)，当 a 为下列数值(短肢相连)			
	B	b	d	r				I_x	I_y	I_u	i_x	i_y	i_u		X_0	Y_0	6 mm	8 mm	10 mm	12 mm	6 mm	8 mm	10 mm	12 mm
2.5/1.6	25	16	3	3.5	1.162	0.912	0.08	0.7	0.22	0.14	0.78	0.44	0.34	0.392	0.42	0.86	0.84	0.93	1.02	1.11	1.4	1.48	1.57	1.65
			4		1.499	1.176	0.079	0.88	0.27	0.17	0.77	0.43	0.34	0.381	0.46	1.86	0.87	0.96	1.05	1.14	1.42	1.51	1.6	1.68
3.2/2	32	20	3		1.492	1.171	0.102	1.53	0.46	0.28	1.01	0.55	0.43	0.382	0.49	0.9	0.97	1.05	1.14	1.22	1.71	1.79	1.88	1.96
			4		1.939	1.522	0.101	1.93	0.57	0.35	1	0.54	0.42	0.374	0.53	1.08	0.99	1.08	1.16	1.25	1.74	1.82	1.9	1.99
4/2.5	40	25	3	4	1.89	1.484	0.127	3.08	0.93	0.56	1.28	0.7	0.54	0.385	0.59	1.12	1.13	1.21	1.3	1.38	2.06	2.14	2.22	2.31
			4		2.467	1.936	0.127	3.93	1.18	0.71	1.36	0.69	0.54	0.381	0.63	1.32	1.16	1.24	1.32	1.41	2.09	2.17	2.26	2.34
4.5/2.8	45	28	3	5	2.149	1.687	0.143	4.45	1.34	0.8	1.44	0.79	0.61	0.383	0.64	1.37	1.23	1.31	1.39	1.47	2.28	2.36	2.44	2.52
			4		2.806	2.203	0.143	5.69	1.7	1.02	1.42	0.78	0.6	0.38	0.68	1.47	1.25	1.33	1.41	1.5	2.3	2.38	2.49	2.55
5/3.2	50	32	3	5.5	2.431	1.908	0.161	6.24	2.02	1.2	1.6	0.91	0.7	0.404	0.73	1.51	1.38	1.45	1.53	1.61	2.49	2.56	2.64	2.72
			4		3.177	2.494	0.16	8.02	2.58	1.53	1.59	0.9	0.69	0.402	0.77	1.6	1.4	1.48	1.56	1.64	2.52	2.59	2.67	2.75

（续表）

型号	截面尺寸/mm				截面面积/cm^2	理论质量/(kg/m)	外表面积/(m^2/m)	惯性矩/cm^4			回转半径/cm			tan α	重心距离/cm		i_y(cm)，当 a 为下列数值（长肢相连）				i_y(cm)，当 a 为下列数值（短肢相连）			
	B	b	d	r				I_x	I_y	I_u	i_x	i_y	i_u		X_0	Y_0	6 mm	8 mm	10 mm	12 mm	6 mm	8 mm	10 mm	12 mm
5.6/3.6	56	36	3	6	2.743	2.153	0.181	8.88	2.92	1.73	1.8	1.03	0.79	0.408	0.8	1.65	1.51	1.58	1.66	1.74	2.75	2.83	2.9	2.98
			4		3.59	2.818	0.18	11.45	3.76	2.23	1.79	1.02	0.79	0.408	0.85	1.78	1.54	1.62	1.69	1.77	2.77	2.85	2.93	3.01
			5		4.415	3.466	0.18	13.86	4.49	2.67	1.77	1.01	0.78	0.404	0.88	1.82	1.55	1.63	1.71	1.79	2.8	2.87	2.96	3.04
6.3/4	63	40	4	7	4.058	3.185	0.202	16.49	5.23	3.12	2.02	1.14	0.88	0.398	0.92	1.87	1.67	1.74	1.82	1.9	3.09	3.16	3.24	3.32
			5		4.993	3.92	0.202	20.02	6.31	3.76	2	1.12	0.87	0.396	0.95	2.04	1.68	1.76	1.83	1.91	3.11	3.19	3.27	3.35
			6		5.908	4.638	0.201	23.36	7.29	4.34	1.96	1.11	0.86	0.393	0.99	2.08	1.7	1.78	1.86	1.94	3.13	3.21	3.29	3.37
			7		6.802	5.339	0.201	26.53	8.24	4.97	1.98	1.1	0.86	0.389	1.03	2.12	1.73	1.8	1.88	1.97	3.15	3.23	3.3	3.39
7/4.5	70	45	4	7.5	4.547	3.57	0.226	23.17	7.55	4.4	2.26	1.29	0.98	0.41	1.02	2.15	1.84	1.92	1.99	2.07	3.4	3.48	3.56	3.62
			5		5.609	4.403	0.225	27.95	9.13	5.4	2.23	1.28	0.98	0.407	1.06	2.24	1.86	1.94	2.01	2.09	3.41	3.49	3.57	3.64
			6		6.647	5.218	0.225	32.54	10.62	6.35	2.21	1.26	0.98	0.404	1.09	2.28	1.88	1.95	2.03	2.11	3.43	3.51	3.58	3.66
			7		7.657	6.011	0.225	37.22	12.01	7.16	2.2	1.25	0.97	0.402	1.13	2.32	1.9	1.98	2.06	2.14	3.45	3.53	3.61	3.69
7.5/5	75	50	5	8	6.125	4.808	0.245	34.86	12.61	7.41	2.39	1.44	1.1	0.435	1.17	2.36	2.05	2.13	2.2	2.28	3.6	3.68	3.76	3.83
			6		7.26	5.699	0.245	41.12	14.7	8.54	2.38	1.42	1.08	0.435	1.21	2.4	2.07	2.15	2.22	2.3	3.63	3.71	3.78	3.86
			8		9.467	7.431	0.244	52.39	18.53	10.87	2.35	1.4	1.07	0.429	1.29	2.44	2.12	2.19	2.27	2.35	3.67	3.75	3.83	3.91
			10		11.59	9.098	0.244	62.71	21.96	13.1	2.33	1.38	1.06	0.423	1.36	2.52	2.16	2.23	2.31	2.4	3.72	3.8	3.88	3.98
8/5	80	50	5		6.375	5.005	0.255	41.96	12.82	7.66	2.56	1.42	1.1	0.388	1.14	2.6	2.02	2.09	2.17	2.24	3.87	3.95	4.02	4.1
			6		7.56	5.935	0.255	49.49	14.95	8.85	2.56	1.41	1.08	0.387	1.18	2.65	2.04	2.12	2.19	2.27	3.9	3.98	4.06	4.14
			7		8.724	6.848	0.255	56.16	46.96	10.18	2.54	1.39	1.08	0.384	1.21	2.69	2.06	2.13	2.21	2.28	3.92	4	4.08	4.15
			8		9.867	7.745	0.254	62.83	18.85	11.38	2.52	1.38	1.07	0.381	1.25	2.73	2.08	2.15	2.23	2.31	3.94	4.02	4.1	4.18
9/5.6	90	56	5	9	7.212	5.661	0.287	60.45	18.32	10.98	2.9	1.59	1.23	0.385	1.25	2.91	2.22	2.29	2.37	2.44	4.32	4.4	4.47	4.55
			6		8.557	6.717	0.286	71.03	21.42	12.9	2.88	1.58	1.23	0.384	1.29	2.95	2.24	2.32	2.39	2.46	4.34	4.42	4.49	4.57
			7		9.88	7.756	0.286	81.01	24.36	14.67	2.86	1.57	1.22	0.382	1.33	3	2.26	2.34	2.41	2.49	4.37	4.45	4.52	4.6
			8		11.183	8.779	0.286	91.03	27.15	16.34	2.85	1.56	1.21	0.38	1.36	3.04	2.28	2.35	2.43	2.5	4.39	4.47	4.55	4.62

（续表）

型号	截面尺寸/mm				截面面积/cm^2	理论质量/(kg/m)	外表面积/(m^2/m)	惯性矩/cm^4			回转半径/cm			tan α	重心距离/cm		i_y(cm)，当 a 为下列数值（长肢相连）				i_y(cm)，当 a 为下列数值（短肢相连）			
	B	b	d	r				I_x	I_y	I_u	i_x	i_y	i_u		X_0	Y_0	6 mm	8 mm	10 mm	12 mm	6 mm	8 mm	10 mm	12 mm
10/6.3	100	63	6	10	9.617	7.55	0.32	99.06	30.94	18.42	3.21	1.79	1.38	0.394	1.43	3.24	2.49	2.56	2.63	2.71	4.78	4.85	4.93	5
			7		11.111	8.722	0.32	113.45	35.26	21	3.2	1.78	1.38	0.394	1.47	3.28	2.51	2.58	2.66	2.73	4.8	4.87	4.95	5.03
			8		12.534	9.878	0.319	127.37	39.39	23.5	3.18	1.77	1.37	0.391	1.5	3.32	2.52	2.6	2.67	2.75	4.82	4.89	4.97	5.05
			10		15.467	12.142	0.319	153.81	47.12	28.33	3.15	1.74	1.35	0.387	1.58	3.4	2.57	2.64	2.72	2.79	4.86	4.94	5.02	5.09
10/8	100	80	6		10.637	8.35	0.354	107.04	61.24	31.65	3.17	2.4	1.72	0.627	1.97	2.95	3.3	3.37	3.44	3.52	4.54	4.61	4.69	4.76
			7		12.301	9.656	0.354	122.73	70.08	36.17	3.16	2.39	1.72	0.626	2.01	3	3.32	3.39	3.46	3.54	4.57	4.64	4.71	4.79
			8		13.944	10.946	0.353	137.92	78.58	40.58	3.14	2.37	1.71	0.625	2.05	3.04	3.34	3.41	3.48	3.56	4.59	4.66	4.74	4.81
			10		17.167	13.476	0.353	166.87	94.65	49.1	3.12	2.35	1.69	0.622	2.13	3.12	3.38	3.45	3.53	3.6	4.63	4.7	4.78	4.85
11/7	110	70	6	10	10.637	8.35	0.354	133.37	42.92	25.36	3.54	2.01	1.54	0.403	1.57	3.53	2.74	2.81	2.88	2.97	5.22	5.29	5.36	5.44
			7		12.301	9.656	0.354	153	49.01	28.95	3.53	2	1.53	0.402	1.61	3.57	2.76	2.83	2.9	2.98	5.24	5.31	5.39	5.46
			8		13.944	10.946	0.353	172.04	54.87	32.45	3.51	1.98	1.53	0.401	1.65	3.62	2.78	2.85	2.93	3	5.26	5.34	5.41	5.49
			10		17.167	13.476	0.353	208.39	65.88	39.2	3.48	1.96	1.51	0.397	1.72	3.7	2.81	2.89	2.96	3.04	5.3	5.38	5.46	5.53
12.5/8	125	80	7	11	14.096	11.066	0.403	227.98	74.42	43.81	4.02	2.3	1.76	0.408	1.8	4.01	3.11	3.18	3.26	3.32	5.89	5.97	6.04	6.12
			8		15.989	12.551	0.403	256.77	83.49	49.15	4.01	2.28	1.75	0.407	1.84	4.06	3.13	3.2	3.27	3.34	5.92	6	6.07	6.15
			10		19.712	15.474	0.402	312.04	100.67	59.45	3.98	2.26	1.74	0.404	1.92	4.14	3.17	3.24	3.31	3.38	5.96	6.04	6.11	6.19
			12		23.351	18.33	0.402	364.41	116.67	69.35	3.95	2.24	1.72	0.4	2	4.22	3.21	3.28	3.35	3.43	6	6.08	6.15	6.23
14/9	140	90	8	12	18.038	14.16	0.453	365.64	120.69	70.83	4.5	2.59	1.98	0.411	2.04	4.5	3.49	3.56	3.63	3.7	6.58	6.65	6.72	6.79
			10		22.261	17.475	0.452	445.5	140.03	85.82	4.47	2.56	1.96	0.409	2.12	4.58	3.52	3.59	3.66	3.74	6.62	6.69	6.77	6.84
			12		26.4	20.724	0.451	521.59	169.79	100.21	4.44	2.54	1.95	0.406	2.19	4.66	3.55	3.62	3.7	3.77	6.66	6.74	6.81	6.89
			14		30.456	23.908	0.451	594.1	192.1	114.13	4.42	2.51	1.94	0.403	2.27	4.74	3.59	3.67	3.74	3.81	6.7	6.78	6.85	9.93

（续表）

型号	截面尺寸/mm				截面面积/cm²	理论质量/(kg/m)	外表面积/(m²/m)	惯性矩/cm⁴			回转半径/cm			tan α	重心距离/cm		i_y(cm)，当 a 为下列数值（长肢相连）				i_y(cm)，当 a 为下列数值（短肢相连）			
	B	b	d	r				I_x	I_y	I_u	i_x	i_y	i_u		X_0	Y_0	6 mm	8 mm	10 mm	12 mm	6 mm	8 mm	10 mm	12 mm
15/9	150	90	8	12	18.839	14.788	0.473	442.05	122.8	74.14	4.84	2.55	1.98	0.364	1.97	4.92	—	—	—	—	—	—	—	—
			10		23.261	18.26	0.472	539.24	148.62	89.86	4.81	2.53	1.97	0.362	2.05	5.01	—	—	—	—	—	—	—	—
			12		27.6	21.666	0.471	632.08	172.85	104.95	4.79	2.5	1.95	0.359	2.12	5.09	—	—	—	—	—	—	—	—
			14		31.856	25.007	0.471	720.77	195.62	119.53	4.76	2.48	1.94	0.356	2.2	5.17	—	—	—	—	—	—	—	—
			15		33.952	26.652	0.471	763.62	206.5	126.67	4.74	2.47	1.93	0.354	2.24	5.21	—	—	—	—	—	—	—	—
			16		36.027	28.281	0.47	805.51	217.07	133.72	4.73	2.45	1.93	0.352	2.27	5.25	—	—	—	—	—	—	—	—
16/10	160	100	10	13	25.315	19.872	0.512	668.69	205.03	121.74	5.14	2.85	2.19	0.39	2.28	5.24	3.84	3.91	3.98	4.05	7.56	7.63	7.7	7.78
			12		30.054	23.592	0.511	784.91	239.06	142.33	5.11	2.82	2.17	0.388	2.36	5.32	3.88	3.95	4.02	4.09	7.6	7.67	7.75	7.82
			14		34.709	27.247	0.51	896.3	271.2	162.23	5.08	2.8	2.16	0.385	2.43	5.4	3.91	3.98	4.05	4.12	7.64	7.71	7.79	7.86
			16		39.281	30.835	0.51	1 003.04	301.6	182.57	5.05	2.77	2.16	0.382	2.51	5.48	3.95	4.02	4.09	4.17	7.68	7.75	7.83	7.91
18/11	180	110	10	14	28.373	22.273	0.571	956.25	278.11	166.5	5.8	3.13	2.42	0.376	2.44	5.89	4.16	4.23	4.29	4.36	8.47	8.56	8.63	8.71
			12		33.712	26.44	0.571	1 124.72	325.03	194.87	5.78	3.1	2.4	0.374	2.52	5.98	4.19	4.26	4.33	4.4	8.53	8.61	8.68	8.76
			14		38.967	30.589	0.57	1 286.91	369.55	222.3	5.75	3.08	2.39	0.372	2.59	6.06	4.22	4.29	4.36	4.43	8.57	8.65	8.72	8.8
			16		44.139	34.649	0.569	1 443.06	411.85	248.94	5.72	3.06	2.38	0.369	2.67	6.14	4.26	4.33	4.4	4.47	8.61	8.69	8.76	8.84
20/12.5	200	125	12		37.912	29.761	0.641	1 570.9	483.16	285.79	6.44	3.57	2.74	0.392	2.83	6.54	4.75	4.81	4.88	4.95	9.39	9.47	9.54	9.61
			14		43.687	34.436	0.64	1 800.97	550.83	326.58	6.41	3.54	2.73	0.39	2.91	6.62	4.78	4.85	4.92	4.99	9.43	9.5	9.58	9.65
			16		49.739	39.045	0.639	2 023.35	615.44	366.21	6.38	3.52	2.71	0.388	2.99	6.7	4.82	4.89	4.96	5.03	9.47	9.54	9.62	9.69
			18		55.526	43.588	0.639	2 238.3	677.19	404.83	6.35	3.49	2.7	0.385	3.06	6.78	4.85	4.92	4.99	5.07	9.51	9.58	9.66	9.74

附录 3　螺栓和锚栓规格

附表 10　普通螺栓规格

螺栓直径 d /mm	螺距 p /mm	螺栓有效直径 d_e/mm	螺栓有效面积 A_e /cm^2
16	2	14.12	156.7
18	2.5	15.65	192.5
20	2.5	17.65	244.8
22	2.5	19.65	303.4
24	3	21.19	352.5
27	3	24.19	459.4
30	3.5	26.72	560.6
33	3.5	29.72	693.6
36	4	32.25	816.7
39	4	35.25	975.8
42	4.5	37.78	1 121
45	4.5	40.78	1 306
48	5	43.31	1 473
52	5	47.31	1 758
56	5.5	50.84	2 030
60	5.5	54.84	2 362

注：螺栓有效面积为 $A_e=\frac{\pi}{4}(d-0.938\,2p)^2$。

附表 11　锚栓规格

<table>
<tr><td colspan="2" rowspan="2">型式</td><td colspan="4">Ⅰ</td><td colspan="3">Ⅱ</td><td colspan="4">Ⅲ</td></tr>
<tr><td colspan="4">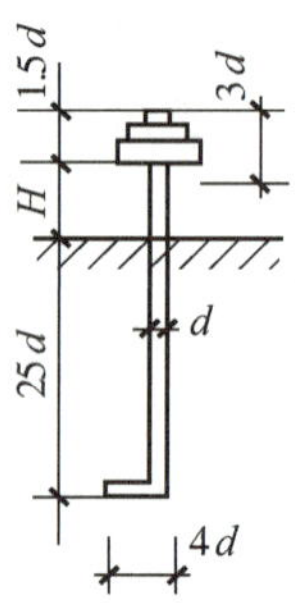
</td><td colspan="3">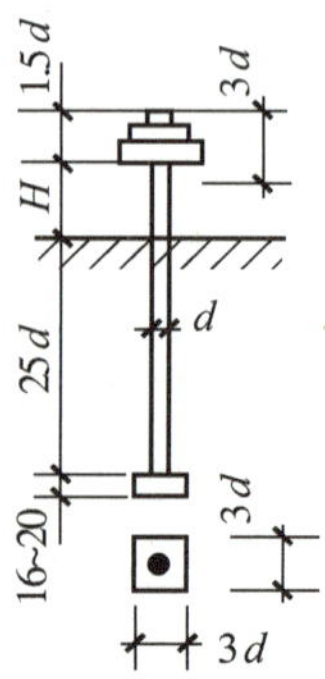
</td><td colspan="4">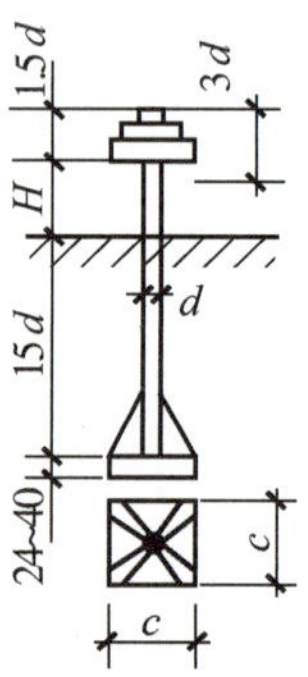
</td></tr>
<tr><td colspan="2">锚栓直径 d/mm</td><td>20</td><td>24</td><td>30</td><td>36</td><td>42</td><td>48</td><td>56</td><td>64</td><td>72</td><td>80</td><td>90</td></tr>
<tr><td colspan="2">计算净截面积/cm^2</td><td>2.45</td><td>3.53</td><td>5.61</td><td>8.17</td><td>11.2</td><td>14.7</td><td>20.3</td><td>26.8</td><td>34.6</td><td>44.44</td><td>55.91</td></tr>
<tr><td rowspan="2">Ⅲ型锚栓</td><td>锚板宽度 c/mm</td><td></td><td></td><td></td><td></td><td>140</td><td>200</td><td>200</td><td>240</td><td>280</td><td>350</td><td>400</td></tr>
<tr><td>锚板厚度/mm</td><td></td><td></td><td></td><td></td><td>20</td><td>20</td><td>20</td><td>25</td><td>30</td><td>40</td><td>40</td></tr>
</table>

附录 4　各种截面回转半径的近似值

附表 12　各种截面回转半径的近似值

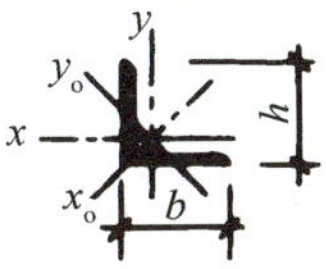 $i_x = 0.305h$ $i_y = 0.305b$ $i_{x0} = 0.385h$ $i_{y0} = 0.195h$	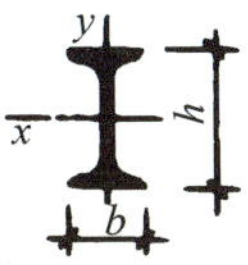 $i_x = 0.395h$ $i_y = 0.20b$	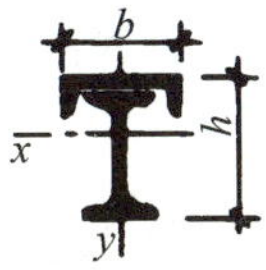 $i_x = 0.39h$ $i_y = 0.24b$	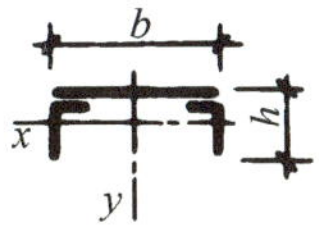 $i_x = 0.28h$ $i_y = 0.37b$
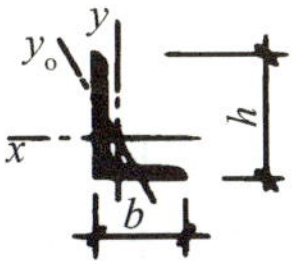 $i_x = 0.32h$ $i_y = 0.28b$ $i_{y0} = 0.17\dfrac{h+b}{2}$	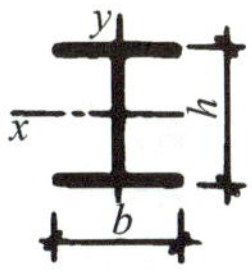 $i_x = 0.43h$ $i_y = 0.24b$	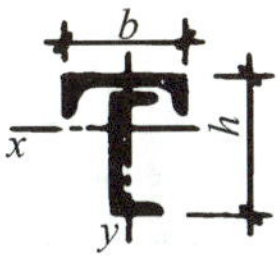 $i_x = 0.36h$ $i_y = 0.28b$	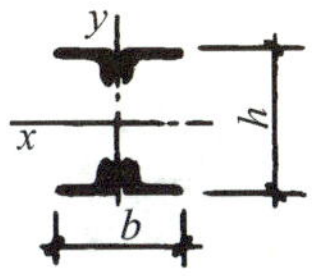 $i_x = 0.45h$ $i_y = 0.235b$
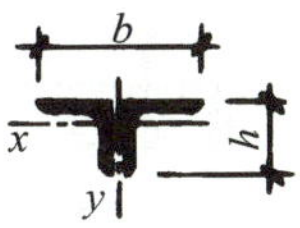 $i_x = 0.305h$ $i_y = 0.215b$	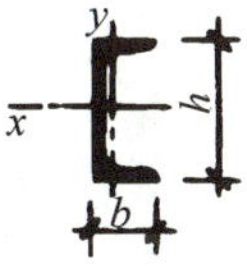 $i_x = 0.385h$ $i_y = 0.285b$	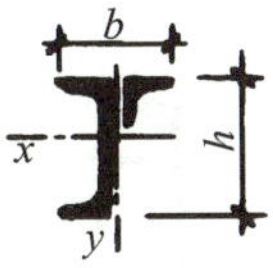 $i_x = 0.39h$ $i_y = 0.19b$	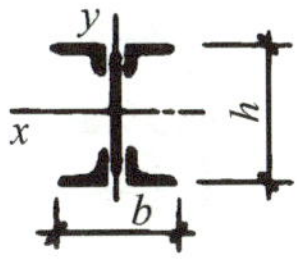 $i_x = 0.41h$ $i_y = 0.20b$
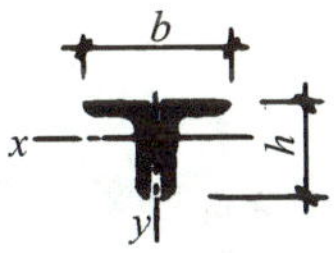 $i_x = 0.32h$ $i_y = 0.20b$	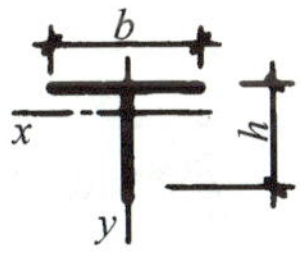 $i_x = 0.27h$ $i_y = 0.23b$	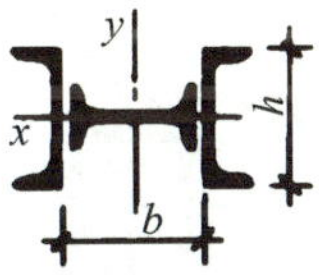 $i_x = 0.32h$ $i_y = 0.54b$	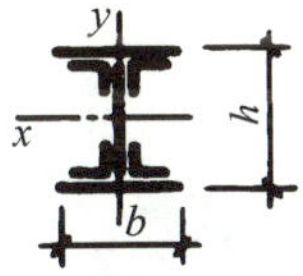 $i_x = 0.43h$ $i_y = 0.23b$
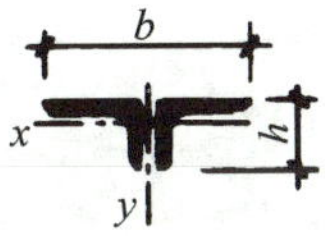 $i_x = 0.28h$ $i_y = 0.235b$	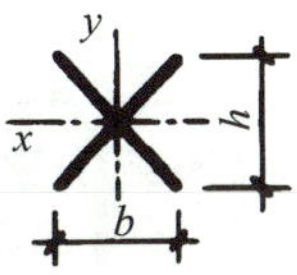 $i_x = 0.289h$ $i_y = 0.289b$	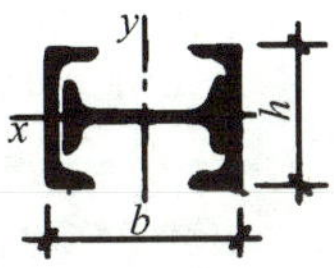 $i_x = 0.31h$ $i_y = 0.41b$	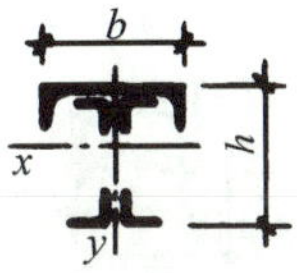 $i_x = 0.42h$ $i_y = 0.29b$

（续表）

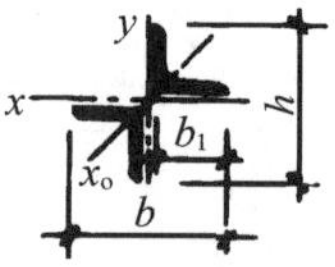 $i_x = 0.215h$ $i_y = 0.215b$ $i_{x0} = 0.385b_1$ $= 0.185b$	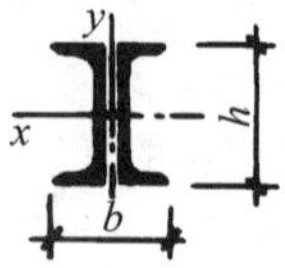 $i_x = 0.385h$ $i_y = 0.20b$	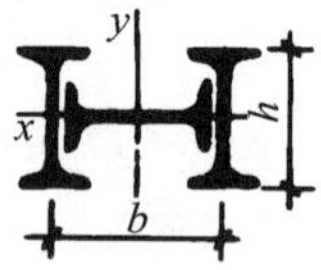 $i_x = 0.33h$ $i_y = 0.47b$	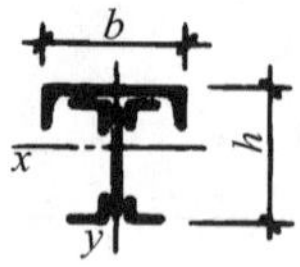 $i_x = 0.40h$ $i_y = 0.25b$
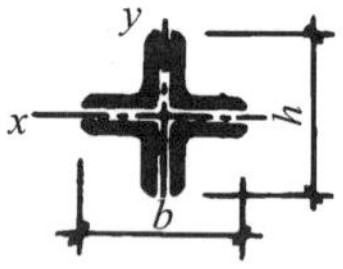 $i_x = 0.215h$ $i_y = 0.215b$	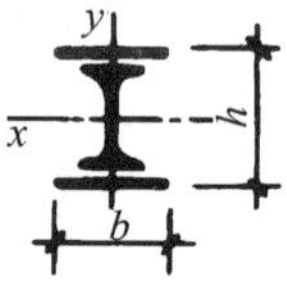 $i_x = 0.43h$ $i_y = 0.21b$	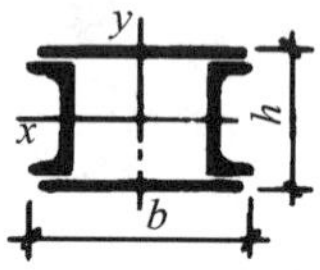 $i_x = 0.43h$ $i_y = 0.33b$	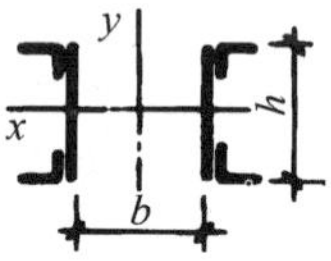 $i_x = 0.37h$ $i_y = 0.54b$
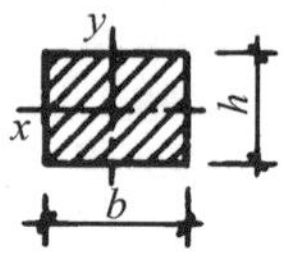 $i_x = 0.289h$ $i_y = 0.289b$	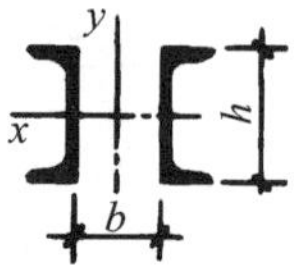 $i_x = 0.385h$ $i_y = 0.59b$	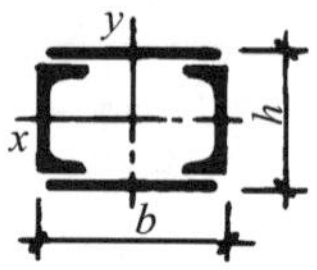 $i_x = 0.42h$ $i_y = 0.40b$	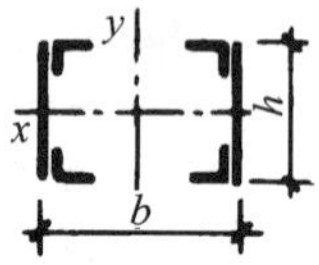 $i_x = 0.37h$ $i_y = 0.45b$
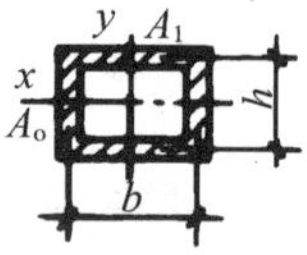 $i_x = 0.289\bar{h}\sqrt{\frac{3A_1+A_0}{A_1+A_0}}$ $i_y = 0.289\bar{b}\sqrt{\frac{A_1+3A_0}{A_1+A_0}}$	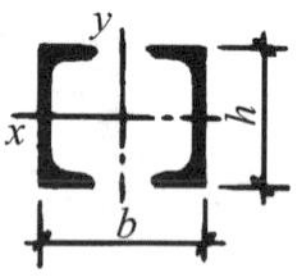 $i_x = 0.385h$ $i_y = 0.44b$	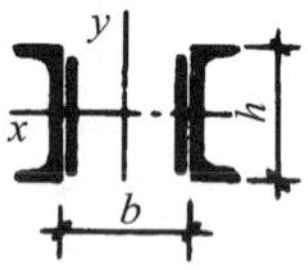 $i_x = 0.35h$ $i_y = 0.56b$	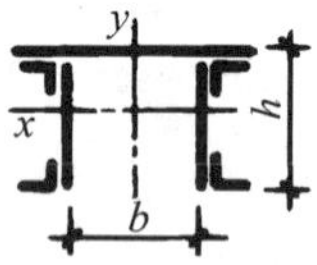 $i_x = 0.39h$ $i_y = 0.53b$
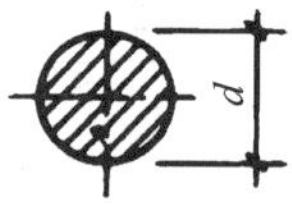 $i = 0.25d$	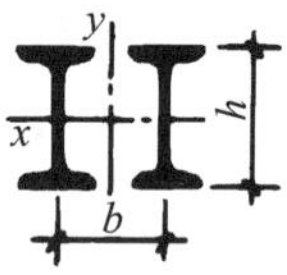 $i_x = 0.395h$ $i_y = 0.505b$	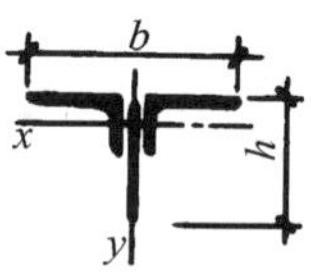 $i_x = 0.30h$ $i_y = 0.17b$	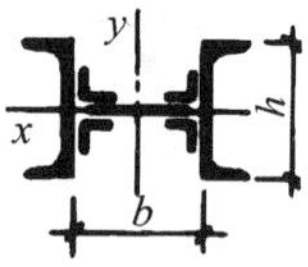 $i_x = 0.29h$ $i_y = 0.50b$
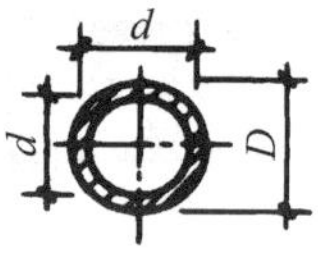 $i = 0.25\sqrt{D^2+d^2}$ $= 0.354\bar{d}$	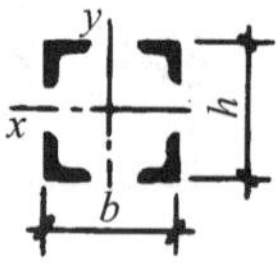 $i_x = 0.43h$ $i_y = 0.43b$	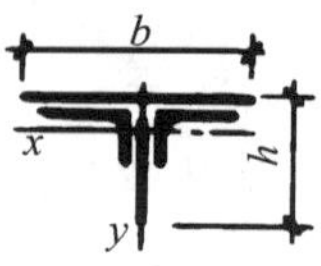 $i_x = 0.26h$ $i_y = 0.21b$	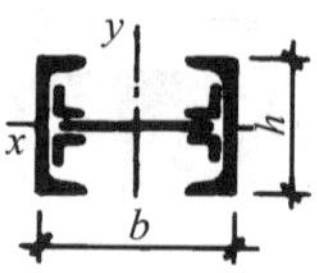 $i_x = 0.29h$ $i_y = 0.44b$

附录 5　H 型钢、等截面工字形简支梁等效弯矩系数和轧制工字钢梁的稳定系数

附表 13　H 型钢和等截面工字形简支梁的等效弯矩系数 β_b

项次	侧向支撑	荷载		$\xi \leqslant 2.0$	$\xi > 2.0$	适用范围
1	跨中无侧向支承	均布荷载作用在	上翼缘	$0.69+0.13\xi$	0.95	双轴对称及加强受压翼缘的单轴对称工字形截面
2			下翼缘	$1.73-0.20\xi$	1.33	
3		集中荷载作用在	上翼缘	$0.73+0.18\xi$	1.09	
4			下翼缘	$2.23-0.28\xi$	1.67	
5	跨度中点有一个侧向支承	均布荷载作用在	上翼缘	1.15		双轴及单轴对称的工字形截面
6			下翼缘	1.40		
7		集中荷载作用在截面高度的任意位置		1.75		
8	跨中有不少于两个等距离侧向支承点	任意荷载作用在	上翼缘	1.20		
9			下翼缘	1.40		
10	梁端有弯矩，但跨中无荷载作用		$1.75-1.05\left(\frac{M_2}{M_1}\right)+0.3\left(\frac{M_2}{M_1}\right)^2$ 但 $\leqslant 2.3$			

注：1. 参数 $\xi=\frac{l_1 t_1}{b_1 h}$，$l_1$ 为 H 型钢或工字形截面简支梁受压翼缘侧向支承点间的距离；t_1 为受压翼缘的厚度；b_1 为 H 型钢或工字形截面简支梁受压翼缘宽度；h 为梁截面高度。

2. M_1，M_2 为梁的端弯矩，使梁产生同向曲率时 M_1 和 M_2 取同号，产生反向曲率时取异号，$|M_1| \geqslant |M_2|$。

3. 项次 3、4 和 7 的集中荷载是指一个或少数几个集中荷载位于跨度中央附近的情况；对其他情况的集中荷载，应按项次 1、2、5、6 内的数值采用。

4. 项次 8、9 的 β_b，当集中荷载作用在侧向支承点处时，取 $\beta_b=1.2$。

5. 荷载作用在上翼缘指荷载作用点在翼缘表面，方向指向截面形心；荷载作用在下翼缘指荷载作用点在翼缘表面，方向背向截面形心。

6. 对 $\alpha_b>0.8$ 的加强受压翼缘工字形截面，下列情况的 β_b 值应乘以相应的系数：

项次 1：当 $\xi \leqslant 1.0$ 时，乘以 0.95；

项次 3：当 $\xi \leqslant 0.5$ 时，乘以 0.9；当 $0.5<\xi \leqslant 1.0$ 时，乘以 0.95；

$\alpha_b=\frac{I_1}{I_1+I_2}$，$I_1$ 和 I_2 分别为受压翼缘和受拉翼缘对 y 轴的惯性矩。

附表 14　热轧普通工字钢简支梁的 φ_b 值

荷载情况			工字钢型号 自由长度 l_1	2	3	4	5	6	7	8	9	10
跨中无侧向支承点的梁	集中荷载作用于	上翼缘	10～20	2.0	1.30	0.99	0.80	0.68	0.58	0.53	0.48	0.43
			22～32	2.4	1.48	1.09	0.86	0.72	0.62	0.54	0.49	0.45
			36～63	2.8	1.60	1.07	0.83	0.68	0.56	0.50	0.45	0.40
		下翼缘	10～20	3.1	1.95	1.34	1.01	0.82	0.69	0.63	0.57	0.52
			22～40	5.5	2.80	1.84	1.37	1.07	0.86	0.73	0.64	0.56
			45～63	7.3	3.60	2.30	1.62	1.20	0.96	0.80	0.69	0.60
	均布荷载作用于	上翼缘	10～20	1.7	1.12	0.84	0.68	0.57	0.50	0.45	0.41	0.37
			22～40	2.1	1.30	0.93	0.73	0.60	0.51	0.45	0.40	0.36
			45～63	2.6	1.45	0.97	0.73	0.59	0.50	0.44	0.38	0.35
		下翼缘	10～20	2.5	1.55	1.08	0.83	0.68	0.56	0.52	0.47	0.42
			22～40	4.0	2.20	1.45	1.10	0.85	0.70	0.60	0.52	0.46
			45～63	5.6	2.80	1.80	1.25	0.95	0.78	0.65	0.55	0.49
跨中有侧向支承点的梁（不论荷载作用点在截面高度上的位置）			10～20	2.2	1.39	1.01	0.79	0.66	0.57	0.52	0.47	0.42
			22～40	3.0	1.80	1.24	0.96	0.76	0.65	0.56	0.49	0.43
			45～63	4.0	2.20	1.38	1.01	0.80	0.66	0.56	0.49	0.43
备注			1. 集中荷载是指一个或几个集中荷载位于跨度中央附近的情况，对于其他情况可按均布荷载考虑； 2. 表中的 φ_b 值适用于 Q235 钢；对于其他钢号，表中数值应乘以 $\frac{235}{f_{yk}}$									

附录 6　轴心受压构件的稳定系数

附表 15　a 类截面轴心受压构件的稳定系数 φ

$\lambda\sqrt{\frac{f_{yk}}{235}}$	0	1	2	3	4	5	6	7	8	9
0	1.000	1.000	1.000	1.000	0.999	0.999	0.998	0.998	0.997	0.996
10	0.995	0.994	0.993	0.992	0.991	0.989	0.988	0.986	0.985	0.983
20	0.981	0.979	0.977	0.976	0.974	0.972	0.970	0.968	0.966	0.964
30	0.963	0.961	0.959	0.957	0.955	0.952	0.950	0.948	0.946	0.944
40	0.941	0.939	0.937	0.934	0.932	0.929	0.927	0.924	0.921	0.919
50	0.916	0.913	0.910	0.907	0.904	0.900	0.897	0.894	0.890	0.886
60	0.883	0.879	0.875	0.871	0.867	0.863	0.858	0.854	0.849	0.844
70	0.839	0.834	0.829	0.824	0.818	0.813	0.807	0.801	0.795	0.789
80	0.783	0.776	0.770	0.763	0.757	0.750	0.743	0.736	0.728	0.721
90	0.714	0.706	0.699	0.691	0.684	0.676	0.668	0.661	0.653	0.645
100	0.638	0.630	0.622	0.615	0.607	0.600	0.592	0.585	0.577	0.570
110	0.563	0.555	0.548	0.541	0.534	0.527	0.520	0.514	0.507	0.500
120	0.494	0.488	0.481	0.475	0.469	0.463	0.457	0.451	0.445	0.440
130	0.434	0.429	0.423	0.418	0.412	0.407	0.402	0.397	0.392	0.387
140	0.383	0.378	0.373	0.369	0.364	0.360	0.356	0.351	0.347	0.343
150	0.339	0.335	0.331	0.327	0.323	0.320	0.316	0.312	0.309	0.305
160	0.302	0.298	0.295	0.292	0.289	0.285	0.282	0.279	0.276	0.273
170	0.270	0.267	0.264	0.262	0.259	0.256	0.253	0.251	0.248	0.246
180	0.243	0.241	0.238	0.236	0.233	0.231	0.229	0.226	0.224	0.222
190	0.220	0.218	0.215	0.213	0.211	0.209	0.207	0.205	0.203	0.201
200	0.199	0.198	0.196	0.194	0.192	0.190	0.189	0.187	0.185	0.183
210	0.182	0.180	0.179	0.177	0.175	0.174	0.172	0.171	0.169	0.168
220	0.166	0.165	0.164	0.162	0.161	0.159	0.158	0.157	0.155	0.154
230	0.153	0.152	0.150	0.149	0.148	0.147	0.146	0.144	0.143	0.142
240	0.141	0.140	0.139	0.138	0.136	0.135	0.134	0.133	0.132	0.131
250	0.130									

附表 16　b 类截面轴心受压构件的稳定系数 φ

$\lambda\sqrt{\frac{f_{yk}}{235}}$	0	1	2	3	4	5	6	7	8	9
0	1.000	1.000	1.000	0.999	0.999	0.998	0.997	0.996	0.995	0.994
10	0.992	0.991	0.989	0.987	0.985	0.983	0.981	0.978	0.976	0.973
20	0.970	0.967	0.963	0.960	0.957	0.953	0.950	0.946	0.943	0.939
30	0.936	0.932	0.929	0.925	0.922	0.918	0.914	0.910	0.906	0.903
40	0.899	0.895	0.891	0.887	0.882	0.878	0.874	0.870	0.865	0.861
50	0.856	0.852	0.847	0.842	0.838	0.833	0.828	0.823	0.818	0.813
60	0.807	0.802	0.797	0.791	0.786	0.780	0.774	0.769	0.763	0.757
70	0.751	0.745	0.739	0.732	0.726	0.720	0.714	0.707	0.701	0.694
80	0.688	0.681	0.675	0.668	0.661	0.655	0.648	0.641	0.635	0.628
90	0.621	0.614	0.608	0.601	0.594	0.588	0.581	0.575	0.568	0.561
100	0.555	0.549	0.542	0.536	0.529	0.523	0.517	0.511	0.505	0.499
110	0.493	0.487	0.481	0.475	0.470	0.464	0.458	0.453	0.447	0.442
120	0.437	0.432	0.426	0.421	0.416	0.411	0.406	0.402	0.397	0.392
130	0.387	0.383	0.378	0.374	0.370	0.365	0.361	0.357	0.353	0.349
140	0.345	0.341	0.337	0.333	0.329	0.326	0.322	0.318	0.315	0.311
150	0.308	0.304	0.301	0.298	0.295	0.291	0.288	0.285	0.282	0.279
160	0.276	0.273	0.270	0.267	0.265	0.262	0.259	0.256	0.254	0.251
170	0.249	0.246	0.244	0.241	0.239	0.236	0.234	0.232	0.229	0.227
180	0.225	0.223	0.220	0.218	0.216	0.214	0.212	0.210	0.208	0.206
190	0.204	0.202	0.200	0.198	0.197	0.195	0.193	0.191	0.190	0.188
200	0.186	0.184	0.183	0.181	0.180	0.178	0.176	0.175	0.173	0.172
210	0.170	0.169	0.167	0.166	0.165	0.163	0.162	0.160	0.159	0.158
220	0.156	0.155	0.154	0.153	0.151	0.150	0.149	0.148	0.146	0.145
230	0.144	0.143	0.142	0.141	0.140	0.138	0.137	0.136	0.135	0.134
240	0.133	0.132	0.131	0.130	0.129	0.128	0.127	0.126	0.125	0.124
250	0.123									

附表 17　c类截面轴心受压构件的稳定系数 φ

$\lambda\sqrt{\frac{f_{yk}}{235}}$	0	1	2	3	4	5	6	7	8	9
0	1.000	1.000	1.000	0.999	0.999	0.998	0.997	0.996	0.995	0.993
10	0.992	0.990	0.988	0.986	0.983	0.981	0.978	0.976	0.973	0.970
20	0.966	0.959	0.953	0.947	0.940	0.934	0.928	0.921	0.915	0.909
30	0.902	0.896	0.890	0.884	0.877	0.871	0.865	0.858	0.852	0.846
40	0.839	0.833	0.826	0.820	0.814	0.807	0.801	0.794	0.788	0.781
50	0.775	0.768	0.762	0.755	0.748	0.742	0.735	0.729	0.722	0.715
60	0.709	0.702	0.695	0.689	0.682	0.676	0.669	0.662	0.656	0.649
70	0.643	0.636	0.629	0.623	0.616	0.610	0.604	0.597	0.591	0.584
80	0.578	0.572	0.566	0.559	0.553	0.547	0.541	0.535	0.529	0.523
90	0.517	0.511	0.505	0.500	0.494	0.488	0.483	0.477	0.472	0.467
100	0.463	0.458	0.454	0.449	0.445	0.441	0.436	0.432	0.428	0.423
110	0.419	0.415	0.411	0.407	0.403	0.399	0.395	0.391	0.387	0.383
120	0.379	0.375	0.371	0.367	0.364	0.360	0.356	0.353	0.349	0.346
130	0.342	0.339	0.335	0.332	0.328	0.325	0.322	0.319	0.315	0.312
140	0.309	0.306	0.303	0.300	0.297	0.294	0.291	0.288	0.285	0.282
150	0.280	0.277	0.274	0.271	0.269	0.266	0.264	0.261	0.258	0.256
160	0.254	0.251	0.249	0.246	0.244	0.242	0.239	0.237	0.235	0.233
170	0.230	0.228	0.226	0.224	0.222	0.220	0.218	0.216	0.214	0.212
180	0.210	0.208	0.206	0.205	0.203	0.201	0.199	0.197	0.196	0.194
190	0.192	0.190	0.189	0.187	0.186	0.184	0.182	0.181	0.179	0.178
200	0.176	0.175	0.173	0.172	0.170	0.169	0.168	0.166	0.165	0.163
210	0.162	0.161	0.159	0.158	0.157	0.156	0.154	0.153	0.152	0.151
220	0.150	0.148	0.147	0.146	0.145	0.144	0.143	0.142	0.140	0.139
230	0.138	0.137	0.136	0.135	0.134	0.133	0.132	0.131	0.130	0.129
240	0.128	0.127	0.126	0.125	0.124	0.124	0.123	0.122	0.121	0.120
250	0.119									

附表 18 d 类截面轴心受压构件的稳定系数 φ

$\lambda\sqrt{\frac{f_{yk}}{235}}$	0	1	2	3	4	5	6	7	8	9
0	1.000	1.000	0.999	0.999	0.998	0.996	0.994	0.992	0.990	0.987
10	0.984	0.981	0.978	0.974	0.969	0.965	0.960	0.955	0.949	0.944
20	0.937	0.927	0.918	0.909	0.900	0.891	0.883	0.874	0.865	0.857
30	0.848	0.840	0.831	0.823	0.815	0.807	0.799	0.790	0.782	0.774
40	0.766	0.759	0.751	0.743	0.735	0.728	0.720	0.712	0.705	0.697
50	0.690	0.683	0.675	0.668	0.661	0.654	0.646	0.639	0.632	0.625
60	0.618	0.612	0.605	0.598	0.591	0.585	0.578	0.572	0.565	0.559
70	0.552	0.546	0.540	0.534	0.528	0.522	0.516	0.510	0.504	0.498
80	0.493	0.487	0.481	0.476	0.470	0.465	0.460	0.454	0.449	0.444
90	0.439	0.434	0.429	0.424	0.419	0.414	0.410	0.405	0.401	0.397
100	0.394	0.390	0.387	0.383	0.380	0.376	0.373	0.370	0.366	0.363
110	0.359	0.356	0.353	0.350	0.346	0.343	0.340	0.337	0.334	0.331
120	0.328	0.325	0.322	0.319	0.316	0.313	0.310	0.307	0.304	0.301
130	0.299	0.296	0.293	0.290	0.288	0.285	0.282	0.280	0.277	0.275
140	0.272	0.270	0.267	0.265	0.262	0.260	0.258	0.255	0.253	0.251
150	0.248	0.246	0.244	0.242	0.240	0.237	0.235	0.233	0.231	0.229
160	0.227	0.225	0.223	0.221	0.219	0.217	0.215	0.213	0.212	0.210
170	0.208	0.206	0.204	0.203	0.201	0.199	0.197	0.196	0.194	0.192
180	0.191	0.189	0.188	0.186	0.184	0.183	0.181	0.180	0.178	0.177
190	0.176	0.174	0.173	0.171	0.170	0.168	0.167	0.166	0.164	0.163
200	0.162									